IKARUS

Natur und Technik

Schwerpunkt: Informatik

6/7

Peter Brichzin
Ulrich Freiberger
Klaus Reinold
Albert Wiedemann

Oldenbourg

Aufbau des Buches

Jedes **Hauptkapitel** (römische Nummerierung) behandelt jeweils einen zentralen Abschnitt des Lehrplans. Am Ende jeden Hauptkapitels schließen sich Texte **zum Weiterlesen** an, die berufspraktische, historische oder technische Hintergründe aufzeigen.
Am Ende des Buches folgen, den einzelnen Hauptkapiteln zugeordnet, **Werkzeugkästen** mit konkreten Handlungsanweisungen zum Umgang mit typischen Programmen.

Erläuterung der verwendeten Icons

? Hier werden **Fragen** gestellt, die Schülerinnen und Schüler zum Nachdenken anregen.

L 20 Verweist auf einen Text zum **Weiterlesen**. Die Nummer gibt das entsprechende L-Kapitel an.

W20 Verweist auf das Kapitel mit der entsprechenden Nummer in den **Werkzeugkästen**. Die Numer gibt das entsprechende W-Kapitel an.

20 Verweist auf ein verwandtes Thema im **Kapitel** mit der angegebenen Nummer.

! Zeigt einen wichtigen **Hinweis** an.

Kennzeichnet Themen, die besonders für **Gruppenarbeit** geeignet sind.

› In der Randspalte finden sich hinter diesem Zeichen **Erklärungen** zu den Begriffen, die im Text gekennzeichnet sind.

Der griechische Philosoph Aristoteles (384 – 322 v. Chr.) zählt zusammen mit seinem Lehrer Platon zu den berühmtesten Philosophen des Altertums. Der Einfluss seiner Lehren ist bis heute allgegenwärtig.

Das Papier ist aus chlorfrei gebleichtem Zellstoff hergestellt, ist säurefrei und recyclingfähig.

2., korrigierte Auflage 2005

Druck 13 12 11 10 09
Die letzte Zahl bezeichnet das Jahr des Drucks.
Alle Drucke dieser Auflage sind untereinander unverändert; gegenüber der 1. Auflage wurden lediglich Fehlerkorrekturen vorgenommen. Die Drucke beider Auflagen sind im Unterricht nebeneinander verwendbar.

Umschlag: Lutz Siebert-Wendt
Layout, Satz und Herstellung: Kommunikation + Design Pfeifer, München
Illustrationen: Johannes Langemann, München
Technische Zeichnungen: Ingrid Schobel, München; Detlef Seidensticker, München
Reproduktion: Oldenbourg:digital GmbH, München
Druck: Firmengruppe APPL, aprinta druck, Wemding

ISBN 978-3-637-88286-7

I Information und ihre Darstellung

Klassensprecherwahl in der 6a

Zu Beginn des Schuljahres wird in der Klasse 6a der Klassensprecher gewählt. Die Klassenleiterin fragt die Schüler nach Vorschlägen und schreibt die Namen der Kandidaten an die Tafel. So erhält jeder Mitschüler die **Information**, wen er wählen kann. Es haben sich vier Kandidaten aufstellen lassen. In der geheimen Wahl schreibt nun jeder Schüler den Namen seines Kandidaten auf einen Zettel.
Durch die Auszählung wird die Information der einzelnen Stimmzettel zusammengefasst, also **verarbeitet**, sodass am Ende das Gesamtergebnis der Wahl in einer Tabelle an der Tafel steht. In Abbildung 2 kannst du noch andere Möglichkeiten sehen, das Wahlergebnis darzustellen.

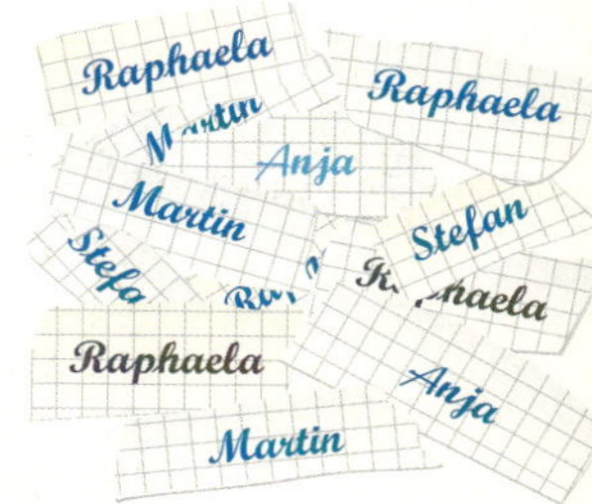

1 *Wahlzettel*

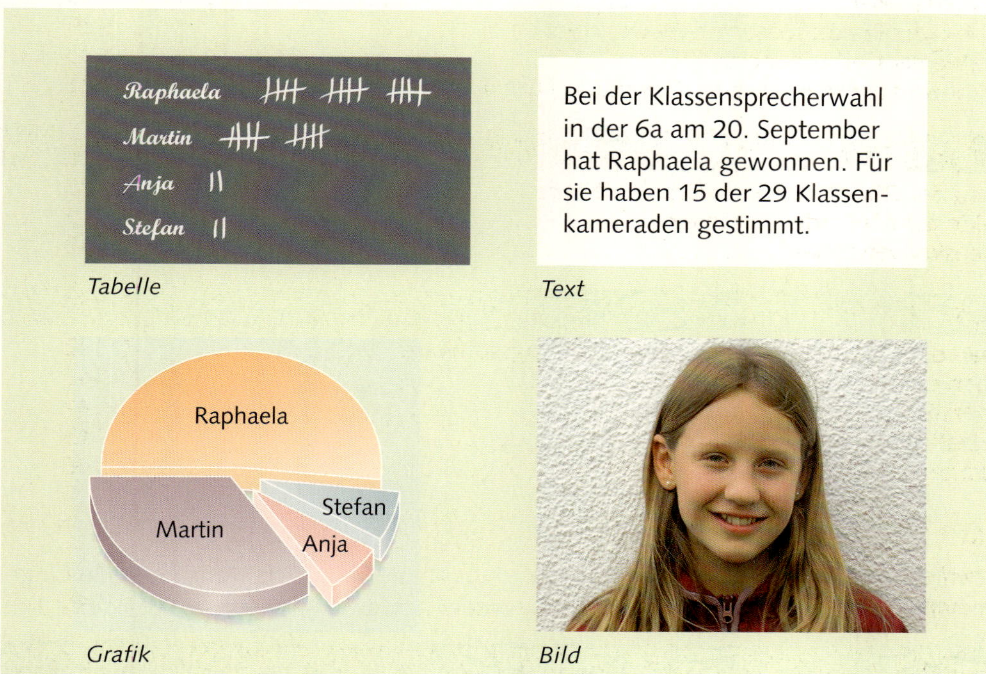

2 *Ergebnisdarstellungen*

Wer hat gewonnen? Wer belegt den zweiten Platz? Kannst du die beiden Fragen auch beantworten, wenn du entweder nur die Tabelle, die Grafik, den Text oder das Bild siehst? Aus welcher Darstellung könntest du die Frage beantworten, ob sich Raphaela über die Wahl freut oder nicht?

?

Nach der Klassensprecherwahl wird die **Information** des Wahlergebnisses weiterverarbeitet und in verschiedener Weise **dargestellt**. Sowohl aus der Tabelle, der Grafik, dem Text als auch dem Bild lässt sich auf einen Blick erkennen, dass Raphaela die Wahl gewonnen hat. Die verschiedenen Darstellungen beinhalten aber unterschiedliche Zusatzinformationen. Aus der Tabelle und der Grafik erkennst du, dass Martin den zweiten Platz erreicht hat. Im Text kannst du lesen, dass die Wahl am 20. September stattgefunden hat und auf dem Bild siehst du, dass Raphaela blond ist und sich freut.

?

Die Strichliste (Tabelle) in Abbildung 2 ist die Darstellung des Wahlergebnisses direkt nach der Wahl an der Tafel. Wo könnten die anderen Darstellungen verwendet werden? Welche Darstellungsform verwendest du, wenn du einem Mitschüler vom Ausgang der Wahl erzählst?

Der Text könnte ein Artikel im Jahresbericht sein. Darin ist die Information über den Klassensprecher der 6a dauerhaft **gespeichert**.

Die Erzeuger (der Wahlausschuss) wandeln die Information (das Ergebnis der Klassensprecherwahl) in eine passende Darstellung (gesprochener bzw. geschriebener Text, Bild, Tabelle, Grafik, Wort, Film) um. Die Nutzer (Mitschüler, Leser des Jahresberichts usw.) versuchen, aus den Darstellungen die für sie wichtige Information zu gewinnen.

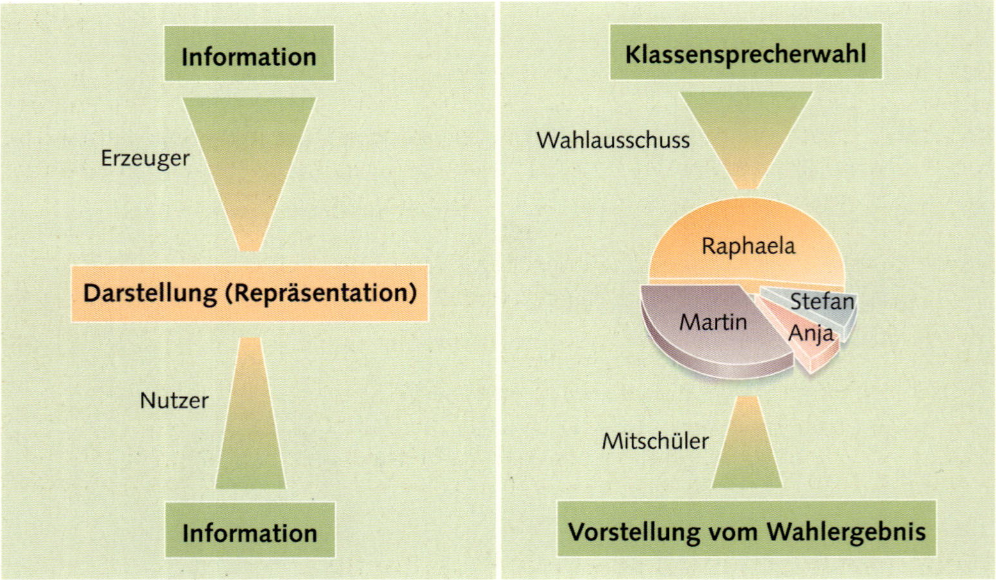

3 Informationsübermittlung

Je nach Ausführlichkeit und Art der Darstellung und eigener Erfahrung kann die Originalinformation mehr oder weniger genau wieder hergestellt werden. In Abbildung 3 ist rechts das Ergebnis der Klassensprecherwahl als Grafik (Kreisdiagramm) dargestellt. Nur ein Mitschüler, der diese Darstellungsform kennt, ist in der Lage, das Wahlergebnis zu lesen.

› Vertretung (für die Information)

Information kann nicht direkt weitergegeben werden, sondern sie muss in eine **Darstellung** (› Repräsentation) gebracht werden. Diese Darstellung wird an den Nutzer übermittelt, der dann daraus wieder Information gewinnt.

Bundestagswahl

4 Hochrechnung

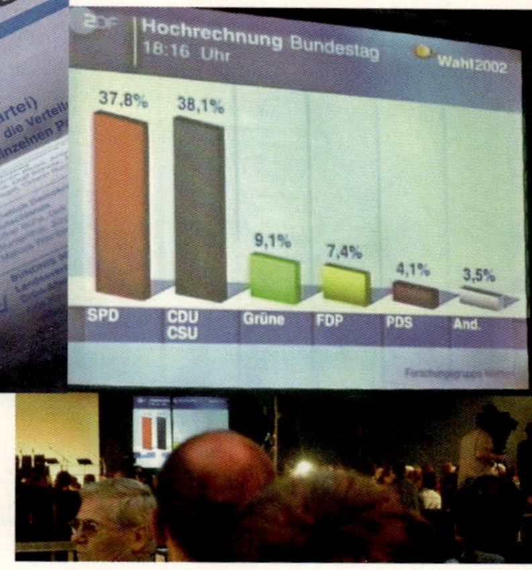

Bei einer Klasse mit 29 Schülern ist das Auszählen der Stimmen und das Ermitteln des Siegers kein Problem. Bei einer Bundestagswahl mit 61 Millionen Wahlberechtigten, die über ganz Deutschland verteilt sind, helfen vernetzte Rechner: Die Ergebnisse der einzelnen Wahlbezirke werden damit schnell in ein zentrales Wahlbüro **übertragen**, wo sie ausgewertet werden. Voraussetzung für eine automatische, d. h. von einer Maschine durchgeführte Auswertung, ist eine genau vereinbarte Form der Darstellung, z. B. ein Kreuz an einer der festgelegten Stellen. Das Endergebnis kann dann wie bei der Klassensprecherwahl auf verschiedene Arten dargestellt werden.

L2

Das Problem, dass große Mengen an Information nur mit maschineller Hilfe schnell verarbeitet werden können, beschäftigt die Menschen schon seit über 100 Jahren. Aus den Versuchen, dieses Problem zu lösen, ist die Wissenschaft der Informatik entstanden. Neben den grundsätzlichen Ideen zur Darstellung und Verarbeitung von Information hat sie auch die notwendigen Werkzeuge (z. B. Computer) entwickelt.

Die Informatik beschäftigt sich mit den folgenden Fragestellungen:
- Wie kann man Information so darstellen, dass sie für eine Maschine eindeutig ist (formalisierte Darstellung)?
- Wie lässt sich Information verarbeiten?
- Wie kann man Information dauerhaft speichern?
- Wie lässt sich Information zwischen Maschinen übertragen?

Das Wort Informatik ist zusammengesetzt aus **Infor**mation und Auto**matik.**

Vielfältige Informationen – viele Programme

Der Computer findet heute bei vielen Tätigkeiten des Alltags Verwendung. Mit ihm können jetzt im Gegensatz zu früher weit mehr als die einfachen Darstellungsformen Text und Zahlen bearbeitet werden. In Abbildung 5 siehst du in der Mitte einen für die heutige Zeit typischen Computerbildschirm mit grafischer › Bedienoberfläche und verschiedene Tätigkeiten, die mit diesem Computer ausgeführt werden können.

› GUI (graphical user interface); Bedienung durch „Anklicken" von Symbolen

Für jede dieser Tätigkeiten gibt es auf dem Computer ein eigenes Werkzeug, ein **Programm**. Grafiken, z. B. den Plan einer Neubausiedlung (Abbildung 5 oben rechts), kannst du mit einem Grafikprogramm erstellen. Texte, beispielsweise die einer Zeitung (Abbildung 5 oben links), können mit einem Textverarbeitungsprogramm erfasst und gestaltet werden. Bei der Erstellung eines Multimediadokuments, wie die Präsentation eines Reiseziels, helfen dir Präsentationsprogramme (Abbildung 5 unten Mitte). Du wirst viele Grafiken und Texte speichern. Um die gespeicherten Information zu ordnen, zu verwalten, benötigst du ein Dateiverwaltungsprogramm (Abbildung 5 Mitte rechts). Möchtest du Informationen z. B. über Veranstaltungstermine oder über deine Schule lesen, oder sie einem Freund in Hamburg mitteilen, ist dies über Homepages (Internet-Browser, Abbildung 5 unten links) oder direkt über das Versenden von elektronischen Nachrichten mög-

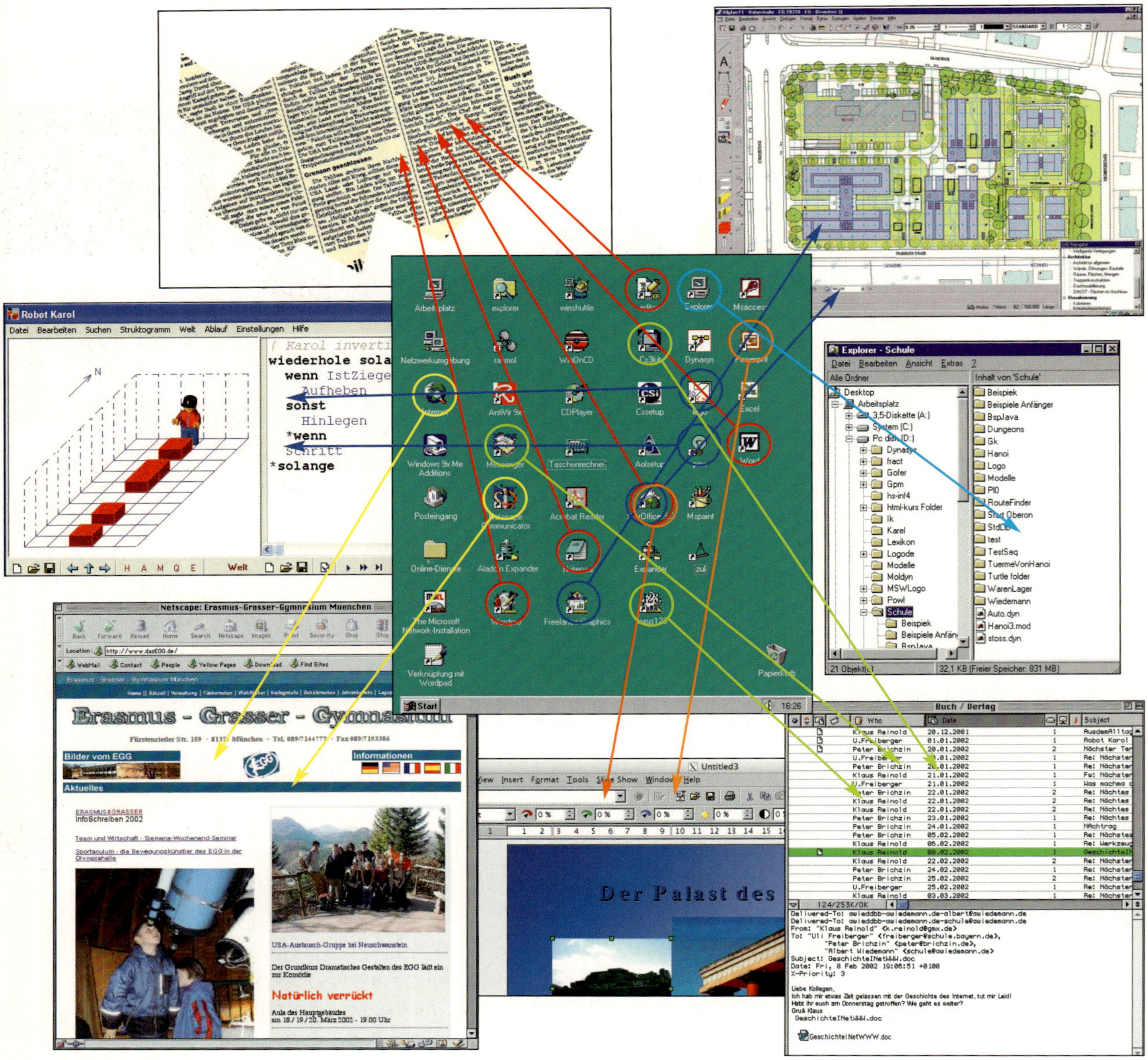

5 *Typische Werkzeuge*

lich (E-Mail-Programme, Abbildung 5 unten rechts). Mit all diesen Programmen wirst du im Informatikunterricht arbeiten. Du wirst erlernen, wie man damit Informationen anzeigen, bearbeiten, übermitteln und speichern kann, und verstehen, wie sie arbeiten. Zum Abschluss dieses Buches kannst du dich mit einem kleinen Roboter anfreunden, ihn lenken, Türme bauen lassen und dabei die Grundlagen der Verarbeitung von Information lernen (Abbildung 5 Mitte links).

Um am Computer mit Darstellungen (z. B. Text, Grafik, Ton) von Informationen zu arbeiten, benützt du spezielle Werkzeuge, die Programme. Diese erlauben dir, die gewünschte Darstellungsform anzuzeigen (z. B. am Bildschirm oder am Drucker), zu bearbeiten, zu verändern, zu übermitteln (z. B. an andere Rechner oder Geräte wie den Drucker) und zu speichern.

Aufgaben

1 Schilderwald

Viele der Schilder in der Abbildung kennst du schon. Den Betroffenen soll durch die grafische Darstellung eine Information weitergeben werden. Versuche diese Information aus den Schildern herauszufinden. Begründe deine Aussage.

6 *Schilder*

2 Informationen beim Einkauf im Supermarkt

Du gehst in den Supermarkt und kaufst dir einen Müsliriegel und einen Apfelsaft. Überlege dir, welche verschiedenen Darstellungsformen für Artikelnamen und -hersteller von Müsliriegel und Apfelsaft üblich sind und wie diese Informationen an der Kasse verarbeitet werden.

7 *Artikelnamen*

3 Wer suchet, der findet

An Hydranten kann die Feuerwehr im Brandfall dem öffentlichen Trinkwassernetz Wasser entnehmen. Sicher hast du schon Hydrantenschilder gesehen, die helfen, den nächsten Hydranten zu finden.

Auf dem Schild ist die Information über die Lage und die Art des Hydranten dargestellt. Hinter dem „H" ist der Wasserrohrdurchmesser in mm und darunter die Entfernung in m angegeben.

Versuche, mithilfe der Abbildung 8 herauszufinden, nach welchem Schema die Information über die Lage des Hydanten in dem Schild dargestellt ist.

Suche in der Nähe deiner Wohnung ein Hydrantenschild und probiere damit den Hydrantendeckel zu finden.

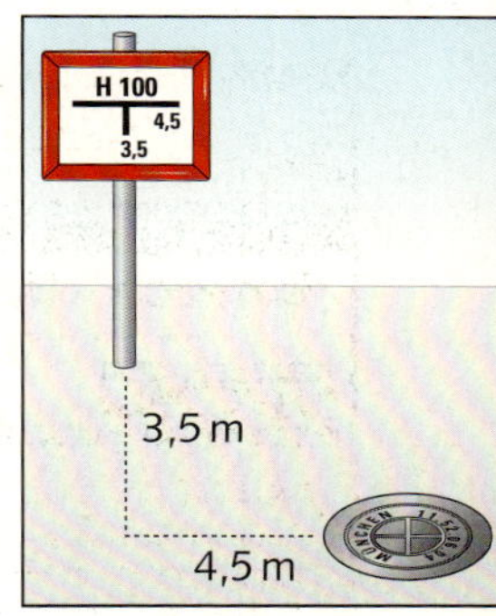

8 *Hydrant*

4 Töne als Information

Auch Töne können Information darstellen. Beispielsweise informiert der Klang eines Martinshorns die Autofahrer, dass sie einem Rettungsfahrzeug Platz machen sollen. Welche weiteren Beispiele aus dem Alltag kennst du, bei denen Töne und Geräusche Informationen (oder Stimmungen) darstellen? Tipp: Kino, akustische Anzeigen für Blinde, Straßenverkehr, … .

5 Was heißt denn das?

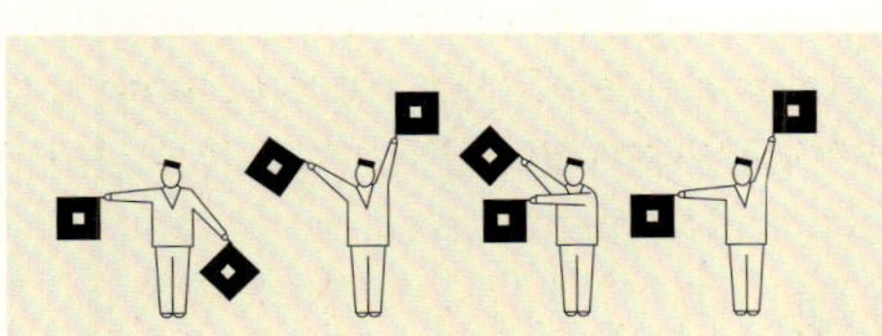

9 *Winkerspruch*

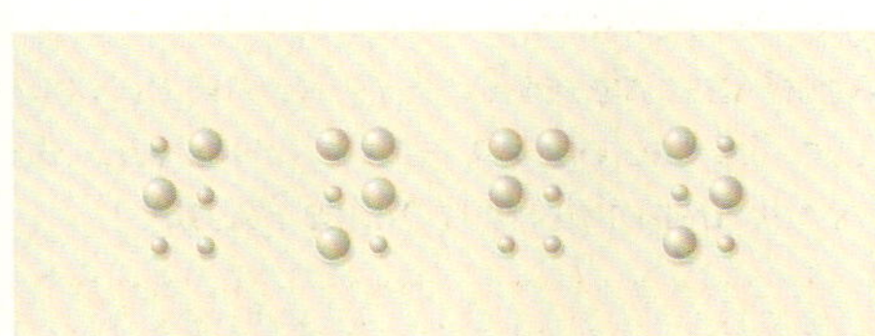

10 *Brailleschrift (Blindenschrift)*

Welche Information wird in den Abbildungen 9 und 10 wiedergegeben?
Tipp: Ein Lexikon kann dir bei der Suche nach der Lösung helfen.

6 SOS

Überlege, welche Darstellungen es für die Information „Ich brauche Hilfe." gibt! (Tipp: Denke an einen Unfall in den Bergen, ein Seeunglück etc.)
Welche Möglichkeiten zum Transport der Information gibt es jeweils?

7 Nicht jede Darstellung enthält die gleiche Information

Betrachte die verschiedenen Darstellungen des Wahlergebnisses aus Abbildung 2!

a Welche Informationen lassen sich aus der Tabelle entnehmen, die sich aus dem Text nicht entnehmen lassen und umgekehrt?

b Vergleiche die Tabelle mit dem Kreisdiagramm! Welche Informationen sind in beiden Darstellungen enthalten, welche nicht? Wann wirst du die Darstellung als Tabelle vorziehen, wann die Darstellung als Grafik?

8 Ein- und Ausgabe von Information

Welche Geräte kennst du schon, mit denen sich am Computer Information eingeben lässt? Welche Geräte hat ein Computer zur Ausgabe und Darstellung von Informationen?

9 Viele Tätigkeiten, viele Werkzeuge

a Betrachte den Bildschirm deines Computers! Für welche der in Abbildung 5 aufgezeigten Tätigkeiten kannst du Werkzeuge erkennen?

b Wie viele Werkzeuge zur Textverarbeitung findest du auf deinem Computer?

c Findest du auf deinem Bildschirm auch Werkzeuge für Tätigkeiten, die in Abbildung 5 nicht angesprochen werden? Wenn ja, welche Tätigkeiten sind das?

10 Missverständliche Darstellung von Information

Dass die Darstellung einer Information mehrdeutig sein kann, zeigt der folgende Witz. Der Nutzer, der Schüler Tobias, versteht die Information anders, als vom Erzeuger, dem Lehrer, gewünscht.
Tobias kommt nach Hause und sagt zu Mama: „Morgen muss ich nicht in die Schule, ich habe frei." Mama fragt: „Wieso, was hat der Lehrer gesagt?" Tobias antwortet: „Als der Lehrer mit dem Unterricht fertig war, sagte er: ‚Für heute ist Schluss, morgen fahre ich fort'."
Erkläre in Worten, an welcher Stelle des Informationsflusses es zu dem Fehler kam. Denke dabei an Abbildung 3.

11 Witzig?

Erkläre in Worten, wie es zu Fehlinformationen in den folgenden Witzen kommt! Denke dabei an die Abbildung 3. Kennst du noch weitere Witze und Geschichten mit ähnlichen Missverständnissen, die auf doppelten Bedeutungen von Wörten beruhen?

a Kommt ein Mann in den Eisenwarenhandel und sagt: „Ich hätte gerne 500 Nägel." „Wie lang wollen Sie die denn haben?", fragt der Verkäufer. „Ach, ich wusste gar nicht, dass man die sich auch ausleihen kann", meint darauf der Mann.

b

11 *Anweisung an Bello*

12 *Bello gehorcht*

II Informationsdarstellung mit Grafikdokumenten

Du hast in der Einführung verschiedene Darstellungsformen für Information kennengelernt. Wir greifen als Erste die Grafik heraus. Du wirst in diesem Kapitel Grafiken erstellen und bearbeiten und dabei lernen, wie sie aufgebaut sind.

1 Objekte

Grundstücksgestaltung in Infohausen

Die Stadt Infohausen will ein freies Grundstück bebauen und schreibt einen Architektenwettbewerb aus. Jeder Architekt möchte, dass sein Vorschlag später verwirklicht wird. Deshalb muss er seine Idee (Information) möglichst gut und aussagekräftig für die Stadträte darstellen.
Die vollständige Information darzustellen ist unmöglich, denn dazu müsste er die geplante Siedlung bauen. Außerdem möchten die Stadträte einen schnellen Überblick gewinnen. Deshalb fertigt er vereinfachte Darstellungen seiner Ideen an.

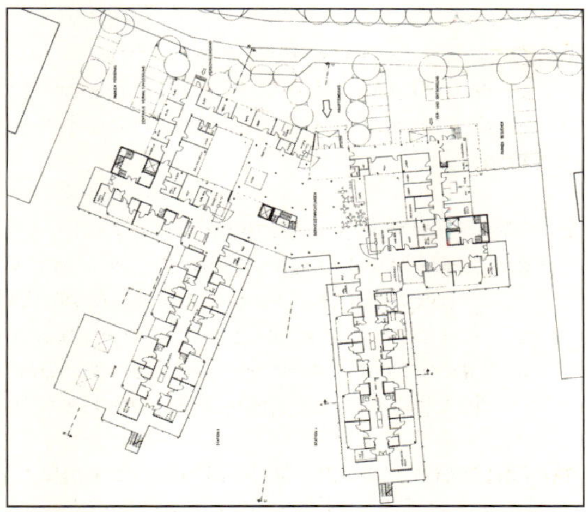

3 Grundriss 1. OG

1 Landschaftsmodell

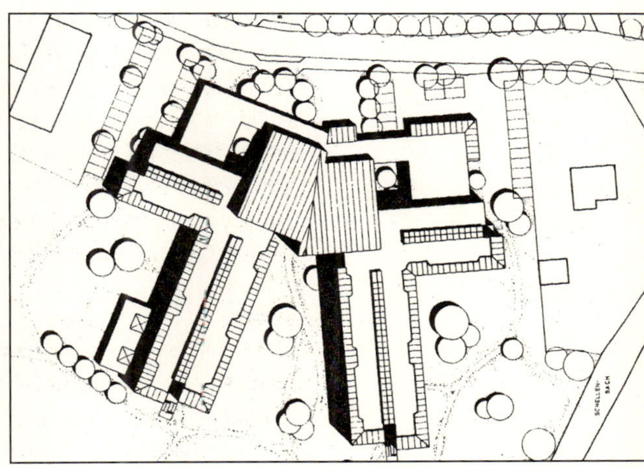

2 Lageplan

Warum werden verschiedene Arten der Darstellung angefertigt? Für welche Zwecke ist der Lageplan am besten geeignet? Welche Objekte erkennst du im Grundriss wieder? **?**

Jede Darstellungsform enthält andere Teile der Gesamtinformation. Das Landschaftsmodell liefert einen sehr guten räumlichen Gesamteindruck der geplanten Siedlung. Der Grundriss enthält vielfältige und genaue Information über die Aufteilung im Gebäude. L1

In Abbildung 4 siehst du die vereinfachte Form eines Grundrisses. Du erkennst darin verschiedene **Objekte**, z. B. drei Häuser und zwei Bäume.
Damit man über die Objekte sprechen kann, benötigt jedes einen eindeutigen Namen, den **Objektnamen** oder **Bezeichner** (z. B. „Fichte", „Buche", „Haus11").

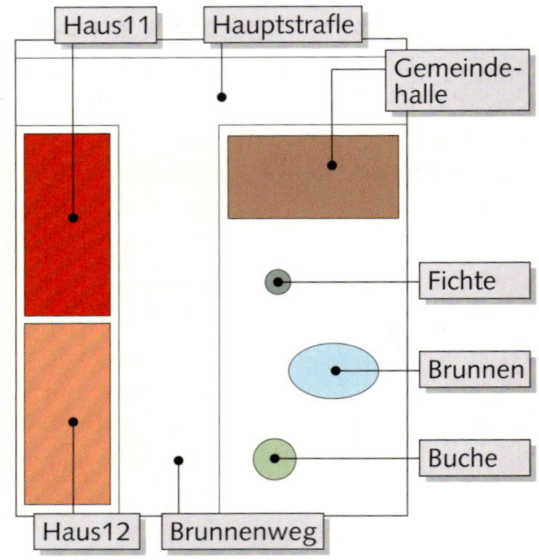

4 Vereinfachter Grundriss

?

Welche weiteren Objekte kannst du in dem Plan finden? Welchen Bezeichner haben sie?

Du kannst solche Pläne mit Grafikprogrammen auf dem Computer erstellen und bearbeiten. Zur Darstellung des Objekts „Haus11" kannst du ein Grafikobjekt der Art Rechteck verwenden, für das Objekt „Brunnen" ein Oval. Zur direkten Darstellung des Objekts „Hauptstraße" gibt es in den meisten Grafikprogrammen keine geeignete Darstellungsform. Du kannst aber die Straßenränder durch Objekte der Art Linie darstellen. Auch den Straßenrändern musst du dann einen Objektnamen geben, z. B. „Linker Rand des Brunnenwegs".

Das rote Rechteck

?

Dein Lehrer, der am Computer den Grundriss zeichnen möchte, fragt dich, wie das Objekt „Haus11" genau dargestellt ist. Was musst du ihm alles mitteilen, damit er ein gleich aussehendes Rechteck erstellen kann?

Wenn du ein Objekt beschreiben willst, so musst du seine charakteristischen Merkmale festlegen und für diese Merkmale Werte angeben. Das Objekt „Haus11" ist unter anderem gekennzeichnet durch Breite, Länge und die Farbe seiner Fläche (Füllfarbe). Die Breite hat den Wert 1,0 cm, die Länge den Wert 2,2 cm. Die Füllfarbe hat den Wert rot. Um Verwechslungen mit der Umgangssprache zu vermeiden, sagen wir statt Merkmal › Attribut und bezeichnen den Wert eines Merkmals mit Attributwert.

› attribuere, lat. zuschreiben

	Haus11	Haus12	Gemeindehalle
Attribute		**Attributwerte**	
Breite	1,0 cm	1,0 cm	2,0 cm
Länge	2,2 cm	2,2 cm	1,0 cm
Füllfarbe	rot	hellrot	braun

5 Attribute und Attributwerte der Gebäude

?

Welche Attribute und Attributwerte haben Buche und Fichte?

	Buche	Fichte
Attribute	**Attributwerte**	
Radius	0,25 cm	0,15 cm
Füllfarbe	hellgrün	dunkelgrün
Randstärke	1 Punkt	1 Punkt

6 Attribute und Attributwerte der Bäume

Die in den beiden Tabellen beschriebenen Objekte haben mehr Attribute als aufgelistet. Beispielsweise musst du für jedes Objekt angeben, an welcher Stelle es gezeichnet werden soll. Das Objekt benötigt hierzu ein weiteres Attribut „Position". Wie in der Mathematik benutzt man zur Beschreibung ein Koordinatensystem. Leider verwenden nicht alle Zeichenprogramme ein mathematisches Koordinatensystem mit dem Ursprung in der linken unteren Ecke und mit der Einheit Zentimeter. Du musst selbst überlegen, welche Koordinaten deines Zeichenprogramms den im Buch angegebenen entsprechen.

Die dargestellte Information wird in **Objekte** gegliedert.
Jedes Objekt hat einen eindeutigen Namen, den **Objektnamen** oder **Bezeichner**.
Die Merkmale der Objekte nennt man **Attribute**. Den Wert eines Attributs nennt man **Attributwert**.

Objekte sind überall: das Fahrrad mit der Seriennummer „Y 6114434", das Auto mit dem Kennzeichen „INF – O 6" usw.

Die Brüder Frohsinn

Auch die vier Figuren (Objekte) in Abbildung 7 haben viele Attribute, z. B. Kopffarbe, Rumpffarbe, Beinfarbe, Haarfarbe, Haarlänge, Augenfarbe. Manche dieser Attribute haben bei allen vier Objekten den gleichen Wert (z. B. ist die Rumpffarbe bei allen Blau), andere Attributwerte, wie die Haarlänge, sind verschieden.

7 Die Brüder Frohsinn

	Ingo	Nicolas	Franz	Oliver
Attribute	**Attributwerte**			
Augenfarbe	grün	blau	blau	blau
Haarfarbe	schwarz	schwarz	gelb	schwarz
Haarlänge	1 mm	2 mm	1 mm	4 mm
Rumpffarbe	blau	blau	blau	blau

8 Attribute und Attributswerte der Brüder Frohsinn

?

Welche weiteren Attribute haben die Figuren? Bestimme die Werte dieser Attribute bei Ingo und vergleiche mit den anderen Brüdern!

Wenn du jemandem am Telefon erklären willst, wie die Brüder Frohsinn aussehen, sagst du sinngemäß: „Die Haarfarbe von Franz ist gelb.", oder „Die Haarlänge von Oliver ist 4 mm." Jedes Mal musst du drei Dinge nennen, den Bezeichner des Objekts (Oliver), das betroffene Attribut (Haarlänge) und dessen Wert (4 mm).

Damit wir für diese Angaben in Zukunft keine so langen Sätze mehr schreiben müssen, vereinbaren wir eine kurze und einheitliche Schreibweise. Solch eine Vereinbarung für eine Schreibweise nennt man › Notation.

› lat. System von Zeichen oder Symbolen

Folgende Schreibweise legen wir zur **Notation** der **Attributwerte** von Objekten fest.

Objektname.Attributname = Attributwert

Diese Schreibweise bezeichnen wir auch als **Kurzschreibweise** oder **Punktschreibweise**.

Damit notiert dein Gesprächspartner den Inhalt des Telefonats kurz:

Franz.Haarfarbe = gelb
Oliver.Haarlänge = 4 mm

Textfelder

Bei einem Grundriss ist es sinnvoll, die Straßen zu beschriften, z. B. mit „Brunnenweg" oder „Hauptstraße".
Hierzu gibt es eigene Objekte der Art Textfeld (Abbildung 9, in der Mitte der Straße). Diese haben neben den schon bekannten Attributen wie Füllfarbe, LinienFarbe oder LinienStärke als weiteres wichtiges Attribut Text.

Beschriftung1.LinienStärke = 1 Punkt
Beschriftung1.LinienArt = gestrichelt
Beschriftung1.Text = „Hauptstraße"

9 Textfeld zur Beschriftung

Aufgaben

1 Vereinfachter Grundriss von Infohausen
Zeichne mit deinem Grafikprogramm einen zu Abbildung 4 ähnlichen Grundriss. Gib allen Objekten passende Bezeichner und füge entsprechende Textfelder hinzu. Notiere die Attribute der Objekte mit ihren Werten in der Kurzschreibweise.

2 Objekte im Kleiderschrank
Nenne mindestens drei Objekte, die du in deinem Kleiderschrank finden kannst. Notiere Objektnamen, die Attribute und die Attributwerte deiner momentanen Kleidung.

3 Bilderrätsel

10 Alle gleich?

a Finde heraus, welche zwei Grafiken in Abbildung 10 gleich aussehen. Jede der sechs Grafiken in Abbildung 10 besteht aus verschiedenen Objekten, deren Attributwerte in Punktschreibweise notiert werden können, z. B in Grafik 1 LinkerFuß.Länge = 0,4 cm, Canada.Farbe = grün.

b Notiere in Punktschreibweise Objekte und deren Attributwerte, die sich in den Grafiken unterscheiden.

c Viele Attributwerte einzelner Objekte sind in allen sechs Grafiken gleich. Notiere in Kurzschreibweise drei solche Attributwerte, natürlich jeweils mit Objekt- und Attributnamen.

4 Attribute von Ländern

Vergleiche in einer Tabelle die Länder Deutschland, Österreich, USA und China bezüglich der Attribute Kontinent, Größe, Einwohnerzahl, Binnenland, Hauptstadt. Schlage dazu in einem Lexikon oder Atlas nach. Suche dir ein Land deiner Wahl und trage es mit allen Werten in die Tabelle ein.

5 Objekte im Klassenzimmer

Welche Objekte findest du in deinem Klassenzimmer? Über welche Attribute und welche Attributwerte verfügen sie? Achte vor allem darauf, dass jedes Objekt einen eindeutigen Bezeichner besitzen muss (z. B. StuhlMichi.Farbe = hellbraun; TischHerbert.IstVerkratzt = ja; TischInge.IstVerkratzt = nein).

6 Die Schwestern Frohsinn

Erstelle nach dem Vorbild von Abbildung 7 mit deinem Zeichenprogramm vier weibliche Figuren Carla, Petra, Franziska und Johanna. Überlege dir dazu zuerst, welche geometrischen Grundformen dir dein Zeichenprogramm anbietet und welche für Kopf, Rumpf, Arme, Beine usw. geeignet sind.

Tipp: Sehr breite Linien sind manchmal auch ganz praktisch.

a Verwende für die Erstellung folgende Attributwerte:

	Inga	Nicola	Franziska	Olivia
Augenfarbe	grün	blau	blau	braun
Haarfarbe	schwarz	hellbraun	dunkelbraun	schwarz
Haarlänge	2 mm	2 mm	2 mm	10 mm
Rumpffarbe	blau	blau	blau	blau

11 *Attribute der Schwestern Frohsinn*

b Franziska färbt ihre Haare grün und zieht einen roten Pullover an. Gib die neuen Attributwerte in Kurzschreibweise an. Verändere dementsprechend die Attributwerte in deiner Zeichnung.

c Gib die Werte der Attribute deiner Objekte an, die in der Tabelle nicht aufgeführt sind (z. B. KopfInga.Radius = 1 cm, RumpfNicola.Breite = 2 cm).

7 Zeichnung eines Schneemanns

Der Schneemann soll einfach sein. Er besteht aus Kopf, Rumpf, Augen und Armen. Für Kopf, Rumpf und die Augen verwendest du Kreise. Die Arme zeichnest du als Linien angegebener Stärke.

Die Positionsangaben beziehen sich auf ein mathematisches Koordinatensystem mit der Einheit 1 cm für beide Achsen.

Für Rumpf
- Mittelpunkt = (3 | 3)
- Radius = 2 cm
- RandStärke = 1 Punkt
- RandFarbe = schwarz

Für LinkesAuge
- Mittelpunkt = (2,5 | 7)
- Radius = 0,25 cm
- RandStärke = 1 Punkt
- RandFarbe = schwarz
- Füllfarbe = schwarz

Für LinkerArm
- Anfangspunkt = (4 | 4)
- Endpunkt = (6 | 6)
- LinienFarbe = blau
- LinienStärke = 8 Punkte

Für Kopf
- Mittelpunkt = (3 | 6,5)
- Radius = 1,5 cm
- RandStärke = 1 Punkt
- RandFarbe = schwarz

Für RechtesAuge
- Mittelpunkt = (3,5 | 7)
- Radius = 0,25 cm
- RandStärke = 1 Punkt
- RandFarbe = schwarz
- Füllfarbe = schwarz

Für RechterArm
- Anfangspunkt = (2 | 4)
- Endpunkt = (0 | 6)
- LinienFarbe = blau
- LinienStärke = 8 Punkte

a Zeichne den Schneemann und vergleiche ihn mit den Ergebnissen deiner Mitschüler. Sehen alle Schneemänner wirklich gleich aus?

b Ergänze deinen Schneemann um eine Nase und zwei Knöpfe auf dem Bauch. Über einen Hut würde sich der Schneemann sicher auch freuen. Schreibe die Attribute aller von dir ergänzten Objekte auf ein Blatt Papier und gib es deinem Nachbarn. Kann er damit seinen Schneemann genau so ergänzen wie du?

8 Zeichnung einer Lokomotive

a Zeichne eine Lokomotive etwa wie in Abbildung 12!
Notiere für alle Objekte, die du verwendest, die Attributwerte in der Kurzschreibweise.

b Zeichne auch einen einfachen Waggon.

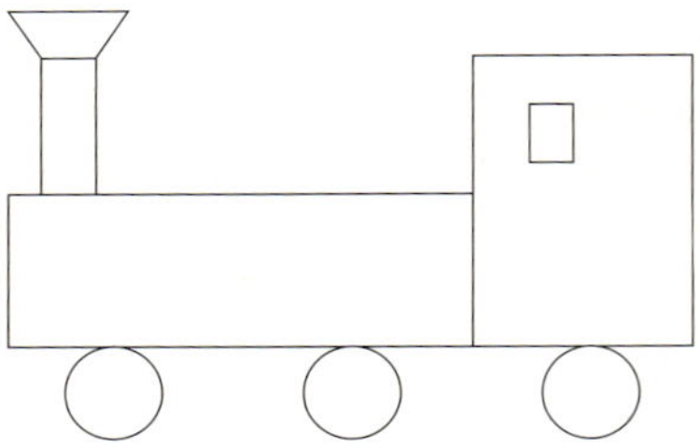

12 *Bimmelbahn*

9 Idealer Pausenhof

Stell dir vor, du bist Landschaftsarchitekt/-in und darfst den Pausenhof eurer Schule umgestalten. Was würdest du hinzufügen? Handballtore, Bäume, Schachbrett? Was würdest du entfernen bzw. verändern? Fertige in deinem Grafikprogramm einen Grundriss mit deinen Ideen an und beschrifte die darin enthaltenen Objekte ausreichend.

2 Dokumente und Dateien

Dokumente aufheben

In diesem Kapitel wird dir gezeigt, wie du deine schönen Zeichnungen speichern und später wiederverwenden kannst. Vieles aus diesem Kapitel wird weiter hinten im Buch genauer erklärt. Jedoch ist es jetzt schon für dich wichtig zu wissen, wie du deine Ergebnisse dauerhaft sichern kannst.

Dokument

Wenn du ein Programm auf deinem Computer startest, erscheint in der Regel ein Fenster mit der Überschrift „Neues Dokument“, „Leeres Dokument“, „Dokument – unbenannt“ oder so ähnlich.

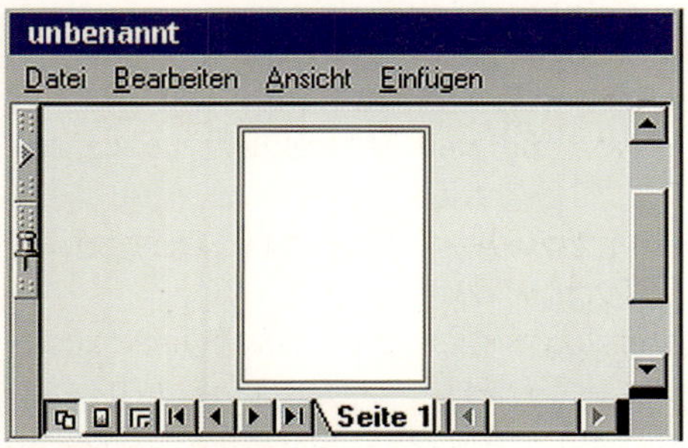

1 Neues Dokument

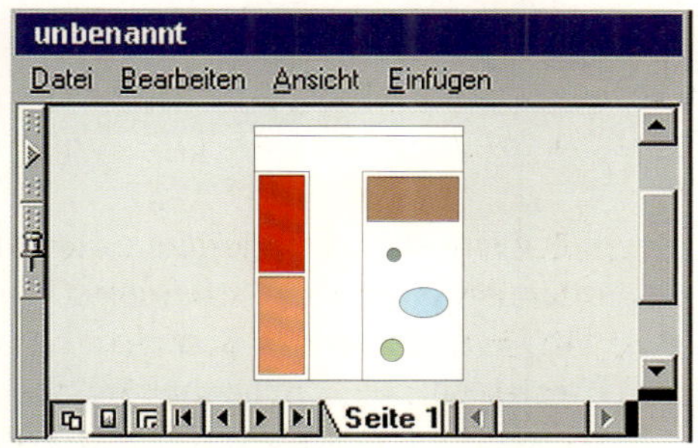

2 Grafikdokument vor dem Speichern

Jedes Programm fasst die Objekte, die du mit ihm erstellen kannst, in **Dokumenten** zusammen. Zum Beispiel enthält dein aktuelles Grafikdokument alle Zeichenobjekte, die du gerade benutzt. Näheres zu Dokumenten erfährst du in Kapitel 7.

7

Das Dokument und alle darin enthaltenen Objekte werden in einem Fenster dargestellt. Ist das Dokument größer als das Fenster, in dem du es betrachtest, kannst du mit den Rollbalken (rechts und eventuell unten) den Fensterausschnitt über das Dokument bewegen. Mit einem Programm können üblicherweise mehrere Dokumente gleichzeitig bearbeitet werden. Sie werden dann jeweils in einem eigenen Fenster angezeigt.

Speichern in einer Datei

Während der Bearbeitung durch ein Programm werden Dokumente im sogenannten Arbeitsspeicher des Computers verwaltet. Information kann im Arbeitsspeicher sehr schnell verarbeitet werden. Er verliert die Daten aber beim Ausschalten des Computers. Willst du das Dokument aufbewahren und später wiederverwenden, musst du es auf einem dauerhaften Speicher, dem Hintergrundspeicher (z. B. einer Festplatte), ablegen (sichern, **speichern**).

3 Dialog zum Speichern

Beim Speichern wird ein neues Objekt, eine **Datei**, erzeugt. Im Dialog „Speichern unter“ gibst du den gewünschten Dateinamen an. Die Information über das Dokument und alle darin enthaltenen Objekte wird im Attribut Inhalt der Datei abgelegt. Dabei verwendet

jedes Programm eine eigene, festgelegte Darstellungsform (**Dateityp**), damit später aus der Datei wieder ein Dokument erstellt werden kann. Oft kannst du aus mehreren Darstellungsformen auswählen (siehe Abbildung 3, Aufklappfeld „Dateityp"). Damit kannst du auch andere Programme in die Lage versetzen, aus den Informationen in der Datei wieder ein Dokument zu erzeugen, das dem ursprünglichen sehr ähnlich ist. In Kapitel 14 wirst du mehr über Dateien erfahren.

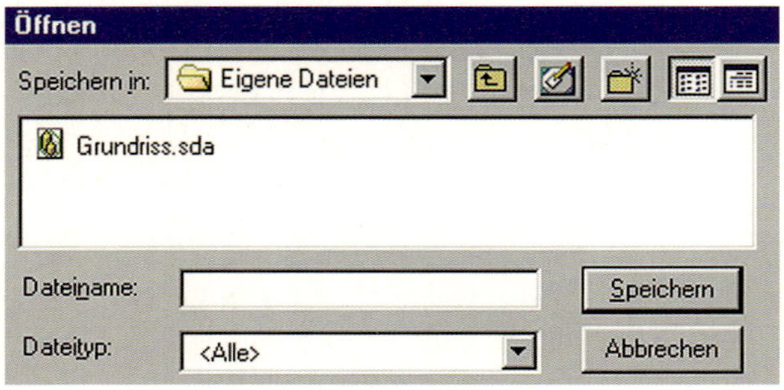

4 Dialog zum Öffnen

Öffnen einer Datei

Wenn du später an einem Dokument weiterarbeiten willst, musst du die Datei öffnen, in der du die Information über das Dokument gespeichert hast.
Aus dieser Information wird ein neues Dokumentobjekt erzeugt und seine Attributwerte werden gesetzt. Dabei werden alle Objekte, die in dem ursprünglichen Dokument enthalten waren, neu erstellt. Dies gelingt wegen unterschiedlicher Systemeinstellungen nicht immer perfekt.
Viele Programme beherrschen nicht nur einen Dateityp, sondern sie können verschiedene, unterschiedliche Darstellungsformen bearbeiten.

Eine **dauerhafte Darstellung** der Dokumente erfolgt in **Dateien**.

3 Objekte verändern mit Methoden

Änderungsarbeiten in Infohausen durch fleißige Objekte

Der Architektenwettbewerb für die Neubebauung des freien Grundstücks in Infohausen ist entschieden. Für die Architektin Beate, die den Wettbewerb gewonnen hat, geht die Arbeit jetzt erst richtig los. Die Stadträte wollen eine Reihe von Varianten der einzelnen Häuser miteinander vergleichen: verschiedene Fenstergrößen, verschiedene Außenanstriche, die Tür mal auf einer Seite der Vorderwand, mal in der Mitte usw.

1 Im Architekturbüro

Glücklicherweise hat Beate die Pläne mit einem „guten" Grafikprogramm am Computer erstellt. Die Objekte der Grafikdokumente dieses Programms sind in der Lage, Arbeitsaufträge wie „Ändere deine Füllfarbe", „Ändere deine Breite", „Ändere deine Position" auszuführen.
Objekte haben die Fähigkeit, gewisse Dinge zu tun. Ein Mensch reagiert auf die Botschaft „Sag mir die Uhrzeit", indem er auf seine Uhr schaut, die Stellung der Zeiger deutet und meldet: „Es ist 15.00 Uhr". Der Informatiker sagt: Er hat eine › **Methode** „UhrzeitSagen", mit der er auf diese Botschaft reagieren kann. Ein kleines Kind hat diese Fähigkeit (Methode) noch nicht. Es reagiert nicht auf die Botschaft „Sag mir die Uhrzeit".

› Methode (lat.-griech.), Verfahren, das zur Erlangung von praktischen Ergebnissen dient.

Auch die Objekte deines Zeichenprogramms bekommen durch den Programmentwickler gewisse Methoden (Fähigkeiten) mitgegeben. Daher reagiert das aktive Objekt „Tür"

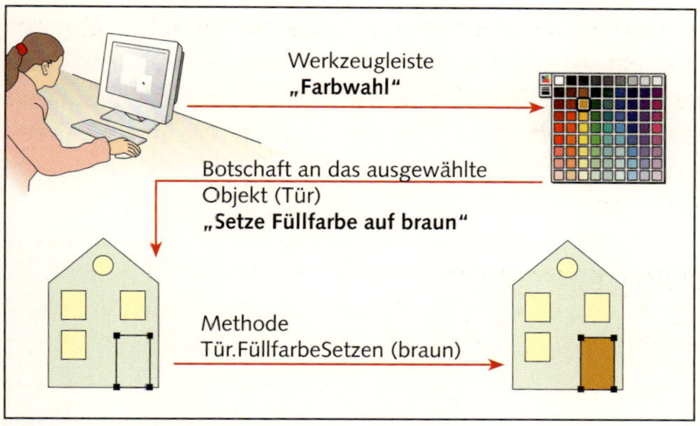

2 *Botschaft und Methode*

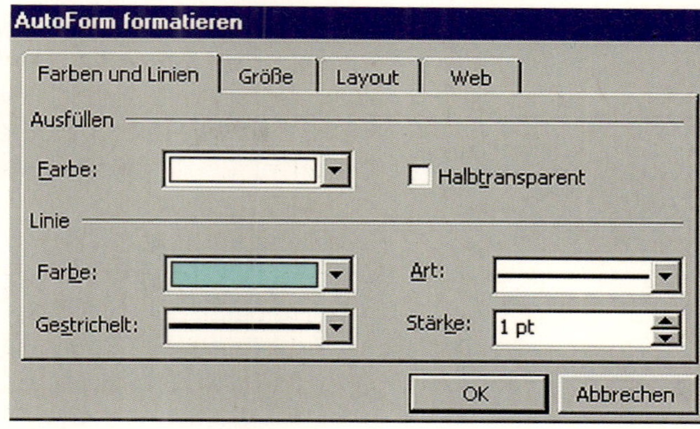

3 *Attributwertdialog*

in Abbildung 2 auf die Botschaft „Setze Füllfarbe auf braun" mit der Methode „FüllfarbeSetzen" und verwendet den Wert braun.

Die Botschaft schickt der Programmnutzer meist über Menüauswahlen, Werkzeugleisten oder Einstellungen in Dialogen. Zuerst muss er ein Objekt auswählen, an das die Botschaft gesandt werden soll, z. B. durch „Anklicken". Dann öffnet er einen Dialog, in dem er die neuen Werte der Attribute angibt. Beim Schließen des Dialogs mit „OK" werden die entsprechenden Methoden zum Verändern der Attributwerte aufgerufen.

Welche Arbeitsaufträge gibt Beate den Objekten der Darstellung „Original" in Abbildung 4 für die Varianten „andere Farbe", „große Fenster" bzw. „Tür in der Mitte"?

?

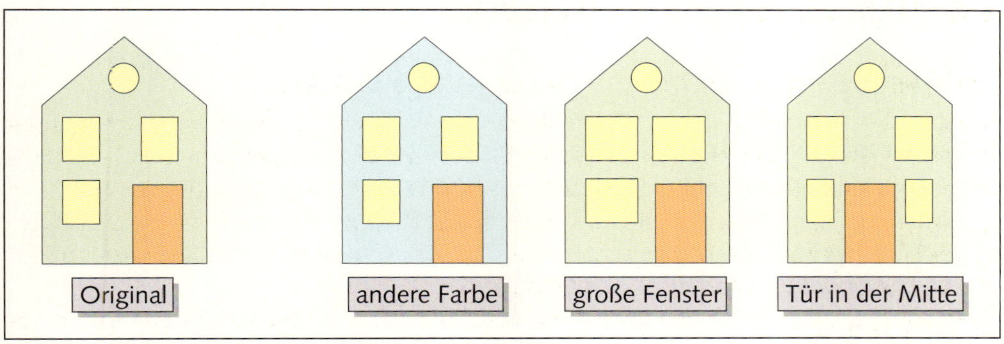

4 *Veränderungen*

Um die Variante „Tür in der Mitte" zu erhalten, muss man die Position der Tür verändern. Die Methode „PositionSetzen" ruft man häufig auf, indem man das Objekt mit der Maus anklickt und mit gedrückter Maustaste auf die gewünschte Stelle fährt. Wenn man die Maustaste loslässt, wird die Methode „PositionSetzen" mit den aktuellen Werten aufgerufen.
Kennst du eine Möglichkeit, auch ohne Maus eine Methode aufzurufen? Im Werkzeugkasten sind weitere aufgelistet.

In der Regel können Objekte festgelegte **Methoden ausführen**, die Objekte besitzen bestimmte Fähigkeiten.
Damit ein Objekt eine Methode ausführt, muss man ihm dazu den Auftrag geben (ihm eine **Botschaft** schicken), man sagt auch: die Methode **aufrufen**.

Hinweis: Zum Ausführen der Methoden brauchen die Objekte oft die Hilfe anderer Objekte. Dazu rufen sie über Botschaften die Methoden anderer Objekte auf, die dann einen Teil der zu leistenden Arbeit erledigen. So braucht ein Grafikobjekt beim Zeichnen sicher die Unterstützung durch Methoden anderer Objekte, z. B. die Methode „Linie-Zeichnen" der Grafikverwaltung des Computers.

L14

Der Arbeitsauftrag „Setze die Füllfarbe der Hauswand auf hellgrün!" ist zum Schreiben sehr lang. Um Schreibarbeit zu sparen, verwenden wir eine Kurzschreibweise für den Aufruf einer Methode eines Objekts. So verkürzt sich der Arbeitsauftrag auf:

Hauswand.FüllfarbeSetzen (hellgrün)

Für einen Methodenaufruf schreiben wir allgemein:
Objektname.Methodenname(Wert)

Für die Veränderung der Fenster (Variante „große Fenster" in Bild 4) schreiben wir:

Fenster1.BreiteSetzen(0,7 cm);
Fenster2.BreiteSetzen(0,7 cm);
Fenster3.BreiteSetzen(0,7 cm)

Hinweise:

- Man kann die Schreibweise für den Methodenaufruf von der Schreibweise für Attributwertangabe leicht unterscheiden, da beim Methodenaufruf immer ein Klammerpaar „(...)" und bei der Attributwertangabe immer ein Gleichheitszeichen „=" auftritt.
- Nicht alle Methoden benötigen einen Wert, um ihren Arbeitsauftrag ausführen zu können. Ein Beispiel dafür ist die Methode „Zeichnen", die viele Objekte kennen. Hier schreiben wir einfach:

  Fenster1.Zeichnen()

  Damit stellt sich das Objekt „Fenster1" gemäß seinen Attributen auf dem Bildschirm dar.

Arbeitsersparnis durch geschickte Anwendung von Methoden

Bei der letzten in Abbildung 4 gezeigten Veränderung, dem Verschieben der Tür in die Mitte, hat Beate auch noch ein neues Fenster eingefügt. Da dieses Fenster genau das gleiche Aussehen hat wie das Fenster links neben der Tür, erspart es ihr Arbeit, es nicht neu zu erzeugen, sondern es zu **kopieren**. Dazu verwendet man in vielen Programmen einen (unsichtbaren) Behälter, die **Zwischenablage**, in der man eine Kopie eines Objekts aufbewahren kann. Von dieser Kopie kann man wiederum eine Kopie an beliebig vielen Stellen einfügen.

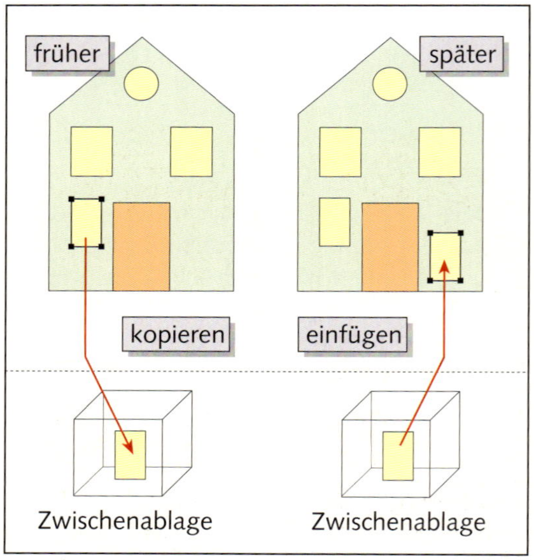

5 Die Zwischenablage

Hinweis: Nach dem Einfügen ist die Kopie des Objekts immer noch in der Zwischenablage vorhanden.

Die **Zwischenablage** dient zum kurzzeitigen Aufheben eines Objekts. Mit der Zwischenablage sind folgende Vorgänge möglich:
Kopieren legt eine Kopie eines Objekts in die Zwischenablage und belässt das Original im Dokument.
Ausschneiden entfernt ein Objekt aus dem Dokument und legt es in die Zwischenablage.
Einfügen fügt eine Kopie des in der Zwischenablage vorhanden Objekts in das Dokument ein.

Hinweis: In englischsprachigen Programmen stehen für „ausschneiden, kopieren, einfügen" die Wörter „cut, copy, paste". Das Verb „paste" (kleben) erinnert noch an den ursprünglichen Vorgang ohne Computer: ausschneiden – kopieren – einkleben.

Bis ein Objekt in einem Grafikprogramm wie gewünscht dargestellt wird, müssen oft zahlreiche Arbeitsschritte ausgeführt werden. Betrachte beispielsweise das Einfügen dreier neuer, gelber Fenster in den Plan eines Hauses:

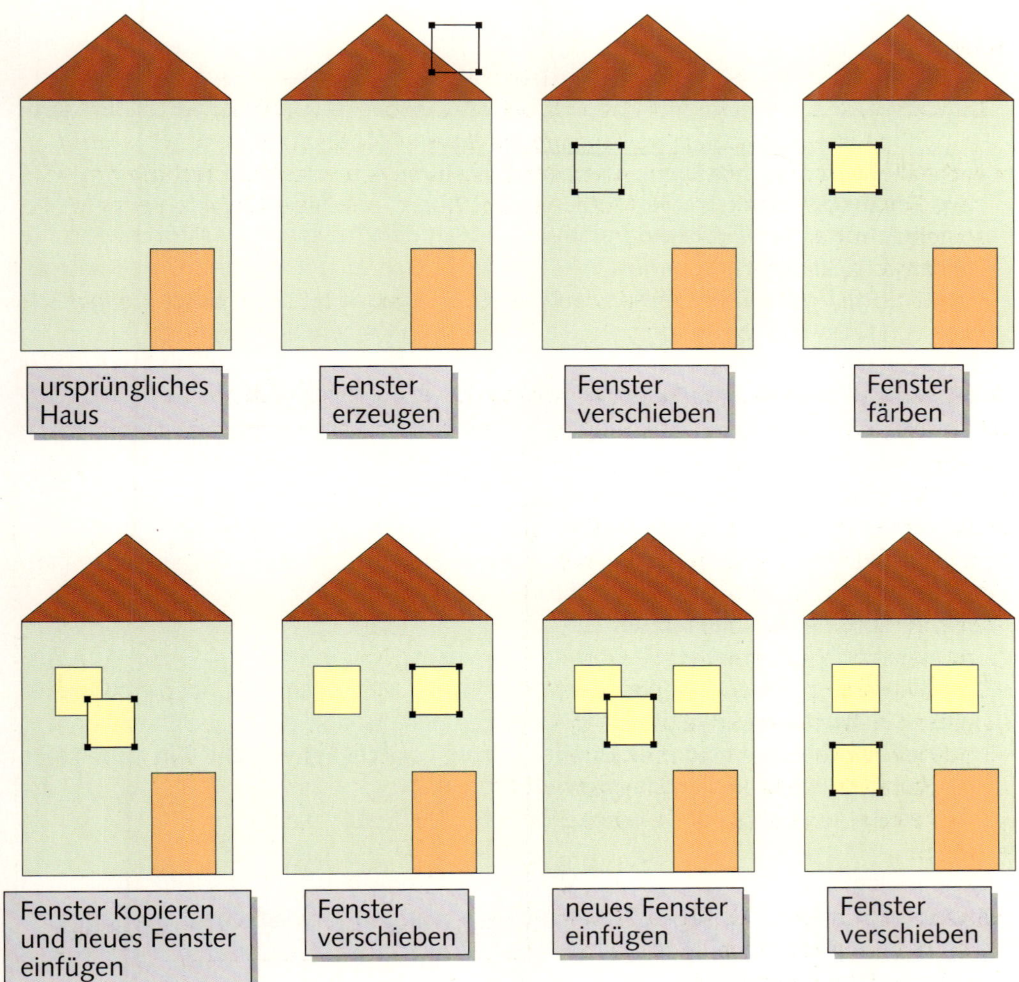

6 Arbeiten mit der Zwischenablage

Aufgaben

1 Methodenaufrufe

Welche Methoden werden hier nacheinander durchgeführt? Notiere in der Kurzschreibweise.

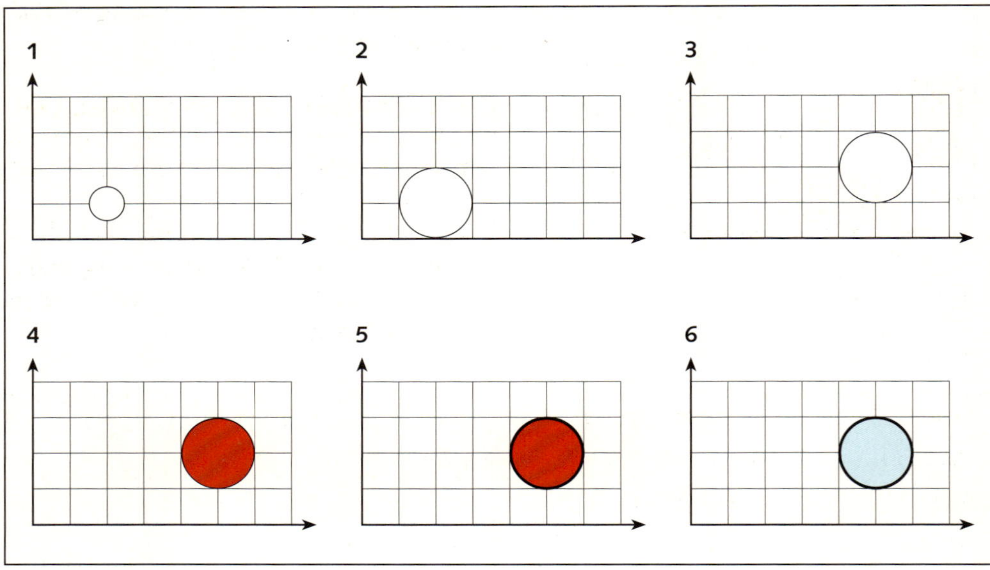

7 Methodenaufrufe

2 Ein Zeichenprotokoll

Erzeuge mit einem Grafikprogramm einen Plan deines Zimmers. Protokolliere zu je einem Objekt einer bestimmten Art (Rechteck, Kreis etc.) alle Schritte in der festgelegten Notation, bis das Objekt wie gewünscht liegt und aussieht. Nutze beim Erstellen von Objekten, wenn möglich, die Vorteile von Kopieren und Einfügen.

3 Ein Spielplatz deiner Träume

a Zeichne mit einem Grafikprogramm den Spielplatz deiner Träume! Darin sollten mindestens fünf Objekte, z. B. Rutsche, Rodelberg, Burgturm oder ein sechseckiges Indianerzelt, enthalten sein.

b Vergleiche dein Ergebnis mit dem deines Banknachbarn. Diskutiert darüber, wer von euch die besten Ideen hat und wer den Plan am aussagekräftigsten gezeichnet hat.

4 Bedienung von Küchengeräten

In jeder Küche gibt es sehr viele Objekte, wie LieblingsgabelOlivia und Kühlschrank. Alle Objekte haben Attribute. Viele haben jedoch keine Methoden, d. h., für diese Objekte gibt es keinen einzigen Methodenaufruf, aufgrund dessen sie etwas ausführen können.

a Notiere mindestens drei Methodenaufrufe von Küchengeräten. Gib dabei, falls nötig, einen sinnvollen Eingabewert an, z. B. Mixer.Rühren(3)

b Nenne mindestens drei Objekte, die keine Methoden haben.

5 Bimmelbahn

Öffne dein Bild mit der Lokomotive und dem Waggon von Aufgabe 8 aus Kapitel 1. Erzeuge mithilfe der Zwischenablage mehrere gleiche Wagen und stelle sie zu einem Zug zusammen. Färbe die Wagen um.

4 Klassen

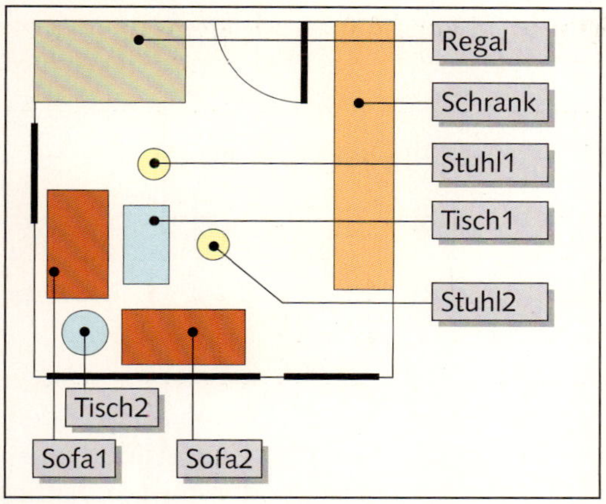

1 *Wohnzimmer*

Plan der Inneneinrichtung

Beate plant die Einrichtung eines Wohnzimmers für die neue Siedlung. Abbildung 1 zeigt den Grundriss.

Welche Arten von Grafikobjekten werden in diesem Plan zur Darstellung der Gegenstände verwendet?

Das Objekt Schrank wird durch ein Grafikobjekt der Art Rechteck dargestellt, ebenso das Objekt Tisch1. Weiter lässt sich zuordnen:

Art	Bezeichner des Objekts
Rechteck	Regal, Schrank, Sofa1, Sofa2, Tisch1
Kreis	Stuhl1, Stuhl2, Tisch2
Linie	Fenster1, Fenster2, Fenster3, Tür
Viertelkreis	Türbereich

2 *Objektarten*

Was bedeutet in der Tabelle „Art: Rechteck"? Was sind die Gemeinsamkeiten aller Rechtecke? Was unterscheidet einen Kreis von einem Rechteck (außer der Form)? Welche Attributwerte musst du angeben, um einen Kreis bzw. ein Rechteck genau zu beschreiben?

Betrachtest du die Dialoge zum Verändern der Attributwerte genauer, so siehst du eine Antwort auf diese Fragen. Der Dialog enthält bei allen Kreisen das Attribut Radius. Nur die Attributwerte sind verschieden. Dagegen weist der Dialog für die Rechtecke andere Attribute auf, nämlich Breite und Höhe. Auch bei den Methoden kann es Unterschiede geben.

3 *Rechtecksattribute*

Alle Kreise eines Dokuments haben also die gleichen Attribute (aber nicht notwendig die gleichen Attributwerte!) und die gleichen Methoden. Auch alle Rechtecke, alle Linien usw. haben jeweils die gleichen Attribute und Methoden (aber andere als die Kreise). Informatiker sagen: Alle Objekte der Art Kreis sind von der **Klasse** KREIS, alle Objekte der Art Linie von der Klasse LINIE.

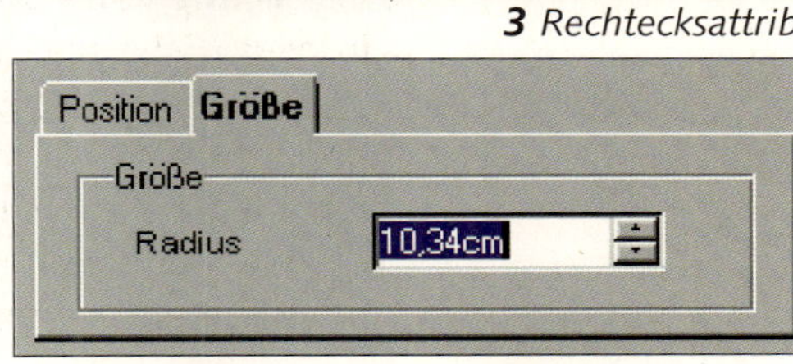

4 *Kreisattribute*

Hinweis: Wie du schon gelernt hast, wird der Fachbegriff „Klasse" in der Biologie anders als in der Informatik gebraucht. Man spricht dort zum Beispiel von der Klasse der Säugetiere als ein Oberbegriff. Welche anderen Oberbegriffe gibt es in der Biologie noch? Welche weiteren biologischen Klassen kennst du?

Alle **Objekte** mit **gleichen Attributen** (nicht Attributwerten!) und **gleichen Methoden** werden durch eine **Klasse** beschrieben. Wir schreiben Klassennamen mit lauter Großbuchstaben.

Hinweise:
- Statt des Begriffs Klasse wird manchmal auch der Begriff Objekttyp verwendet.
- Die Klassen eines Vektorgrafikprogramms kann man sehr schön an den Symbolen in der Werkzeugleiste erkennen.

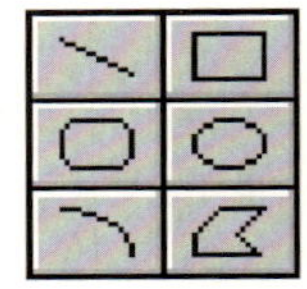

5 *Werkzeuge*

Klassen als Bauanleitungen

Anschaulich kannst du dir eine Klasse als eine Bauanleitung denken. Die Objekte werden beim Erzeugen nach dieser Anleitung gebaut. Dabei erhalten sie für jedes Attribut vorgegebene Werte (› default-Wert). Im Bauplan sind auch die Methoden für alle daraus erzeugten Objekte festgelegt, z. B. die Methode „Zeichnen" der Grafikobjekte.

› engl.: in default of: wegen des Fehlens

Willst du angeben, von welcher Klasse ein Objekt ist, kannst du diese durch einen Doppelpunkt getrennt nach dem Objektnamen ergänzen, z. B.:
Tisch1: RECHTECK
Den Doppelpunkt spricht man „von der Klasse" oder „von der Art", z. B.: „Tisch1 von der Klasse Rechteck".

Die Klasse eines Objekts kann man mit **Objektname: KLASSE** angeben.
Folgende **erweiterte** Schreibweise legen wir zur **Notation** mehrerer **Attributwerte** eines Objekts fest:
Für Objektname: KLASSE
Attributname1 = AttributwertA
Attributname2 = AttributwertB
Diese Schreibweise kann auch für **Methodenaufrufe** verwendet werden.

Darstellung von Klassen und Objekten

Die Struktur einer Klasse lässt sich übersichtlich mit einem Rechteck darstellen. Es muss den Bezeichner der Klasse, die Namen (Bezeichner) aller Attribute und die Bezeichner aller Methoden enthalten. Bei den Methoden gibt man in Klammern an, welche Informationen die Methode beim Aufruf zusätzlich erhalten muss.

Name der Klasse
Bezeichner aller Attribute
Bezeichner aller Methoden

Objektname: KLASSE
Attributname1 = AttributwertA Attributname2 = AttributwertB

6 *Klassen- und Objektdarstellung*

Objekte erhalten als grafische Symbole abgerundete Rechtecke, die den Objektnamen, eventuell die Klasse des Objekts und die Attribute mit ihren Werten enthalten müssen. Die Methoden werden nicht aufgelistet, da sie für alle Objekte einer Klasse gleich sind.

Beispiele:

	Klasse	Objekte dieser Klasse	
Bezeichner	RECHTECK	Tisch1	Sofa1
Attribute	Breite Höhe RandStärke Füllfarbe	Breite = 0,6 cm Höhe = 1,3 cm RandStärke = 0 cm Füllfarbe = blau	Breite = 2,0 cm Höhe = 0,8 cm RandStärke = 0 cm Füllfarbe = rot
Methoden	BreiteSetzen(Zahl) HöheSetzen(Zahl) FüllfarbeSetzen(Farbe) PositionSetzen(Koordinaten)		

	Klasse	Objekte dieser Klasse	
Bezeichner	KREIS	Stuhl1	Tisch2
Attribute	Radius RandStärke Füllfarbe	Radius = 0,3 cm Randstärke = 0 cm Füllfarbe = gelb	Radius = 0,6 cm Randstärke = 0 cm Füllfarbe = blau
Methoden	RadiusSetzen(Zahl) FüllfarbeSetzen(Farbe) PositionSetzen(Koordinaten)		

7 *Klassen und Objekte*

Typische Klassen und ihre Attribute in einem Zeichenprogramm

Klasse	Attribut	Beispiele für den Attributwert bei zugehörigen Objekten
LINIE	LinienArt	durchgehend, gestrichelt, feingestrichelt
	LinienStärke	5 pt, 10 pt
	LinenFarbe	rot, gelb, dunkelblau
	PositionHorizontal	3,46 cm
	PositionVertikal	0,15 cm
	Höhe	0,00 cm
	Breite	2,00 cm
	StartpfeilArt	kein, Spitze, DickPunkt, Dreieck
	StartpfeilGröße	klein, mittel, groß
	EndepfeilArt	kein, Spitze, DickPunkt, Dreieck
	EndepfeilGröße	klein, mittel, groß

L6

Klasse	Attribut	Beispiele für den Attributwert bei zugehörigen Objekten
RECHTECK	Füllfarbe	rot, gelb, keine
	RandArt	durchgehend, gestrichelt, keiner
	RandStärke	1 pt, 2 pt
	RandFarbe	rot, gelb, dunkelblau
	PositionHorizontal	1,50 cm
	PositionVertikal	1,00 cm
	Höhe	0,50 cm
	Breite	2,00 cm
KREIS	Füllfarbe	rot, gelb, keine
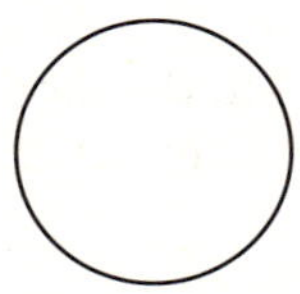	RandArt	durchgehend, gestrichelt, keiner
	RandStärke	1 pt, 2 pt
	RandFarbe	rot, gelb, dunkelblau
	PositionHorizontal	1,50 cm
	PositionVertikal	1,00 cm
	Radius	2,00 cm
TEXTFELD	Füllfarbe	weiß, keine
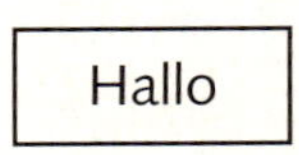	RandArt	durchgehend, gestrichelt, keiner
	RandStärke	1 pt, 2 pt
	RandFarbe	schwarz, rot
	PositionHorizontal	1,50 cm
	PositionVertikal	1,00 cm
	Höhe	2,50 cm
	Breite	6,10 cm
	Text	„Das ist ein wichtiger Hinweis“
	InnenrandOben	0,20 cm
	InnenrandUnten	0,20 cm
	InnenrandLinks	0,10 cm
	InnenrandRechts	0,10 cm

Aufgaben

1 Attributwerte in der erweiterten Schreibweise
Gib im Beispiel von Abbildung 1 für jedes Objekt mindestens drei Attribute mit (geschätzten) Werten in der erweiterten Schreibweise an.

2 Die Klassen LINIE und VIELECK
Erstelle eine grafische Darstellung für die Klassen LINIE und VIELECK.

3 Schrägzeichnung eines Würfels
Fertige mit einem Grafikprogramm eine Schrägzeichnung eines Würfels an und nenne die Methoden, die du dabei aufrufst.

4 Ein neuer Abenteuerspielplatz
In der Siedlung von Matthias wird ein neuer Abenteuerspielplatz gebaut. Die Kinder entwerfen Pläne, die die Gemeinde dann prüft; der beste Plan wird umgesetzt. Der Plan von Matthias sieht so aus:

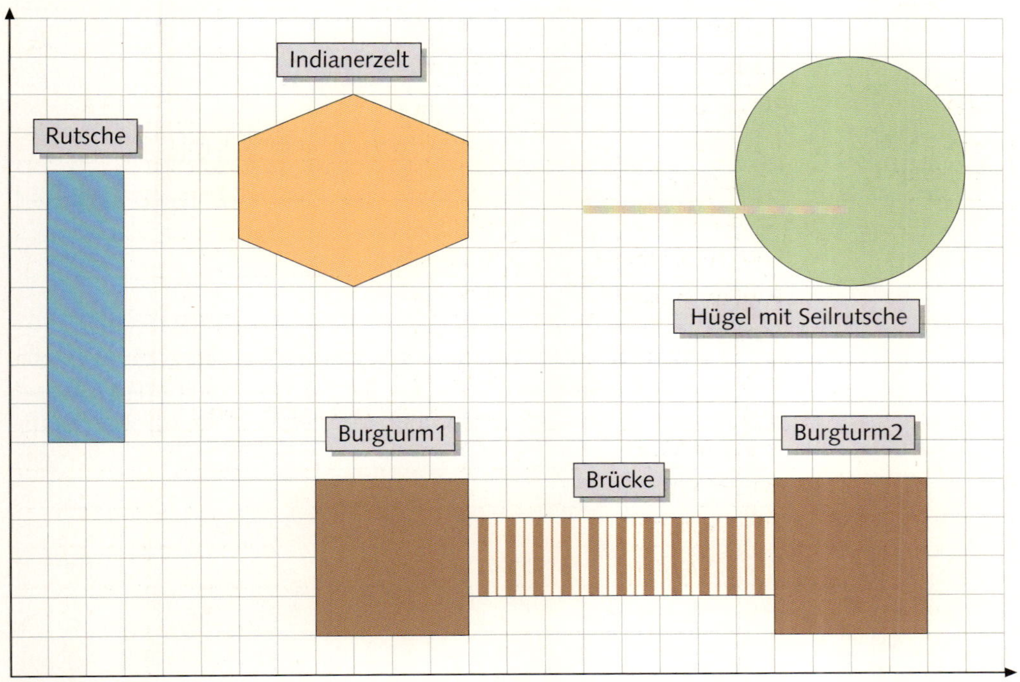

8 *Spielplatz*

a Welchen Klassen von Grafikobjekten kommen hier vor? Welche Objekte werden damit dargestellt?
b Gib je zwei Attribute und deren Werte von „Hügel“ und „Seilrutsche“ an.
c Stelle Objekte der Klasse RECHTECK mit ihren Attributwerten in einer Tabelle dar.
d Das Indianerzelt gehört zu einer Klasse VIELECK (in vielen Programmen als › POLYGON bezeichnet). Durch welche Attribute lässt sich eine solche Klasse beschreiben?
e Gib wesentliche Attributwerte der (Grafik-)Objekte „Rutsche“, „Hügel“ und „Seilrutsche“ aus Aufgabe a mit der Punktschreibweise an.

› Polygon: griechisch poly: viel, gon: Winkel

5 „Malen" nach Zahlen

Zeichne den Plan eines Spielplatzes nach den folgenden Angaben. Wozu dienen wohl Linie1 und Linie2?

a Für Schaukel: RECHTECK
- LinkeUntereEcke = (2 | 3)
- Breite = 2 cm Höhe = 3 cm
- RandStärke = 1 pt Füllfarbe = rot

Für Kletterburg: RECHTECK
- LinkeUntereEcke = (7 | 3)
- Breite = 6 cm Höhe = 4 cm
- RandStärke = 4 pt Füllfarbe = braun

Für Karussell: KREIS
- Mittelpunkt = (5 | 9) Radius = 2 cm
- RandStärke = 1 pt Füllfarbe = grau

Für Linie1: LINIE
- Startpunkt = (4 | 9) Endpunkt = (6 | 9)
- LinienStärke = 1 pt LinienArt = durchgehend

Für Linie2: LINIE
- Startpunkt = (5 | 8) Endpunkt = (5 | 10)
- LinienStärke = 1 pt LinienArt = durchgehend

b Zur Beschreibung der Lage und Größe eines Rechtecks wurden die Attribute „LinkeUntereEcke", „Breite" und „Höhe" benutzt. Welche anderen Attribute hätte man wahlweise auch zur eindeutigen Beschreibung benutzen können?

Für alle Koordinatenangaben gilt ein mathematisches Koordinatensystem mit der Längeneinheit 1 cm.

6 Logos (weiterführende Aufgabe für Interessierte)

Viele Firmen oder Institutionen haben ein Logo, mit dem sie sich nach außen präsentieren, z. B. auf Briefköpfen, Internetseiten oder in ihrer Werbung. Gute Logos zeichnen sich durch ihre Einfachheit aus: Mit wenigen Farben und Formen werden wesentliche Kennzeichen oder Informationen übermittelt. In Abbildung 9 siehst du vier Beispiele für Logos.

Im Logo des Gymnasiums Ottobrunn findest du die charakteristische Zackenform des Daches dieses Gebäudes wieder (Abbildung 10). Das Logo der Technischen Universität München besteht nur aus den Anfangsbuchstaben, die jedoch in besonderer Weise „aneinander gehängt" sind.

10 Zackendach des Gymnasiums Ottobrunn

9 Gymnasium Ottobrunn; Technische Universität München; Malerbetrieb Gebhard Baitinger; Europäische Union

a Erkläre die Grundidee der Logos des Malerbetriebes und der Europäischen Union.

b Versuche das Logo der TUM mit einem Grafikprogramm zu erstellen.

c Versuche selbst ein Logo für eine Person zu entwerfen. Entscheide zunächst, für wen das Logo sein soll. Suche dann nach einer guten Idee – etwas Charakteristisches wie die Anfangsbuchstaben des Namens, ein Hobby oder den Beruf. Bleistiftskizzen können dir bei deinen Überlegungen helfen. Setze als Abschluss deine Idee mit einem Grafikprogramm um.

Zum Weiterlesen

1 Aus der Praxis: Architektin

„Ich heiße Beate Ecker und bin Architektin. Beim Entwurf von Gebäuden arbeite ich mit einem speziellen Vektorgrafikprogramm, einem › CAD-Programm. Wie in dem von dir verwendeten Vektorgrafikprogramm stellt auch hier die Methode Zeichnen mithilfe von mathematischen Zusammenhängen Objekte auf dem Bildschirm dar. Da die Zusammenhänge dreidimensional gespeichert sind, gibt es sogar verschiedene Methoden Zeichnen, mit denen auf dem Bildschirm der Grundriss, eine Ansicht (hier Süd) oder eine räumliche Darstellung angezeigt werden kann. Es ist sogar eine Animation möglich (Bild 1 links oben), bei der du in das Haus hineinsehen und auch ‚hineingehen' kannst.

› CAD Computer aided design engl.: computerunterstütztes Entwerfen

Ein großer Vorteil des Computereinsatzes beim Zeichnen von Plänen ist, dass ich bei Änderungswünschen des Auftraggebers diese schnell und einfach vornehmen kann. Beispielsweise lässt sich eine Wand einfach mit der Maus verschieben, sodass eine neue Raumaufteilung im Gebäude entsteht. Auch lassen sich nachträglich leicht Details einfügen, wie Aussparungen in der Wand. Sie sind für den Elektriker oder Heizungsinstallateur wichtig, spielen aber in der ersten Planungsphase keine Rolle.

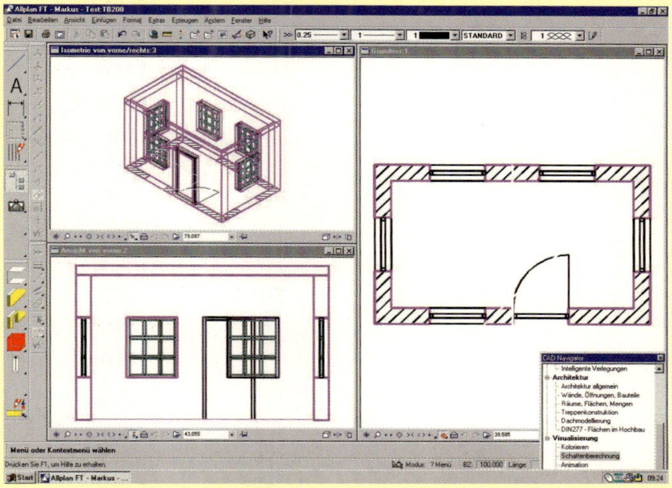

1 Arbeiten mit einem CAD-Programm

CAD-Programme für Bauingenieure können verschiedenen Objekte wie Wände und Decken in Beziehung setzen und daraus berechnen, ob das Haus stabil ist.
In meinem CAD-Programm gibt es Klassen für spezielle Objekte, wie sie im Baugewerbe wichtig sind. So muss ich nicht jede Tür, jede Badewanne neu zeichnen. Selbstverständlich kann ich auch Objekte aus grundlegenden Grafikobjekten zu komplizierteren Gebilden zusammenbauen (gruppieren). So erhaltene Objekte kann ich kopieren und an verschiedenen Stellen wieder einfügen. Wie das Gruppieren geht, erfährst du in Kapitel 7!"

2 Als die Informationsmenge zu groß wurde

Für eine Ende des 19. Jahrhunderts in den USA durchgeführte Volkszählung wurde aufgrund der großen Datenmenge ein Auswertezeitraum von etwa 10 Jahren vorhergesagt. Durch den Einsatz von Maschinen, die der deutschstämmige Bergwerksingenieur Hermann Hollerith entwickelte, konnte die Auswertung in einem halben Jahr durchgeführt werden.
Damals trat immer öfter das Problem auf, dass Informationen in solcher Menge auszuwerten waren, dass die Bearbeitung Monate, ja sogar Jahre dauerte. In den folgenden Jahrzehnten entwickelte sich zur Lösung solcher Aufgabenstellungen eine völlig neue Wissenschaft, die Informatik.
Allerdings zeigte die Informatik schon sehr früh auch die Grenzen der maschinellen Berechenbarkeit auf. So gibt es Aufgaben, die zwar berechenbar sind, für die der Rechenaufwand aber so hoch ist, dass auch tausend oder Millionen Mal so schnelle Rechner wie heute nur kleine Ausschnitte der Gesamtaufgabe lösen können, z. B. die Wettervorhersage oder Luftströmungen an Fahrzeugen. Außerdem haben Informati-

ker bewiesen, dass es Aufgabenstellungen gibt, die von einer Maschine niemals gelöst werden können. So kann z. B. kein Computerprogramm berechnen (entscheiden), ob ein beliebiges anderes Computerprogramm korrekt arbeitet, d. h., eine automatische Überprüfung von Computern durch Computer ist nicht möglich (Halte-Problem).

1886	Hermann Hollerith entwickelt für Lochkarten die ersten Stanz-, Sortier- und Zählmaschinen zur Auswertung der Volkszählung 1890 in den USA.
1936	Alan Mathison Turing entwirft ein Modell, wie ein Computer arbeiten könnte („Turing-Maschine"). Alonzo Church stellt die nicht widerlegbare Hypothese auf, dass kein Computer mehr berechnen kann als eine entsprechende Turingmaschine berechnen könnte. Konrad Zuse entwickelt die erste programmgesteuerte Rechenanlage Z1 aus 2600 Relais (elektromechanische Schalter; 2000 zum Speichern der Daten, 600 zum Rechnen).
1945	Fertigstellung der ersten vollelektronischen Rechenanlage Eniac aus über 180 000 Elektronenröhren
1955	Fertigstellung der ersten Rechenanlage mit Transistoren
1958	Erste formal definierte Programmiersprache Algol 60
1969	Start des ArpaNet (Vorläufer des InterNet)
1971	Entwicklung der ersten Mikroprozessoren. Sie übertreffen bereits die Leistungsfähigkeit der Eniac.
1977	Erster „Personal Computer" von Commodore („PET")
1991	Entwicklung des World Wide Web und der Sprache HTML
1993	Öffnung des Internet für die Allgemeinheit

***1** Meilensteine der Informatik*

***2** Relaisrechner Z1*

***3** Röhrenrechner Eniac*

3 Wie der Computer speichert

Der Hintergrundspeicher verliert seine Daten beim Ausschalten des Computers nicht. Er besteht heute aus magnetischen Speichermedien (z. B. Festplatte, Floppy-Disk), optischen Speichermedien (z. B. CD, DVD) oder elektronischen Speichermedien (Memorystick). Früher wurden auch Medien aus Papier (Lochkarten, Lochstreifen) als Hintergrundspeicher verwendet.
Alle Darstellungen der Information sowohl auf dem Hintergrundspeicher als auch im Arbeitsspeicher beruhen auf Verfahren, die mit zwei Zuständen auskommen (oft mit „0" und „1" bezeichnet). Die Lochkarte verwendet „Loch" oder „nicht Loch", die CD lange oder kurze Gruben, der Arbeitsspeicher „Spannung" oder „nicht Spannung".

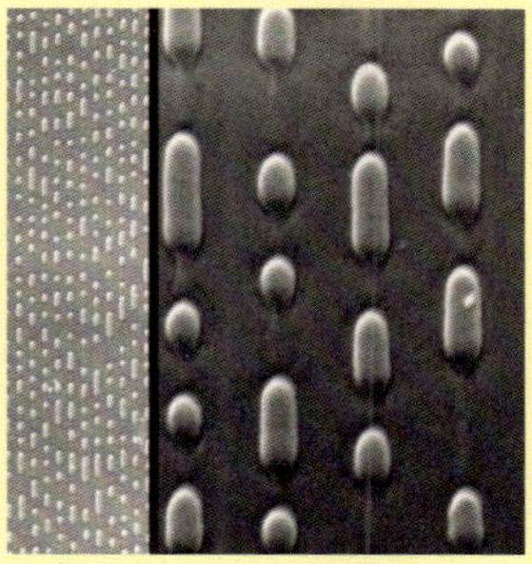

1 Compact Disk

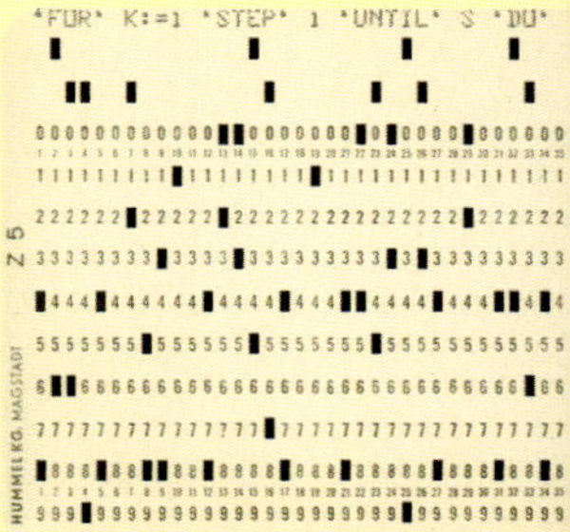

2 Lochkarte, Ausriss

	Arbeitsspeicher	Hintergrundspeicher
Zugriff	schnell	langsam
Verfügbarkeit	kurzlebig	dauerhaft
Information liegt vor als	Dokument	Datei

3 Vergleich Hintergrundspeicher – Arbeitsspeicher

4 Vektor- und Pixelgrafiken

Bildinhalte können im Wesentlichen in zwei verschiedenen Formen gespeichert werden: als Vektorgrafik oder Pixelgrafik. In der Vektorgrafik, die in Kapitel I vorgestellt wurde, wird die Zeichnung durch Anordnung und Eigenschaften ihrer geometrischen Einzelteile (Kreise, Linien, ...) beschrieben. Wie jedes einzelne Objekt zu zeichnen ist, wird durch mathematische Zusammenhänge festgelegt.
Bei Pixelgrafiken setzt sich das Bild dagegen aus einzelnen Bildpunkten (› Pixeln) zusammen. Diese Objekte der Klasse PIXEL werden auf dem Bildschirm mit ihrer jeweiligen Farbe und Helligkeit dargestellt. Zwischen den Bildpunkten und der dargestellten Figur besteht kein Zusammenhang; ein gezeichnetes Rechteck kann deshalb nachträglich nicht mehr in Position, Größe oder Farbe verändert werden.

› Als Abkürzung für das englische „**Pic**ture **El**ement" (Bildelement)

Vergrößert man eine Pixelgrafik, so wird das Bild undeutlich, weil es ein Mosaik aus Pixeln ist.

Bei der Vektorgrafik bleibt das Bild scharf, weil die Objekte durch mathematische Zusammenhänge berechnet werden.

1 Pixel- und Vektorgrafik

Vektorgrafiken eignen sich besser zum Erstellen von Zeichnungen, Plänen u. Ä. Pixelgrafiken werden vorwiegend eingesetzt bei Bildern mit vielen Einzelheiten, die nur sehr schwer mathematisch beschreibbar sind, z. B. bei Fotos.

III Informationsdarstellung mit Textdokumenten

In diesem Kapitel wirst du mit Texten arbeiten. Im Fach Deutsch ist es wichtig, über ein Ereignis spannend und mit korrekter Sprache zu berichten. In der Informatik liegt der Schwerpunkt auf der Darstellung von Texten. Auch hier hilft dir die in Kapitel II erlernte Denkweise in Objekten und Klassen.

5 Auch Buchstaben sind Objekte

Bericht vom Vulkanausbruch

Der Vater von Laura ist Reporter und hat seinen Zeitungsbericht über einen Vulkanausbruch mit einem **Textverarbeitungsprogramm** erstellt. Damit kann er ihn leichter bearbeiten und danach sogar auf elektronischem Wege (siehe Kapitel VII: Austausch von Informationen – E-Mail) an die Redaktion senden.

VII

Vulkan Popipepapitel spuckt Lava

***Insel Ialaohoha* • Gestern brach überraschend der Vulkan Popipepapitel aus. Der Aschenregen, Gesteinsbrocken und die heiße Lava zerstörten Anbaugebiete und Wohnhäuser in einem Umkreis von einem Kilometer. Verletzt wurde niemand.**

Am frühen Morgen erschreckte ein lautes Rumoren die Anwohner der kleinen Insel *Ialaohoha*. Sie verließen fluchtartig ihre Häuser und liefen zum Strand hinunter. Kurze Zeit später schoss eine große Aschenwolke aus dem Vulkanschlund, die sich kilometerhoch in den blauen Himmel erstreckte.

Gefolgt wurde dieser Aschenregen von einer heftigen Eruption. Heißes Gestein wurde mit großer Wucht aus dem Vulkan geschleudert und flüssige Lava ergoss sich in breiten Strömen zu Tale und zerstörte die Wohnhäuser auf den Hanglagen. Begleitet wurde der Ausbruch durch ein Erdbeben der Stärke 5 auf der Richterskala. Verletzt wurde glücklicherweise niemand.

Der Ausbruch war selbst für die Experten überraschend, denn seit 1827 hatte der *Popipepapitel* keinen Ausbruch und die Vulkanologen stuften den Vulkan als ungefährlich ein. Aus diesem Grund hat die Bevölkerung in den letzten Jahren an den fruchtbaren Hängen des Vulkans viele Anpflanzungen errichtet, die jetzt

***1** Zeitungsbericht*

? Versuche, das Aussehen des Textes zu beschreiben! Welche Objekte erkennst du im Text? Welche Objekte haben gleiche Attribute, welche Klassen könnte es damit geben?

Beim Lesen gliedern wir den Text in Absätze, Sätze, Wörter und Buchstaben. Sätze und Wörter sind für uns wichtig, um die Bedeutung des Textes, also die im Text enthaltene Information, zu erkennen. Um die Arbeitsweise eines Textverarbeitungsprogramms zu verstehen betrachten wir dagegen die kleinsten Teile des Textes, die Zeichen, als Objekte. Die Zeichen können Buchstaben, Ziffern, Sonderzeichen (;,:.?!$€☺) oder Leerzeichen sein. Sie können schräg gestellt sein wie bei „*Ialaohoha*" oder ein ganz anderes Aussehen haben wie bei der Überschrift. Der Text in Abbildung 2 zeigt weitere Gestaltungsmöglichkeiten.

> **Einladung**
> zur Geburtstagsfeier
>
> **Lieber** Tobias ☺,
> am ***18. Februar*** feiere ich
> meinen *Geburtstag*.
> Wir treffen uns um ***14.00 Uhr***
> bei mir.
>
> Wenn es schönes Wetter ist,
> bauen wir ein **Schneeschloss**.
> Wenn es regnet, spielen wir
> drinnen.
> Zum Abendessen gibt es **Pizza**.
>
> **Laura**

2 *Geburtstagseinladung*

Geburtstagseinladung

Laura feiert Geburtstag. Alle Freundinnen und Freunde bekommen eine eigene Einladung, schön bunt und lustig. Das Textverarbeitungsprogramm, das Laura verwendet, kann ja so viele Sachen – sie kennt noch lange nicht alle.

?

Welche Attribute der Zeichen hat Laura für die Gestaltung ihrer Einladung verwendet? Welche Werte hat sie diesen Attributen gegeben? Haben manche Zeichen die gleichen Attributwerte?

Das auffälligste Attribut in Lauras Einladung ist die **Farbe** der Zeichen. Weiter sind die Zeichen des Wortes „Schneeschloss" dicker als die anderen Zeichen. Das Attribut **Fett** ist dafür verantwortlich. Die Zeichen von „Geburtstag" sind schräg gestellt. Hier ist das Attribut **Kursiv** zuständig. Durch das **Unterstreichen** hebt sie die Uhrzeit der Geburtstagsfeier besonders hervor.

Die Klasse ZEICHEN

L6

Die Attribute Fett, Kursiv, Schattiert usw. fallen unter den Sammelbegriff **Schriftstile**. Das Besondere an ihnen ist, dass bei diesen Attributen für die Werte nur ja oder nein möglich sind. Andere Sprechweisen sind: Es gilt oder gilt nicht bzw. es ist aktiv oder nicht aktiv. Man nennt diese Werte ›boolesche Werte (auch Wahrheitswerte oder logische Werte). Es können mehrere Schriftstilattribute gleichzeitig aktiv sein, z. B. Fett und Kursiv.

› George Boole, englischer Mathematiker (*1815; † 1864); Boolesche Algebra

Attribut	Attributwert	Aussehen
Fett	ja	**Testzeichen**
Kursiv	ja	*Testzeichen*
Durchgestrichen	ja	~~Testzeichen~~
Schattiert	ja	Testzeichen
MitUmriss	ja	Testzeichen

3 *Schriftstilattribute*

Zeichen können unterstrichen sein wie bei „Uhr". Das Attribut **Unterstrichen** hat hier den Wert einfach. Weitere Attributwerte sind:

Attribut	Attributwert	Aussehen
Unterstrichen	nicht	Testzeichen
Unterstrichen	einfach	Testzeichen
Unterstrichen	doppelt	Testzeichen
Unterstrichen	punktiert	Testzeichen

4 *Das Attribut Unterstrichen*

L6

Die Überschrift ist deutlich größer als der restliche Text. Dieses Attribut nennt man **Schriftgröße** (oder Schriftgrad). Die Werte werden in der Einheit Punkt angegeben. Es gilt: 1 pt (Punkt) = 1/72 inch = 0,3528 mm.

Attribut	Attributwert	Aussehen
Schriftgröße	9 Punkt	Testzeichen
Schriftgröße	12 Punkt	Testzeichen
Schriftgröße	20 Punkt	Testzeichen
Schriftgröße	30 Punkt	Testzeichen

***5** Das Attribut Schriftgröße*

Die Zeichen in der Überschrift der Einladung haben eine ganz andere Form als im restlichen Text. Hauptsächlich ist dafür das Attribut **Schriftart** verantwortlich. Die Schriftarten haben meist sehr eigenartige Namen, die von den › Designern der Schrift gewählt wurden.

› lat., engl., franz., Gestalter der Form

Attribut	Attributwert	Aussehen
Schriftart	Times	Testzeichen
Schriftart	Helvetica	Testzeichen
Schriftart	Courier	Testzeichen
Schriftart	Zapf Dingbats	✳❄▲▼❚❄❄✱❄■
Schriftart	Symbol	Τεστζειχηεν

***6** Das Attribut Schriftart*

Man unterscheidet bei den Schriftarten zwischen Schriften mit › Serifen und serifenlosen Schriften. Bei Serifenschriften haben die Buchstaben „kleine Füßchen" oder „Haken", die die Leselinie unterstützen. Times ist eine Serifenschrift, Helvetica hingegen nicht.
Weiter wird unterschieden zwischen proportionalen und nicht proportionalen Schriften. Die Zeichen in einer proportionalen Schrift benötigen unterschiedlich viel Platz. Das i braucht deutlich weniger als das w. In einer nicht proportionalen Schrift bekommt jeder Buchstabe gleich viel Platz, wie es früher bei den Schreibmaschinen üblich war. Helvetica ist proportional, Courier jedoch nicht.

› niederländisch: schreef: Strich, Linie

Hinweis: Mit dem Textverarbeitungsprogramm wird eine Auswahl von Schriftarten mitgeliefert. Sei jedoch bei der Verwendung ausgefallener Schriften vorsichtig. Wenn der Empfänger deines Dokuments auf seinem Rechner die Schrift nicht zu Verfügung hat, sieht das Dokument dort anders aus.

In deinem Schulbuch zur Mathematik ist dir bei der Flächen- und Volumenmessung sicher schon aufgefallen, dass man bei den Größenangaben noch ein anderes Zeichenattribut benötigt. Als Flächeneinheit verwendet man z. B. ein Quadrat mit den Seitenlängen 1 m und bezeichnet dessen Flächeninhalt kurz mit 1 m^2. Im Attribut **Schriftposition** lässt sich angegeben, um wie viel Punkt das Zeichen von der normalen Schreiblinie abweicht. Üblicherweise werden Abweichungen nach oben mit positiven Zahlen, nach unten mit negativen angegeben.

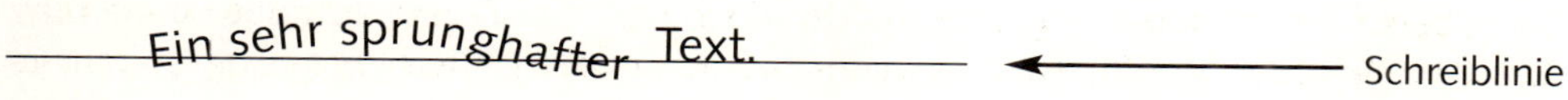

7 Das Attribut Schriftposition

L7

Ein wesentliches Attribut jedes Objekts der Klasse ZEICHEN ist die Information, was dargestellt werden soll. Wir nennen dieses Attribut **Inhalt**. Hierdurch wird festgelegt, welches Zeichen dargestellt wird.

Nicht nur die Buchstaben haben die aufgezählten Attribute, sondern auch die Ziffern, die Satzzeichen oder auch besondere Zeichen wie „☺" oder das Leerzeichen „ ". Textverarbeitungsprogramme unterscheiden nicht zwischen Buchstaben, Ziffern und Sonderzeichen. Sie gehören alle zur Klasse **ZEICHEN**.

Setzen von Attributwerten

Die Methoden zum Setzen von Attributwerten für Zeichen werden ähnlich aufgerufen wie bei den Grafikobjekten. Das Objekt wird markiert und dann werden über Schaltflächen einer Werkzeugleiste, Menüauswahlen oder Einstellungen in einem Dialog die (neuen) Attributwerte angegeben.
Meist ändert man nicht die Attributwerte eines einzelnen Zeichens, sondern die Attributwerte mehrerer aufeinander folgender ausgewählter Zeichen, einer sogenannten **Zeichenkette**.

Bezeichner von Objekten der Klasse ZEICHEN

Wie in Grafikdokumenten haben auch in Textdokumenten die Objekte eindeutige Bezeichner. Nur so kannst du jemandem exakt mitteilen, welches Zeichen der Geburtstagseinladung wie aussehen soll. Eine Möglichkeit ist, die Zeichen durchzuzählen und ihnen Nummern als Bezeichner zu geben, wie „Zeichen27" oder kürzer „Z27".
Die Überschrift in der Geburtstagseinladung (Abbildung 2) kannst du in der üblichen Punktnotation dann so beschreiben:

Zeichen1.Farbe = blau
Zeichen2.Farbe = rot
Zeichen3.Farbe = …

und zugleich für alle Zeichen der Zeichenkette „Einladung"

Schriftart = Helvetica
Schriftgröße = 16 Punkt
Schattiert = ja

Du kannst auch für alle ausgewählten Zeichen auf einmal eine Methode aufrufen:
Für alle Zeichen der Zeichenkette „Pizza"

FettSetzen(ja)
UnterstrichenSetzen(einfach)

Die grundlegenden Objekte in Textdokumenten sind Objekte der Klasse **ZEICHEN**.
Wichtige Attribute dieser Klasse sind:
Schriftart, Schriftgröße, Schriftstil, Farbe.
Eine zusammenhängende Folge von Zeichen heißt **Zeichenkette**.

Die **Klasse ZEICHEN** hat bei einem leistungsfähigen Textverarbeitungsprogramm im Wesentlichen folgenden Umfang:

Klasse	Objekt der Klasse
ZEICHEN	**Z7**
Inhalt	Inhalt = „A"
Schriftart	Schriftart = Times
Schriftgröße	Schriftgröße = 48 pt
Fett	Fett = nein
Kursiv	Kursiv = nein
Unterstrichen	Unterstrichen = nicht
Durchgestrichen	Durchgestrichen = nein
Schattiert	Schattiert = nein
SchriftPosition	SchriftPosition = 0 pt
Farbe	Farbe = schwarz
...	
SchriftartSetzen(Name)	A
FettSetzen(Wert)	
KursivSetzen(Wert)	
...	
Kopieren()	
Löschen()	
...	
Zeichnen()	

8 Die Klasse ZEICHEN und ein Objekt Z7

Weniger ist mehr

Das ***Verwenden*** von sehr vielen verschiedenen *Attributwerten* verringert die ***Übersichtlichkeit*** eines `Textes`. Es ist dann nur **schwer** erkennbar, welche der ***Informationen*** wichtig sind, oder?

9 Viele Attributwerte

Hinweis: Obwohl wir in diesem Kapitel das Setzen von unterschiedlichen Attributwerten üben: Verwende, um Texte übersichtlich zu gestalten, nicht zu viele unterschiedliche Attributwerte.

Aufgaben

1 Attributwerte von Objekten der Klasse ZEICHEN

a Gib für die Zeichen in folgenden Zeichenketten aus dem Text von Abbildung 2 die Werte der Attribute Farbe, Fett, Kursiv und Unterstrichen an:
Lieber, 18, Geburtstag, Uhr, Schneeschloss, regnet
Notiere dein Ergebnis in der Punktnotation und mit einer Übersichtstabelle wie in Kapitel 1.

b Die Zeichenkette „es“ gibt es in dem Text von Abbildung 2 sechsmal. Gib in eindeutiger Punktschreibweise den Attributwert für die Schriftfarbe der Zeichen „e“ und „s“ der ersten Zeichenkette „es“ an (Leerzeichen beim Durchzählen nicht vergessen)!

2 Geburtstagseinladung

Erstelle eine Geburtstagseinladung mit der Überschrift „Einladung“ ähnlich zu Abbildung 2 mit deinem Textverarbeitungsprogramm!

a Beginne mit folgenden Grundeinstellungen:
Für alle Zeichen des Dokuments
- Schriftart = Times New Roman
- Schriftgröße = 14 pt
- Fett = nein
- Kursiv = nein
- Unterstrichen = nicht
- Farbe = schwarz

b Verändere nun die Attributwerte soweit notwendig! Folgende Angaben müssen erfüllt werden:
Für alle Zeichen der Zeichenkette „Einladung“
- Schriftart = Arial
- Schriftgröße = 20 pt
- Schattiert = ja (alternativ: Fett = ja, wenn dein Textverarbeitungsprogramm den Stil „Schattiert“ nicht kennt)

c Gib für die drei Attributwertänderungen aus b die Methodenaufrufe in Kurzschreibweise an.

3 Methodenaufruf

Welche Möglichkeiten gibt es in deinem Programm, die Methode „SchriftartSetzen“ für ein Zeichen oder eine Zeichenkette aufzurufen? Warum gibt es dafür mehrere Wege? Gibt es auch für andere Methoden mehrere Möglichkeiten?

4 Welcher Attributwert wurde verändert?

a Betrachte die Veränderungen an den Zeichen „A“ und „$“. Überlege dir, welches Attribut sich um welchen Wert bei den Zeichen im Vergleich zum ersten Zeichen der Zeile verändert.

A A A A **A** *A* <u>A</u> A ~~A~~ A A A A

$ $ $ $ **$** *$* <u>$</u> $ ~~$~~ $ $ $ $

b Die Zeichen sollen Schritt für Schritt aus dem ersten Zeichen entwickelt werden. Notiere jeweils die Methodenaufrufe, ausgehend vom ersten Zeichen.

5 Sichtbare Attributwerte des Leerzeichens

Auch das Leerzeichen „ “ hat alle Attribute der Klasse ZEICHEN. Bei welchen Attributen kannst du die Werte am Aussehen des Leerzeichens erkennen? Ändere dazu die Attributwerte eines Leerzeichens in einem beliebigen Dokument!
Wie kannst du die Werte der restlichen Attribute herausfinden?

6 Attribute der eigenen Handschrift

Wie viele Attribute findest du, die du bei deiner eigenen Handschrift verändern kannst? Schreibe den Satz „Informatik macht Spaß“ fünf Mal und verändere jeweils den Wert eines Attributs!

7 Geschichte eines Luftballons

Es war einmal ein blauer Luftballon. Er war klein und schrumpelig. Vor vielen Wochen ist er aus einer Tasche auf den Boden heruntergefallen. Niemand hat es gemerkt und seitdem liegt er im Staub. Darüber ist der kleine blaue Luftballon traurig. Aber was passiert heute? Eine Kinderhand greift nach ihm. Sie putzt den kleinen blauen Luftballon und bläst ihn dann mit aller Kraft auf. Zunächst geht es sehr schwer, aber dann wird der Luftballon größer und w e i t e r, größer und w e i t e r. Plötzlich entgleitet er jedoch der Kinderhand und fliegt mit einem seltsamen Geräusch hoch an die Zimmerdecke. Aber er fliegt keineswegs gerade, sondern

torkelt von der Mitte

nach rechts

zurück zur Mitte

wieder nach rechts

und dann nach links.

Doch dann hat er keine Luft mehr, fällt wieder auf den Boden herunter und, da das Kind etwas anderes Interessantes entdeckt hat, bleibt er dort liegen.

a Welche Besonderheiten hat die Darstellung der „Geschichte eines Luftballons“?

b Schätze für jedes Zeichen des Wortes „größer“ in Zeile 6 die Attributwerte der Schriftgröße und notiere sie in Kurzschreibweise! Überlege nun, ob Schriftgröße als Attribut einer Klasse WORT sinnvoll wäre!

c Gestalte den Text mit deinem Textverarbeitungsprogramm nach!

8 Bergwanderung

Gestalte den folgenden Text so, dass du alle in Klammern stehenden Adjektive durch geeignete Veränderung der Zeichen des zugehörigen Hauptworts ersetzt (ersetze z. B. „hoher Berg“ durch „Berg“.)
Gestern bin ich durch unsere [weite, grüne] Landschaft gewandert. Die [goldene] Sonne stand [hoch] am [tiefblauen] Firmament, keine [klitzekleine, graue] Wolke war zu sehen. Ein [hoppelnder] Hase sprang durch das [hohe, hellbraune, durch den Wind geneigte] Getreide. Von einer [lang gezogenen, stark durchhängenden] Hängebrükke sah ich im [tiefen] Tal einen [riesigen braunen] Bären. Am [steilen blauen] Wasserfall entlang wanderte ich zurück nach Hause.

9 Schriftarten

Nenne verschiedene Schriftarten mit den Eigenschaften:

a mit Serifen b ohne Serifen c proportional d nicht proportional

Betrachte dazu in deinem Textverarbeitungsprogramm verschiedene Schriftarten!

6 Absätze bringen Übersicht

Textgestaltung

Laura hat Geburtstag und ihr Vater schreibt für sie ein Märchen. Zuerst tippt er einfach den Text ein, anschließend gestaltet er ihn.

Der Ring Der Prinz ritt noch in der gleichen Nacht nach dem Gespräch mit dem Fremden los. Der Himmel war bedeckt, nur ab und zu drang das bleiche Licht des Mondes durch und erhellte den Pfad. Seine Gedanken aber schweiften in der Ferne. Immer wieder wiederholte er in Gedanken die Worte, die die Prinzessin so oft geträumt hatte, obwohl diese unauslöschlich in sein Gedächtnis eingegraben waren. Suche den magischen Ring in einer Vollmondnacht. Dem, der ihn gewinnt, bringt er unendliche Macht. Doch wo sollte er die Suche beginnen? Nirgends in den alten Legenden hatten er und die Prinzessin einen Hinweis auf einen magischen Ring gefunden. Und doch musste er ihn in dieser einen Nacht finden.

***1** Märchen ohne Absätze*

Der Ring

Der Prinz ritt noch in der gleichen Nacht nach dem Gespräch mit dem Fremden los. Der Himmel war bedeckt, nur ab und zu drang das bleiche Licht des Mondes durch und erhellte den Pfad.

Seine Gedanken aber schweiften in der Ferne. Immer wieder wiederholte er in Gedanken die Worte, die die Prinzessin so oft geträumt hatte, obwohl diese unauslöschlich in sein Gedächtnis eingegraben waren.

> Suche den magischen Ring
> in einer Vollmondnacht.
> Dem, der ihn gewinnt,
> bringt er unendliche Macht.

Doch wo sollte er die Suche beginnen? Nirgends in den alten Legenden hatten er und die Prinzessin einen Hinweis auf einen magischen Ring gefunden. Und doch musste er ihn in dieser einen Nacht finden.

***2** Märchen mit Absätzen*

Obwohl in den Abbildungen 1 und 2 alle Zeichen die gleichen Attributwerte haben, kannst du in dem rechten Text eine klarere Struktur erkennen.

Auf welche Weise wird in Abbildung 2 die Lesbarkeit verbessert? Welche neuen Objekte sind hierzu nötig? Welche Attribute könnten diese Objekte haben? Kannst du sogar Werte für diese Attribute angeben? **?**

Der rechte Text ist in fünf inhaltlich zusammengehörende Bereiche, sogenannte **Absätze,** unterteilt. Durch Absätze werden lange Texte gegliedert. So wird das Lesen und Verstehen erleichtert. Um die Absätze deutlich voneinander abzugrenzen und besondere Absätze hervorzuheben, gibt es einige Gestaltungsmöglichkeiten.
Der Text in Abbildung 2 hat fünf Absätze. Der erste Absatz, die Überschrift, steht genau in der Mitte der Zeile. Der zweite, dritte und fünfte Absatz geht auf beiden Seiten bis zum Rand der Seite, nur die erste Zeile ist links etwas eingerückt. Der vierte Absatz ist links und rechts eingerückt. Der rechte Rand bildet keine durchgehende Linie. Zwischen den Absätzen ist mehr Abstand als zwischen den Zeilen eines Absatzes, im vierten Absatz ist der Zeilenabstand geringer als bei den anderen Absätzen.

Objekte der Klasse ABSATZ

Absätze sind eigenständige Objekte in Textdokumenten. In der Regel wird ein Objekt der Klasse ABSATZ durch das Drücken der <RETURN>-Taste (↵) erzeugt.

Hinweis: Textverarbeitungsprogramme fügen hier ein Absatzendesymbol (z. B. ¶) in den Text ein. Dieses kann sichtbar gemacht oder ausgeblendet werden.
Zeichen wie das Absatzendesymbol nennt man **Steuerzeichen**, da sie nicht zum eigentlichen Text gehören, sondern Information für das Programm enthalten.

Mit dem Attribut **Ausrichtung** geben wir an, ob der Text parallel zum Seitenrand ausgerichtet ist.

Attribut	Attributwert	Aussehen
Ausrichtung	linksbündig	Wenn ich in ein Schulheft schreibe, sind die Zeilen immer unterschiedlich lang gefüllt, beginnen aber am linken Rand.
Ausrichtung	rechtsbündig	Infohausen, den 2.2.2002 Rechtsbündige Ausrichtung wird z. B. bei Ort und Datum in Briefen verwendet.
Ausrichtung	zentriert	Ein Gedicht Schreibt man nicht An den Rand – Dies ist bekannt. Man schreibt es bitte In die Mitte.
Ausrichtung	blocksatz	In Zeitungen und Büchern sind die Spalten immer vom linken bis zum rechten Spaltenrand gefüllt. Dabei werden die Lücken gestreckt, wodurch der verfügbare Platz aufgefüllt wird.

***3** Das Attribut Ausrichtung*

Du kannst den Text links oder rechts einrücken. Dafür gibt es die Attribute **EinzugLinks** und **EinzugRechts**. Sie bestimmen den Abstand des Textes zum linken und rechten Rand. Mit dem Attribut **EinzugErsteZeile** kann man für die erste Zeile eines Absatzes einen von EinzugLinks verschiedenen Wert festlegen. Die Werte können je nach Textverarbeitungsprogramm in Punkt oder cm angegeben werden.

Attribut	Attributwert	Aussehen
EinzugLinks	1 cm	Dieser Text ist vom linken Rand ein Stück entfernt.
EinzugRechts	1 cm	Dafür hält dieser Text Abstand vom rechten Rand.
EinzugErsteZeile	0,5 cm	In Aufsätzen rückt man manchmal zur Übersichtlichkeit in der ersten Zeile oft etwas ein.
EinzugErsteZeile EinzugLinks EinzugRechts	0 cm 0,5 cm 0 cm	Manchmal lässt man zur Hervorhebung des Absatzes die erste Zeile etwas vorstehen.

***4** Die Einzugsattribute*

Darüber hinaus kannst du die Übersichtlichkeit zusätzlich erhöhen, indem du den Abstand zum vorhergehenden und nachfolgenden Absatz mit den Attributen **AbstandVor** und **AbstandNach** sinnvoll einstellst.

Attribut	Attributwert	Aussehen
AbstandVor	3 pt	vorhergehender Absatz Der Abstand dieses Absatzes nach oben ist 3 Punkt;
AbstandNach	6 pt	nach unten sind es 6 Punkt. nachfolgender Absatz

5 Die Abstands-attribute

Innerhalb eines Absatzes kannst du den **Zeilenabstand** verändern. Der Wert dieses Attributs kann wie bei der Schreibmaschine mit 1-, 1,5- und 2-zeilig angegeben werden. Meist sind auch Abstandsangaben in Punkt möglich.

Dieser Absatz hat einzeiligen Zeilenabstand.	Dieser Absatz hat 1,5-zeiligen Zeilenabstand.	Dieser Absatz hat 2-zeiligen Zeilenabstand.

6 Das Attribut Zeilenabstand

Objekte der Klasse **ABSATZ** sind in Textdokumenten immer vorhanden.
Wichtige Attribute und Attributwerte dieser Klasse sind: **Ausrichtung, EinzugLinks, EinzugRechts, EinzugErsteZeile, AbstandVor, AbstandNach, Zeilenabstand.**

Die **Klasse ABSATZ** hat bei einem leistungsfähigen Textverarbeitungsprogramm die Struktur wie in Abbildung 7.

ABSATZ
Ausrichtung EinzugLinks EinzugRechts EinzugErsteZeile AbstandVor AbstandNach Zeilenabstand ...
AusrichtungSetzen() EinzugLinksSetzen() ZeilenabstandSetzen() ... Kopieren() Löschen() ... Zeichnen()

7 Die Klasse ABSATZ

Bezeichner für Absatzobjekte

Auch Objekte der Klasse ABSATZ haben Bezeichner. Nahe liegend sind Bezeichner wie Absatz1, Absatz2 oder A1, A2 usw. Du kannst dich mit deinem Gesprächspartner auch auf aussagekräftigere Bezeichner einigen. So kannst du den ersten Absatz in Abbildung 2 statt mit Absatz1 auch mit Überschrift bezeichnen; Absatz4 in Abbildung 2 kannst du auch Gedicht nennen. Durch die eindeutige Namensgebung können wir Attributwerte in gewohnt kurzer Weise angeben: Absatz4.Ausrichtung = linksbündig.

Die Zwischenablage

Genau wie in Zeichenprogrammen kannst du auch in Textverarbeitungsprogrammen die Zwischenablage verwenden, um Teile deines Dokuments zu kopieren oder zu verschieben.
Beachte: Wenn du einen ganzen Absatz kopierst, dann werden die Attributwerte des Absatzes, alle Zeichen in dem Absatz und deren Attributwerte übertragen.

Aufgaben

1 Zentriert und rechtsbündig

Für die meisten Absätze hat das Attribut Ausrichtung die Werte linksbündig oder blocksatz. Wann kann man die Attributwerte zentriert bzw. rechtsbündig sinnvoll verwenden? Nenne jeweils ein Beispiel.

2 Attributwerte von Objekten der Klasse Absatz

Gib die Werte der Absatzattribute für die fünf Absätze des Märchens in Abbildung 2 in Kurzschreibweise an! Bei den Abständen musst du schätzen.

3 Das Märchen „Der Ring"

Gib das Märchen aus Abbildung 1 mit deinem Textverarbeitungsprogramm ein. Setze die Absatzattribute so, dass der Text ein ähnliches Aussehen bekommt wie in Abbildung 2. Beginne mit der Grundeinstellung:

für alle Zeichen
    Schriftart = Times New Roman
    Schriftgröße = 14 pt
für alle Absätze
    EinzugLinks = 3 cm
    EinzugRechts = 3 cm.

4 Schlüssel schnell geändert

a Du siehst in jeder der drei Zeichnungen 18 Absätze. Welches Absatzattribut hat in den drei Darstellungen einen unterschiedlichen Wert? Gib die verwendeten Werte in Kurznotation an.

Schlüssel	Schlüssel	Schlüssel
Sch ssel	Sch ssel	Sch ssel
Sch ssel	Sch ssel	Sch ssel
Schlüssel	Schlüssel	Schlüssel
Schl	Schl	Schl
üsse	üsse	üsse
lSch	lSch	lSch
lüss	lüss	lüss
elSc	elSc	elsc
hüss	hüss	hüss
elsc	elsc	elSc
hlüs	hlüs	hlüs
selS	selS	selS
chlü	chlü	chlü
sselSchlüsselSchlüss	sselSchlüsselSchlüss	sselSchlüsselSchlüss
elSchlüssel	elSchlüssel	selSchlüssel
LschlüsselSc	LschlüsselSc	LSchlüsselSc
hlüsselSchlüsselSchlüssel	hlüsselSchlüsselSchlüssel	hlüsselSchlüsselSchlüssel

b Fertige selbst drei ähnliche Schlüssel mit deinem Textverarbeitungsprogramm an!

5 Ein unübersichtlicher Brief

Gliedere den folgenden Brief in sinnvolle Absätze, damit man ihn besser lesen kann. Gib diesen Absätzen sinnvolle Attributwerte und formatiere auch die einzelnen Zeichen passend.

Infohausen, den 3. November Liebe Tanja, vielen Dank für deinen letzten Brief. Bei uns sind gerade Ferien. Weil das Wetter so schlecht ist, bin ich meistens zu Hause und habe endlich einmal wieder Zeit, dir einen Brief zu schreiben. Gestern war mir SO langweilig … . Da habe ich angefangen, Gedichte zu schreiben. Sie sind vielleicht noch nicht besonders gelungen, aber ich glaube, auch dem Herrn Goethe ist das Dichten nicht in die Wiege gelegt worden; jeder fängt mal klein an.
Aber beurteile selbst: Der Herbst Wenn ich so aus dem Fenster schau' Wird mir mein Magen ganz schön flau – Das Wetter ist ganz furchtbar öd, Mir ist so kalt, das find' ich blöd. Doch wenn die Sonne ihre Strahlen Durch Wolken auf die Erde schickt Dann enden plötzlich alle Qualen Denn bunte Blätter ich erblickt. Ich würde mich freuen, wenn du mir bald wieder schreiben würdest, wie du mein Gedicht findest und was bei dir so los ist. Bis bald, dein Tobias

6 Reisebeschreibung

Vor dem Vulkanausbruch war die Insel Ialaohoha ein beliebter Touristenort. Ein Reisebüro schreibt in einem Prospekt über den Reiseverlauf:

Sie fliegen mit der Luftikus-Airline direkt von Ihrem Wohnort auf die Hauptinsel Koko. Von dort werden Sie mit dem Schiff zu Ihrer Zielinsel Ialaohoha gebracht.

1.Tag: Am Strand

Der erste Tag ist zu Ihrer freien Verfügung. Sie können am Strand Baden oder einen nahe gelegenen bunten Markt besuchen, auf dem Sie tropische Früchte, Handwerkskunst und vieles mehr bestaunen und kaufen können.

2.Tag: Aufstieg – erster Teil

Frühmorgens beginnt der Aufstieg zum Gipfel des Popipepapitel. Sie werden von einem einheimischen Bergführer begleitet. Abends sind Sie in einer einfachen Berghütte auf halber Höhe untergebracht.

…

Im Preis der Reise sind die Flugkosten, sämtliche Übernachtungen mit Halbpension und die Kosten für den Bergführer eingeschlossen.

Erstelle selbst eine Reisebeschreibung von einem Ort. Dies kann dein Wohnort, ein Ausflugsort oder dein letzter Urlaubsort sein. Verwende dazu ähnliche Absatzattribute wie in dem Beispiel oben, um den Text übersichtlicher zu gestalten

7 Ein Brief an den Klassenleiter

Du bist jetzt über ein Jahr am Gymnasium. Schreibe einen sachlichen Brief an deinen Klassenleiter, in dem du beschreibst, was dir an der Schule gefällt und was dir nicht so gefällt! Gliedere den Brief in übersichtliche Abschnitte.

8 Ein Artikel für die Schülerzeitung

Schreibe einen kurzen Artikel für die Schülerzeitung über ein besonderes Ereignis in eurer Klasse (Ausflug, Schullandheim, Projekt, o. Ä.). Besorge dir zuvor eine Schülerzeitung und versuche dort die Attributwerte von Zeichen und Absätzen abzuschätzen. Verwende dann für deinen Artikel diese Werte.

7 Objekte und ihre Beziehungen

1 *Lastwagen*

Geburtstagsgeschenk

Bei der Geburtstagsfeier bekommt Laura von Tobias einen Spielzeuglastwagen geschenkt. Der Aufbau der Ladefläche lässt sich abnehmen, damit man auch größere Güter transportieren kann. Mit großem Eifer untersucht Laura, was der Lastwagen sonst noch an Einzelteilen enthält. Sie findet den Aufbau, Räder, das Führerhaus und einiges mehr. Sie stellt fest, dass sich das Führerhaus weiter zerlegen lässt.
Um nichts durcheinander zu bringen, legt sie die Teile sauber geordnet vor sich hin.

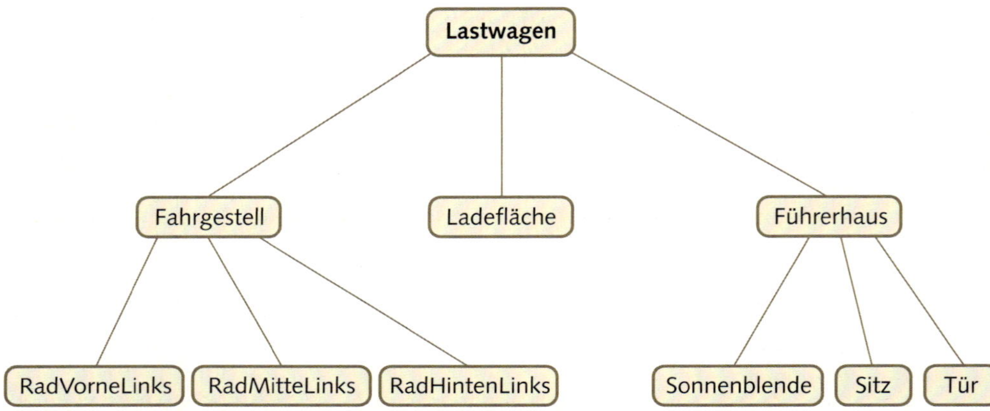

2 *Teile des Lastwagens*

Laura stellt fest, dass der Lastwagen vier Räder, ein Führerhaus und eine Ladefläche enthält. Das Führerhaus enthält seinerseits eine Sitzbank, zwei Türen und drei Fenster.

Beziehungen in Textdokumenten

? Auch bei Textdokumenten gibt es Objekte, die andere Objekte enthalten. Welche fallen dir ein?

In Abbildung 3 sind einige Objektbeziehungen in einem Textdokument dargestellt.

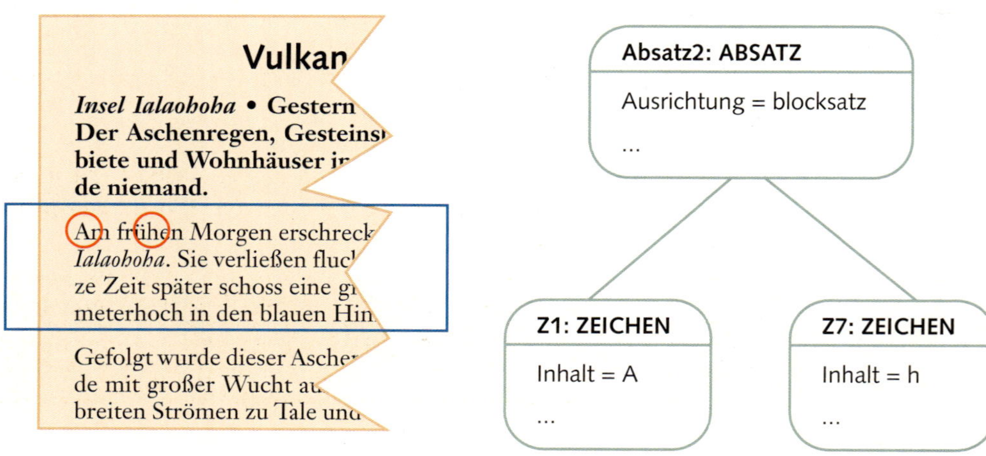

3 *Objektdiagramm eines Textes (Ausschnitt)*

Ein Objekt der Klasse ABSATZ enthält Objekte der Klasse ZEICHEN.

Meist ist es nicht von Interesse, für jedes einzelne Objekt anzugeben, welche Objekte es enthält. Wichtiger ist die allgemeine Aussage, dass Objekte der Klasse ABSATZ Objekte der Klasse ZEICHEN enthalten. Die **Enthält-Beziehung** beschreibt diesen Zusammenhang. Sie lässt sich übersichtlich in einem **Klassendiagramm** darstellen.

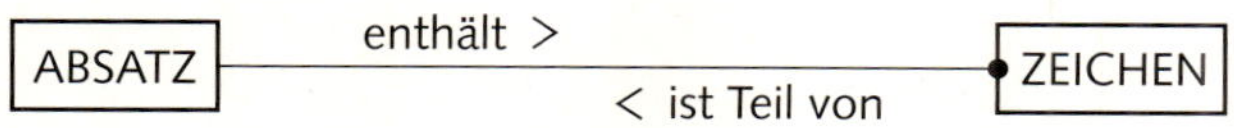

4 Klassendiagramm

Man liest dieses Diagramm: „Ein Absatz enthält kein, ein oder mehrere Zeichen." Der dicke Punkt am Ende der Beziehungslinie sagt aus, dass es mehr als ein Zeichen sein kann. Andererseits kann man die Beziehung auch durch „Ein Zeichen ist Teil von einem Absatz" beschreiben. Die Zeichen < und > legen die Leserichtung fest.

Objekte können andere Objekte enthalten. Die **Enthält-Beziehung** beschreibt diesen Zusammenhang für alle Objekte der beteiligten Klassen. Sie kann im **Klassendiagramm** veranschaulicht werden.

Bezeichner bei zusammengesetzten Objekten

Bisher haben wir die Buchstaben eines Textes einfach durchnummeriert. Das wird bei längeren Texten schnell unübersichtlich.

Wie könnte man Zeichen bei längeren Texten mit vielen Absätzen benennen, um sie schneller zu finden? **?**

Um beispielsweise die rechts abgebildete Zeichenkette unter Millionen von Zeichen in der Bibel zu finden, ist diese in Bücher, Kapitel und Verse aufgeteilt. Diese sind zusammengesetzte Objekte: Die Bibel enthält Bücher, Bücher enthalten Kapitel usw. Du findest den obigen Satz eindeutig durch die Angabe: im Buch Jesus Sirach, Kapitel 6, Vers 32. Ganz selbstverständlich beginnst du mit dem Lesen dann beim ersten Zeichen dieses Verses.

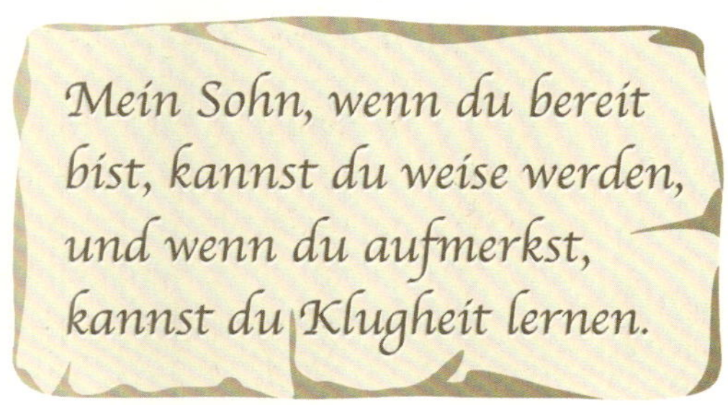

5 Bibelzitat

Das Objekt ist hier eindeutig benannt durch die Bezeichner der einander enthaltenden Objekte. In Erweiterung unserer Kurznotation schreiben wir:

JesusSirach.Kapitel6.Vers32.Zeichen1

In dem Bezeichner ist bereits eine Information über die Ordnung der Objekte zueinander enthalten, man kann eine › **Struktur** erkennen. (Hierzu lernst du mehr im Kapitel „Hierarchische Informationsstrukturen".)

› lat. Anordnung der Teile eines Ganzen zueinander

Die Bezeichner von Objekten müssen nur innerhalb des Objekts, in dem sie enthalten sind, eindeutig sein. Die erweiterte Kurzschreibweise lautet:

ÜbergeordnetesObjekt.TeilObjekt

Textdokument

Das gesamte Textdokument ist ein Objekt der **Klasse TEXTDOKUMENT**. Ein Objekt dieser Klasse enthält alle Absätze und diese wiederum die Zeichen.

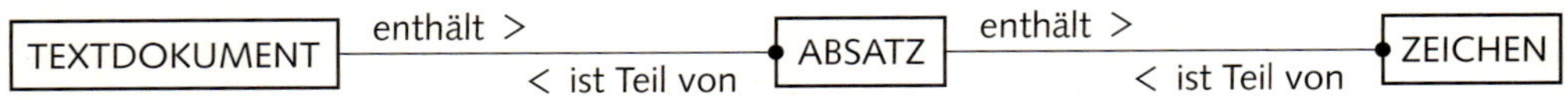

***6** Klassendiagramm*

Die **Klasse TEXTDOKUMENT** hat die in Abbildung 7 dargestellte Struktur.

Bei umfangreichen Textverarbeitungsprogrammen hat die Klasse TEXTDOKUMENT noch viel mehr Attribute als hier aufgeführt. So findest du dort Attribute für Kopf- und Fußzeilenabstand oder für die Anzahl der Spalten, in denen ein Text dargestellt werden soll.

Der Inhalt eines Dokuments wird in einer Datei gespeichert (siehe Kapitel 2), deshalb musst du bei der Methode „SpeichernUnter“ angeben,
2 wie die neu erzeugte Datei heißen soll, die die Daten des Dokuments aufnimmt.

Ein Objekt der Klasse TEXTDOKUMENT hat Verwaltungsaufgaben für alle enthaltenen Objekte. Rufst du als Benutzer der Textverarbeitung zum Beispiel die Methode AllesAuswählen() des Dokuments auf, so schickt das Dokument bei Ausführen der Methode an alle enthaltenen Objekte die Botschaft „Auswählen“. Diese reagieren jeweils mit ihrer Methode Auswählen() und zeichnen sich z. B. mit einem andersfarbigen Hintergrund, um zu signalisieren, dass sie ausgewählt sind.

TEXTDOKUMENT
Titel
Autor
Papierformat
SeitenrandOben
SeitenrandUnten
SeitenrandLinks
SeitenrandRechts
…
TitelSetzen()
SeitenrandObenSetzen()
…
Speichern()
SpeichernUnter(Dateiname, Typ, Zielordner)
…
ZeichenZählen()
…
AllesAuswählen()
Drucken()

***7** Die Klasse TEXTDOKUMENT*

Typische Klassen und ihre Attribute in einem Textverarbeitungsprogramm

Klasse	Attribut	Beispiele für den Attributwert bei zugehörigen Objekten
ZEICHEN	Inhalt	A, B, a, b, 1, 2, ?, !, #, +
	Schriftart	Times, Helvetica, Courier, Symbol
	Fett	ja, nein
	Kursiv	ja, nein
	Schattiert	ja, nein
	Umriß	ja, nein
	Durchgestrichen	ja, nein
	Unterstrichen	nicht, einfach, doppelt, punktiert
	Schriftgröße	10 pt, 12 pt, 18 pt, 24 pt
	Schriftposition	+3 pt, +9 pt, -3 pt, -9 pt
	Laufweite	+0,2 pt, +0,6 pt, -0,1 pt
	Farbe	schwarz, rot, gelb, dunkelblau
	Ausgewählt	ja, nein
ABSATZ	Ausrichtung	linksbündig, rechtsbündig, zentriert, blocksatz
	EinzugLinks	0 cm, 1 cm, 2 cm, 1,5 cm
	EinzugRechts	0 cm, 1 cm, 2 cm, 1,5 cm
	EinzugErsteZeile	0 cm, 1 cm, 2 cm, 1,5 cm
	AbstandVor	0 cm, 1 cm, 2 cm, 3,5 cm
	AbstandNach	0 cm, 1 cm, 2 cm, 3,5 cm
	Zeilenabstand	10 pt, 12 pt, 24 pt
	Ausgewählt	ja, nein
TABULATOR	Position	1 cm, 2 cm, 1,5 cm
	Ausrichtung	links, rechts, zentriert, dezimal
	Füllzeichen	ohne, Punkt, Strich
TEXT-DOKUMENT	Titel	Brief an Oma
	Autor	Maxi
	Papierformat	DIN A4, DIN A5, US Letter
	SeitenrandOben	1,5 cm
	SeitenrandUnten	2,5 cm
	SeitenrandLinks	2,0 cm
	SeitenrandRechts	2,0 cm
	Bundsteg	1 cm

› Aus Vielen mach Eins

› Dieses Teilkapitel ist eine Vertiefung der Enthält-Beziehung

Laura möchte ihr Spielzeugauto mit einem Grafikprogramm zeichnen, aber nicht nur einmal, sondern einen ganzen Fuhrpark. Sie stellt fest, dass es mühsam wird, jeden Lastwagen einzeln zu zeichnen. Zum Glück entdeckt sie, dass ihr Grafikprogramm in der Lage ist, mehrere markierte Objekte zu einem einzigen, neuen Objekt zusammenzufassen. Diesen Vorgang nennt man **Gruppieren**. Dabei entsteht ein neues Objekt Lastwagen1 der Klasse GRUPPE. Es **enthält** die Einzelteile.

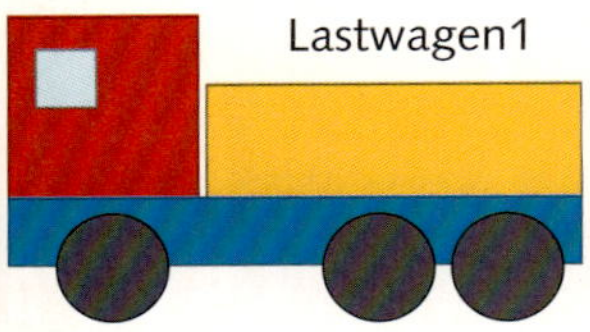

8 *Gruppe von Objekten*

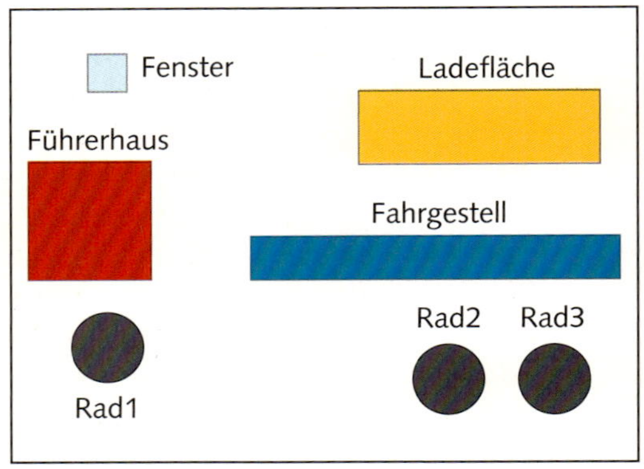

9 *Die Einzelteile*

10 *Viele Lastwagen*

Von diesem Objekt kann sie durch Kopieren mit Hilfe der Zwischenablage beliebig viele Objekte erzeugen. Schnell hat sie ihren Fuhrpark fertig.

? Aus welchen Grafikobjekten besteht ein Lastwagen von Laura? Kannst du ihn nachbauen? Kannst du auch den Fuhrpark erzeugen? Welche Methoden der neuen Klasse GRUPPE hat Laura beim Zeichnen des Fuhrparks verwendet?

Zwischen dem Lastwagen1 und seinen Teilobjekten besteht eine Beziehung. Man sagt: Das Objekt Lastwagen1 **enthält** die Objekte Rad1, Rad2, Rad3, Motor, Fenster, Führerhaus, Ladefläche. Diese Beziehung kannst du in einem **Objektdiagramm** wie in Abbildung 11 darstellen.

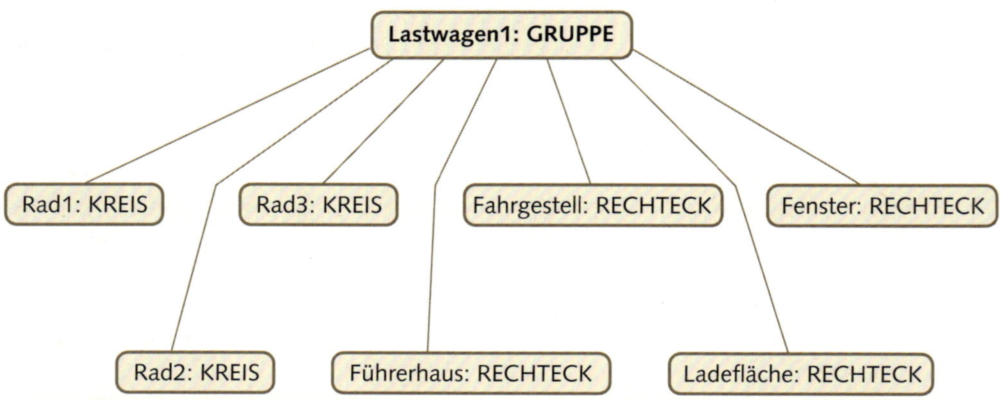

11 *Objektdiagramm eines Lastwagens*

Durch **Gruppieren** kannst du vorhandene Objekte in einem Grafikdokument zusammenfassen. Dabei wird ein neues Objekt der Klasse GRUPPE erzeugt.
Jedes Objekt der Klasse GRUPPE **enthält** ein oder mehr Grafikobjekte.

Durch Auflösen („Gruppierung aufheben") wird das Objekt der Klasse GRUPPE entfernt. Auf die enthaltenen Objekte kann wieder einzeln zugegriffen werden.

Aufgaben

1 Enthält-Beziehungen in Schulgebäude und Schulranzen

a Auch in deinem Schulgebäude gibt es die Enthält-Beziehung. Das Gebäude enthält Klassenzimmer. Welche Objekte sind in einem Klassenzimmer enthalten? Zeichne ein Objektdiagramm von deinem Schulgebäude. Ein Auszug mit mindestens 10 Objekten genügt!
Versuche ein Klassendiagramm zu zeichnen, beginnend mit der Klasse SCHULGEBÄUDE. (Beachte: Das Wort Klasse hat in dieser Aufgabe einerseits die Bedeutung Schulklasse und andererseits Objekttyp.)

b Führe die gleichen Überlegungen wie in Teilaufgabe a) für die „Ordnung" in deinem Schulranzen an. Verdeutliche dein Ergebnis ebenfalls durch ein Objektdiagramm!

c Wähle aus den Objektdiagrammen der Teilaufgaben a) und b) jeweils ein Objekt aus, das keine weiteren Objekte enthält. Gib für diese Objekte jeweils einen Attributwert in der Kurzschreibweise an. Verwende dabei vollständig strukturierte Namen.

2 Enthält-Beziehungen?

Besteht zwischen folgenden Klassen eine Enthält-Beziehung?

a Zwetschge – Kern
b Vater – Sohn
c Fahrrad – Kette
d Tisch – Stuhl

3 Noch mehr Enthält-Beziehungen

Nenne aus deiner Lebenswelt 3 Paare von Klassen, zwischen denen jeweils eine Enthält-Beziehung besteht.

4 Die Struktur der Bibel als Diagramm

In einem Beispiel für die Namensgebung bei zusammengesetzten Objekten wurde der Aufbau der Bibel beschrieben.

a Verdeutliche den Aufbau der Bibel an einem Klassendiagramm!

b Verdeutliche den Aufbau der Bibel an einem Objektdiagramm. Ein Auszug mit mindestens 10 Objekten genügt!

5 Arbeitsersparnis

In Kapitel 5, Aufgabe 1b war das Durchzählen der Zeichen sehr mühsam, um einen eindeutigen Bezeichner zu finden. Bearbeite die Aufgabe erneut und erspare dir Arbeit durch die erweiterte Kurzschreibweise bei zusammengesetzten Objekten.

6 Aus einem kurzen Zug wird ein langer

In der Aufgabe 8 in Kapitel 1 hast du eine Bimmelbahnlokomotive mit einem Waggon entworfen.

a Mache aus dem Waggon durch Gruppieren ein neues Objekt und stelle dann einen Zug mit Lokomotive und fünf Waggons zusammen.

b Gib jedem Waggonaufbau eine eigene Farbe!

7 Gestaltung einer Hausfront

Zeichne eine Hausfront mit fünf Fenstern und einer Tür. Die Fenster sollen alle gleich aussehen und ein Fensterkreuz haben.

8 Weitere Elemente in Textdokumenten

Tabulatoren – eine sehr praktische Sache

Häufig werden mit Textverarbeitungsprogrammen Rechnungen geschrieben.

?

Betrachte die Rechnung in Abbildung 1: Was fällt dir bei der Ausrichtung der Artikelbezeichnung und des €-Symbols auf? Worin unterscheidet sich die Ausrichtung beim Preis? Wozu dienen die Punkte vor den €-Zeichen?

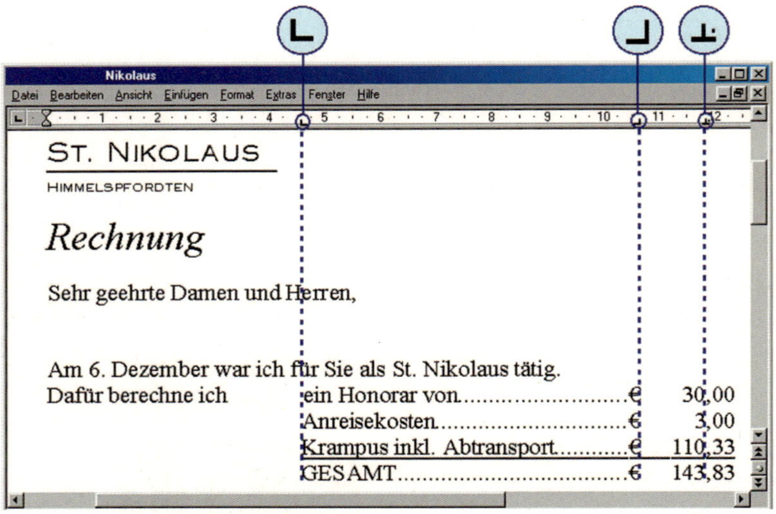

1 Nikolausrechnung

Artikelbezeichnung, €-Zeichen und Preis sind jeweils an senkrechten (unsichtbaren) Linien ausgerichtet, die jeweils bei einem kleinen Symbol am Lineal beginnen. Diese Symbole stehen für **Tabulatoren**.
Tabulatoren legen fest, an welcher **Position** der weitere Text nach dem Auftreten des Tabulatorzeichens erscheinen soll und wie er an dieser Stelle ausgerichtet wird. Für die **Ausrichtung** gibt es die Werte links, rechts, zentriert und dezimal.
Tabulatorzeichen sind Steuerzeichen. Sie werden mit der Tabulatortaste erzeugt und auf Wunsch auf dem Bildschirm mit dem Symbol → angezeigt.
Während der Text am ersten Tabulator (bei 4,5 cm) links ausgerichtet ist, ist das €-Zeichen am zweiten Tabulator (bei 10,7 cm) rechts ausgerichtet. Der Betrag ist am Komma ausgerichtet (dezimale Ausrichtung). Oft kann man dem Tabulator auch mitteilen, mit welchem **Füllzeichen** (Punkte, Bindestriche, Unterstriche, ...) er den beim Ausrichten entstehenden Abstand ausfüllen soll. Ein Leser kann so leichter den Zeilen folgen. Im obigen Beispiel gilt:
Für Tab2

Position = 10,7 cm
Ausrichtung = rechts
Füllzeichen = „."

Tabulatoren sind Objekte, die der Orientierung des Textes an unsichtbaren senkrechten Hilfslinien dienen. Sie besitzen die Attribute **Position**, **Ausrichtung** und **Füllzeichen** und sind in einem Absatz eingebunden.

Jeder Tabulator ist Teil eines Absatzes. Ein Absatz kann mehrere Tabulatoren enthalten. Das Klassendiagramm für Textdokumente erweitert sich zu:

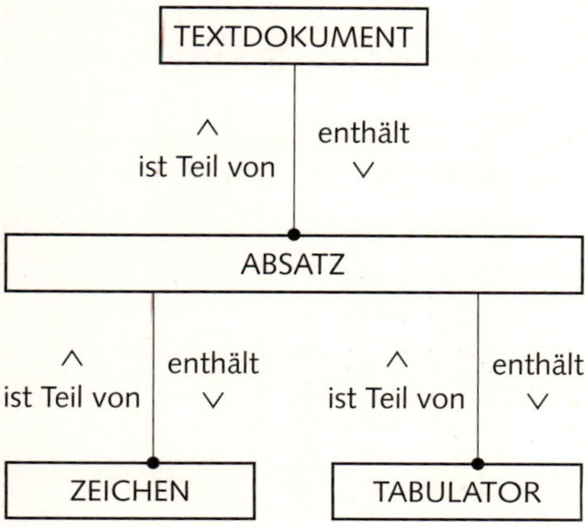

Hinweis: Wenn du einen Absatz kopierst, werden dabei nicht nur die Zeichen, sondern auch die Tabulatorobjekte mitkopiert.

2 Tabulatoren im Klassendiagramm

Bilder in Textdokumenten

Laura möchte ihre Geburtstagseinladung noch mit ihrem Bild verschönern. Mit einem modernen Textverarbeitungsprogramm kann sie das machen.
Sie kopiert das Bild als eigenständiges Objekt direkt in das Dokument. Es ist dann ein Teil des Dokuments. Beim Speichern des Dokuments wird das Bild in der Datei mit abgelegt.
Näheres zum Kombinieren verschiedener Darstellungsarten von Information findest du im nächsten Kapitel.

9

Einladung
zur Geburtstagsfeier

Lieber Tobias ☺,
am **18. Februar** feiere ich meinen Geburtstag.
Wir treffen uns um **14.00 Uhr** bei mir.

Wenn schönes Wetter ist, bauen wir ein **Schneeschloss**. Wenn es regnet, spielen wir drinnen. Zum Abendessen gibt es **Pizza**.

Laura

3 Grafik im Textdokument

Aufgaben

1 Taschengeldübersicht
Laura kaufte sich von ihrem Taschengeld ein Eis für 1,20 €, ein Spiel für 11 €, eine Fahrkarte für 3 € und Kaugummi für 99 Ct. Stelle dies mit Tabulatoren übersichtlich dar und gib auch die Gesamtausgaben an!

2 Adressbuch
Erstelle mit den Tabulatoren eine Adressenliste deiner Freunde, etwa nach folgendem Schema:

Vorname	Nachname	Adresse	PLZ	Ort	Telefon
Fritz	Müller	Badstr. 10	23456	Infohausen	0234/47 11

3 Fahrradzubehörrechnung
Versuche folgende Rechnung mit Hilfe geeigneter Attributwerte, z. B. für die Ausrichtung von Absätzen und Tabulatoren, zu erstellen.

RECHNUNG
und Garantienachweis

Rasant
Fahrradausstatter

Herr
Tobias Infix
Monitor-Platz 1
D-23456 Infohausen

Bei Zahlungen und Rückfragen bitte stets angeben

Rechnungs-Nr.:	00224466 / 001	Datum
Kunden Nr.:	00224466	9.5.2222

Artikel-Bezeichnung	Bestell-Nr.	Menge	Einzelpreis €	Gesamtpreis €
Rücklicht Laserplus	09876	1	39,90	39,90
Sauerstoffflasche Anti-Smog	14555	3	24,90	74,70
Raketenhilfsmotor	07776	1	64,90	64,90

Zahlbar bis 23.5.2222 Rechnungssumme 179,50
Im Rechnungsbeitrag sind enthalten 16% MwSt 24,76

Die Ware bleibt bis zur vollständigen Bezahlung Eigentum der Rasant AG

Rasant AG	Bankverbindungen	
Maus-Str. 23	Sparbank Infohausen	Geldkasse Infohausen
23456 Infohausen	BLZ 667 767 67	BLZ 447 747 47
Telefax. 0234/567	Konto-Nr. 776676	Konto-Nr. 1115

4 Visitenkarte
a Erstelle eine Visitenkarte von dir in der Größe 5,5 cm x 8,5 cm und füge ein selbst erstelltes Logo als Bild ein!
b Entwirf auch einen Briefkopf, der das gleiche Logo enthält!

Zum Weiterlesen

5 Aus der Praxis: Autoren

„Wir sind die Autoren dieses Buches. Beim Erstellen des Manuskripts haben wir zur Gestaltung viele Fähigkeiten unseres Textverarbeitungsprogramms ausgenützt, auch hier nicht angesprochene wie Tabellen, Spalten, Kopfzeilen, Fußzeilen oder automatische Erstellung von Inhaltsverzeichnissen.

Aber auch die Attribute der Klassen ZEICHEN und ABSATZ wurden ausgiebig für eine gut lesbare Gestaltung genutzt: Überschriften haben eine andere Schriftart als der normale Text; die verschiedenen Ebenen der Überschriften haben nicht nur eine unterschiedliche Art der Nummerierung (römisch, arabisch), sondern auch verschiedene Schriftgrößen und sind zum Teil fett gedruckt; Überschriften haben Abstände zum Text; im Inhaltsverzeichnis haben die Überschriftenebenen unterschiedliche Einrückungen und Schriftschnitte und vieles mehr.

***1** Autorenteam*

Viel Ärger hat uns gemacht, dass moderne Textverarbeitungsprogramme dem Benutzer bei der Gestaltung seiner Texte „helfen" wollen, d. h., dass der Hersteller des Programms Gestaltungsvorlagen eingebaut hat, die automatisch verwendet werden, wenn das Programm Überschriften, Aufzählungen oder ähnliches erkennt. Oft ist es gar nicht einfach, sich gegen diese Hilfen zu wehren und die Automatiken abzuschalten."

6 Textverarbeitung kommt aus dem Buchdruck

Mit der Erfindung des Bleisatzes durch den Mainzer › Gutenberg wurden auch die ersten Darstellungsrichtlinien für Texte eingeführt. Im Lauf der Zeit hat sich im Buchdruck eine Vielzahl von Begriffen und Bezeichnungen herausgebildet, die heute in der Textverarbeitung auf dem Computer immer noch verwendet werden.

› Johannes Gutenberg (*ca. 1397; † 1468)

Schriftgröße

Beim Satz mit Bleibuchstaben musste für jede gewünschte Schriftgröße (man sagt auch: Schriftgrad) eine eigener Buchstabensatz gegossen werden. Die Größe der Schrift wird im Buchdruck in Punkten angegeben. Im Jahr 1785 wurde als deutsch-französische Maßeinheit des Buchdrucks 1 typografischer Punkt auf 0,376 mm festgelegt. Die angelsächsischen Maßeinheiten 1 pt = 1/12 pica = 1/72 inch = 0,3528 mm weichen davon ab. Gute Textverarbeitungsprogramme beachten diesen Unterschied.

***1** Bleisatzbuchstaben*

Schriftstil

Für die verschiedenen Schriftstile mussten, genauso wie für die verschiedenen Größen, jeweils eigene Buchstaben hergestellt werden. Deshalb waren nur wenige Schriftstile üblich: kursiv, halbfett (wird in den Textverarbeitungsprogrammen als fett bezeichnet) und fett (wird in Textverarbeitungsprogrammen normalerweise nicht verwendet). Statt Schriftstil sagt man im Buchdruck Schriftschnitt. Dieser Begriff leitet sich noch vom Holzschnitt ab.

Einzüge
Eine wichtige Regel in Büchern ist, die erste Zeile eines Absatzes einzurücken. Damit erkennt man den Absatz auch dann gut, wenn die letzte Zeile des vorigen Absatzes bis zum Ende gefüllt ist.

Absatzkontrolle
Eine weitere wichtige Regel ist, dass nie die erste Zeile eines Absatzes allein auf einer Seite stehen darf und der Rest auf der nächsten Seite folgt. Ebenso wenig darf die letzte Zeile eines Absatzes allein auf eine neue Seite kommen. Es müssen wenigstens die beiden letzen Zeilen auf der nächsten Seite stehen. Diese beiden Regeln werden von den meisten Textverarbeitungsprogrammen befolgt, wenn du bei Absätzen das Attribut Absatzkontrolle aktivierst.

Linke und rechte Seiten
Wenn du dieses Buch genau anschaust, kannst du erkennen, dass die linke Seite und die rechte Seite „gespiegelt" aussehen. Wenn z. B. die gerade Seitennummer am linken Seitenrand steht, steht die ungerade Seitennummer am rechten Seitenrand. Für gerade und ungerade Seiten hast du dann auch verschiedene Kopf- und Fußzeilen. Du musst aber selbst für die korrekte Gestaltung sorgen.

7 Aus Buchstaben werden Zahlen

Für uns Menschen ist die Schrift mit ihren Buchstaben, Satzzeichen usw. die wichtigste Darstellungsform, um Informationen auszutauschen. Deswegen findet man nahezu auf jedem Computer in privaten Haushalten und Büros ein Textverarbeitungsprogramm. Computer arbeiten jedoch nur mit Zahlen, sie „sprechen" eine andere Sprache.

1 Zuordnungsvorschrift zwischen Zahlen und Zeichen (hier ASCII-Code)

Dezimal (Hexadezimal)		Zeichen / Bedeutung
Steuerzeichen		
...		...
2	$(02)_{16}$	Anfang des Textes
3	$(03)_{16}$	Ende des Textes
8	$(08)_{16}$	Rückwärtsschritt
9	$(09)_{16}$	Horizontal-Tabulator
10	$(0A)_{16}$	Zeilenvorschub
...		...
Sonderzeichen		
32	$(20)_{16}$	„ " (Leerzeichen)
33	$(21)_{16}$	!
34	$(22)_{16}$	"
35	$(23)_{16}$	#
36	$(24)_{16}$	$
37	$(25)_{16}$	%
38	$(26)_{16}$	&
39	$(27)_{16}$	'
...		...

Dezimal (Hexadezimal)		Zeichen / Bedeutung
Ziffern		
...		...
48	$(30)_{16}$	0
49	$(31)_{16}$	1
50	$(32)_{16}$	2
51	$(33)_{16}$	3
52	$(34)_{16}$	4
...		...
Buchstaben		
65	$(41)_{16}$	A
66	$(42)_{16}$	B
67	$(43)_{16}$	C
68	$(44)_{16}$	D
..		...
119	$(77)_{16}$	w
120	$(78)_{16}$	x
121	$(79)_{16}$	y
122	$(7A)_{16}$	z
...		...

Damit nun ein Computerprogramm auch Text darstellen und verarbeiten kann, gibt es Vorschriften, mit denen man Zahlen eindeutig Zeichen zuordnen kann und umgekehrt. Diese Vorschriften heißen **Schriftbeschreibungen** oder **Fonts**. Neben den darstellbaren Zeichen (Buchstaben, Ziffern, Sonderzeichen) gibt es auch sogenannte Steuerzeichen, die das Textverarbeitungsprogramm zur Gestaltung des Textes einsetzt.

Auf dem Computer können die verschiedenen Schriftgrößen und -stile aus einer einzigen Schriftbeschreibung berechnet werden. „Doppelte Schriftgröße" heißt doppelt so breit und hoch, „fett" bedeutet etwas breiter. Für das Auge sieht das Ergebnis dieser Rechnung aber nicht immer wirklich gut aus. Deshalb hat man bei guten Zeichensätzen Schriftbeschreibungen für die verschiedenen Schriftschnitte, manchmal sogar für verschiedene Größengruppen.
Die Tabelle in Abbildung 1 stellt eine eindeutige Vorschrift dar, wie man Zeichen(folgen) zweier verschiedener Zeichenvorräte einander zuordnen kann. So eine Vorschrift nennt man **Code**. Du kennst dieses Wort vielleicht im Zusammenhang von Geheimschriften. Wer den (Geheim-)Code „geknackt" hat, kann verschlüsselte Nachrichten entziffern.
Die Codes zur Zuordnung zwischen Buchstaben und Zahlen am Computer sind nicht geheim. Häufig verwendete Codes sind der › ASCII-Code, der › ANSI-Code, der › EBCDIC-Code und der Unicode.

› American Standard Code for Information Interchange
› American National Standards Institute
› Extended Binary Coded Decimal Interchange Code

L19

Mit dem **ASCII-Code** konnten ursprünglich 128 Zeichen umgewandelt werden (7-Bit-Code: $2^7=128$). Diese Anzahl der Zeichen war jedoch nicht ausreichend, denn es gibt Sprachen, die in ihrem Alphabet mehr bzw. andere Buchstaben haben als das englischen Alphabet, z. B. deutsche Umlaute ä, ö, ü oder Buchstaben wie å, à, ç, é, ñ und ø, die du vielleicht schon einmal in einem Urlaub gesehen hast. So wurde die Anzahl der Zeichen auf 256 erweitert (8-Bit-Code: $2^8=256$). Leider gibt es keine einheitliche Tabelle, sondern mehrere: den ANSI-Code, den „erweiterte" ASCII-Code und der EBCDIC-Code. Beim ANSI-Code gibt es abhängig von der Weltregion (westeuropäisch, kyrilllisch, hebräisch, ...) bei den Zeichen mit den Nummern 128 bis 255 Unterschiede. Diese verschiedenen Tabellen verursachen manchmal einen „Buchstabensalat". Schreibt der Erzeuger im ANSI-Code „Späße", erscheint bei einem Nutzer, der den „erweiterten" ASCII-Code verwendet, „Spõ_e", da dort die Umlaute und das „ß" anders kodiert sind. Wie bei Geheimsprachen ist es schwer, die Nachricht zu entziffern, wenn man den falschen Code hat.
Um alle Zeichen in einer Tabelle zusammenfassen zu können und auch Sprachen Platz zu bieten, die einen größeren Zeichensatz haben (das Hochchinesisch hat z. B. mehrere tausend Zeichen), gibt es den weltweit einheitlichen **Unicode** mit 65536 Zeichen (16-Bit-Code: $2^{16} = 65536$). Um auf alle Zeichen des Unicodes zugreifen zu können, benötigst du im Moment jedoch noch spezielle Programme.

Zeichen	ANSI-Code	ASCII-Code
ä	228	132
ö	246	148
ü	252	129
ß	223	225
õ	245	228

2 Vergleich zwischen ANSI- und ASCII-Code

IV Informationsdarstellung mit einfachen Multimediadokumenten

Bisher hast du gelernt, wie man mit Informationsdarstellungen in Form von Texten und Grafiken am Computer arbeiten kann. Häufig ist es notwendig, in einem Dokument mehrere Darstellungsformen zu verbinden. Grafik- und Textverarbeitungsprogramme bieten hier nur eingeschränkte Möglichkeiten. Ein Präsentationsprogramm kann hingegen durch Verbinden von Text, Grafik, Bild, Film und Ton die Informationen „zum Leben zu erwecken". Wie der Name schon sagt, werden diese Programme vor allem in Vorträgen, Produktpräsentationen und ähnlichem genutzt. Sie können dir also auch im Unterricht hilfreich bei Referaten sein!

9 Aufbau von Multimediadokumenten

Objekte in Multimediadokumenten

Peters Klasse führt im Geschichtsunterricht ein Projekt zum antiken Griechenland durch. Peter war im Urlaub auf der griechischen Insel Kreta und hat dort viele Fotos von antiken Stätten gemacht. Zusätzlich hat er mit Interesse in dem Reiseführer gelesen, den seine Eltern im Urlaub dabei hatten. Jetzt weiß er aus welcher Zeit diese Stätten stammen, wer sie gebaut hat und welche Bedeutung sie für die damalige Bevölkerung hatten. Da Peter so gut informiert ist, hat ihn die Lehrerin gebeten im Rahmen des Geschichtsunterrichts einen kleinen Vortrag zu halten und dabei seine Fotos zu zeigen. Zur Unterstützung seines Referats und zur Darbietung der Bilder benutzt Peter ein Präsentationsprogramm.

1 Folie im Bearbeitungsmodus

? Betrachte die obige Abbildung: Welche Objekte kannst du erkennen und welchen Klassen lassen sie sich zuordnen?

Eine Präsentation besteht in der Regel aus mehreren Seiten, die man hier **Folien** nennt.
Die Folie in Abbildung 1 enthält drei Objekte der Klasse BILD. Die Landesflagge Griechenlands ist ein von Peter selbst erstelltes Objekt der Klasse GRAFIKGRUPPE. Im unteren Teil der Abbildung erkennst du, dass die Zeichen nicht direkt in der Folie enthalten sind. Du kannst bei Folien Text nur über Objekte der Klasse TEXTFELD einfügen. Die Folie enthält zwei Textfelder, die hier aus jeweils einem Absatz bestehen, der die einzelnen Zeichen enthält.

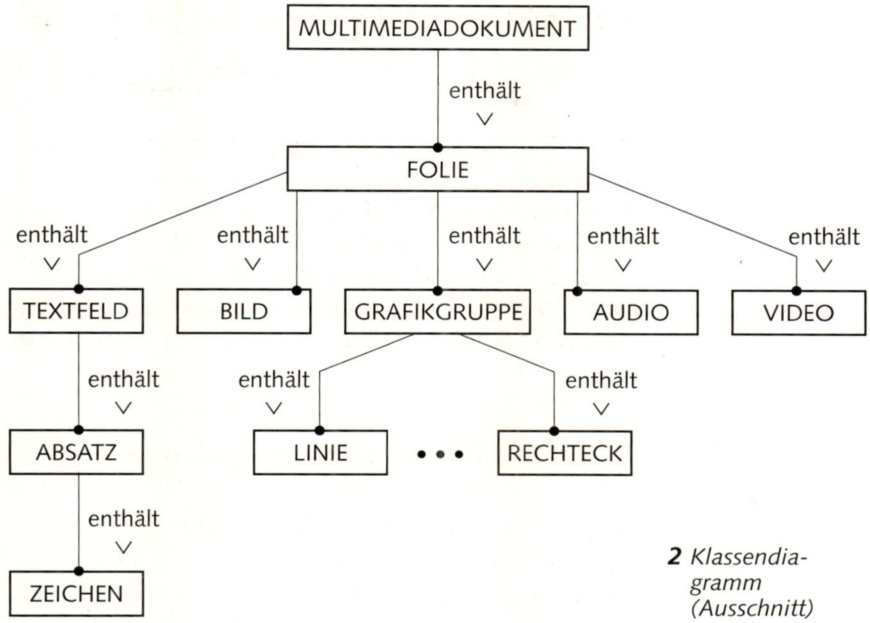

2 *Klassendiagramm (Ausschnitt)*

Das Präsentationsprogramm erlaubt Peter auch Objekte weiterer Klassen wie AUDIO (d. h. Ton) und VIDEO in das Dokument einzubinden. Ein Objekt der Klasse AUDIO will Peter verwenden, um die Nationalhymne Griechenlands vorstellen zu können.

Die Klasse FOLIE

Peter möchte seine Bilder auf den Folien gut zur Geltung bringen, deshalb wählt er einen farbigen **Hintergrund**.
Für die Gestaltung des Hintergrunds stellen die Präsentationsprogramme eine Vielzahl von Möglichkeiten zur Verfügung, die über die Attributwerte bei Fülleffekt, Füllfarbe1, Füllfarbe2, FarbVerlauf, FüllMuster und FüllStruktur festgelegt werden.
Das Attribut Fülleffekte bestimmt das generelle Aussehen des Hintergrunds durch die Werte „keiner", „einfarbig", „mitVerlauf", „mitMuster", „mitStruktur" usw. Je nach Fülleffekt werden Zusatzinformationen in den anderen Attributen verlangt. Bei „einfarbig" wird der ganze Hintergrund mit der Füllfarbe1 ausgefüllt. Einen Farbverlauf zwischen der Füllfarbe1 und der Füllfarbe2 bekommst du mit dem Fülleffekt „mitVerlauf", wobei du über das Attribut FarbVerlauf die Art des Farbübergangs detailiert festlegen kannst. Der Füllefekt „mitMuster" bewirkt, dass der Hintergrund mit einem Muster (je nach Wert von FüllMuster) gezeichnet wird, das die beiden Farben verwendet.

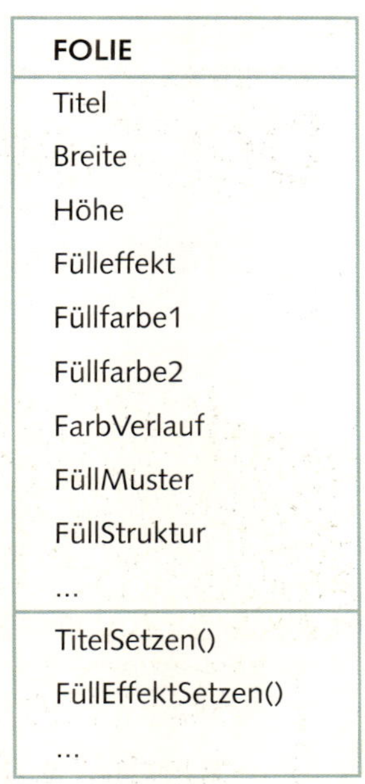

3 *Die Klasse FOLIE*

Peter hat, wie du in Abbildung 1 bemerkst, als Fülleffekt „mitVerlauf" gewählt, wobei er die Füllfarbe1 mit weiß, die Füllfarbe2 mit blau und die Art des FarbVerlaufs als „diagonal" festgelegt hat. Probiere die einzelnen Möglichkeiten bei deinem Programm aus und studiere deren Wirkung auf das Aussehen der Folie. Bei einer guten Präsentation sollten möglichst alle Folien den gleichen Hintergrund haben. Dieser soll den Folien ein ansprechendes Aussehen geben, aber nicht vom Inhalt ablenken.

Erstellen und Vorführen

Präsentationsprogramme kennen zwei grundsätzliche Arbeitszustände. Im **Bearbeitungsmodus** erstellst und veränderst du die Folien und die enthaltenen Objekte. Für die Bearbeitung stehen meistens mehrere Ansichten für verschiedene Zwecke zur Verfügung:

- In der Folienansicht kannst du die Objekte einer Folie bearbeiten.
- In der Sortieransicht siehst du alle Folien und kannst deren Reihenfolge verändern.
- In der Notizansicht kannst du für jede Folie eine Bemerkung hinterlegen.

Um die Präsentation zeigen zu können, musst du in den **Vorführmodus** wechseln. Die Werkzeugleisten werden ausgeblendet, damit sie nicht stören. Durch Mausklick und Tastatureingaben kannst du den Ablauf der Vorführung steuern.

> **Folien** in **Multimediadokumenten** enthalten Informationsdarstellungen verschiedener Art: Text, Grafik, Bild, Ton, Video.
> Im **Bearbeitungsmodus** werden die Folien bearbeitet. Im **Vorführmodus** werden sie präsentiert.

Aufgaben

1 Mein Lieblingsbuch
Sammle Informationen zu deinem Lieblingsbuch (Leben und Werk des Autors, Ausgewählte Passagen, Rahmenhandlung, was gefällt dir besonders daran, ...)! Entwickle eine Präsentation mit maximal drei Folien!

2 Lieblingstier
Sammle Informationen zu deinem Lieblingstier und stelle es mit einer kurzen Präsentation vor!

10 Einblenden von Objekten

1 Peters Folie zum Überblick

Peter möchte zu Beginn seiner Präsentation einen Überblick über die verschiedenen historisch bedeutsamen Orte geben. Allerdings möchte er, dass auf dieser Folie nicht alles auf ein Mal erscheint und damit zu viel verraten wird. Sinnvoller findet er es, die Bilder erst dann zu zeigen, wenn er über diesen Ort spricht.

? Welche „Fähigkeit" benötigen die Bilder, um dieser Anforderung gerecht zu werden?

BILD
Position Breite Höhe ... EinblendeArt AusblendeArt HervorhebArt ...
Einblenden() Ausblenden() Hervorheben() ...

2 *Die Klasse BILD in einem Multimedia-dokument*

Die Bilder, wie auch die anderen Objekte auf einer Folie, verfügen über zusätzliche Methoden zur **Animation**. Mit diesen Methoden kann man das Objekt auf Befehl **einblenden**, **ausblenden** oder **hervorheben**. Bei der Vorführung der Präsentation wird dann z. B. nach dem Drücken einer Maustaste dem Objekt, das als nächstes erscheinen soll, die Botschaft „Erscheine" geschickt. Auf diese reagiert es mit der Methode „Einblenden".

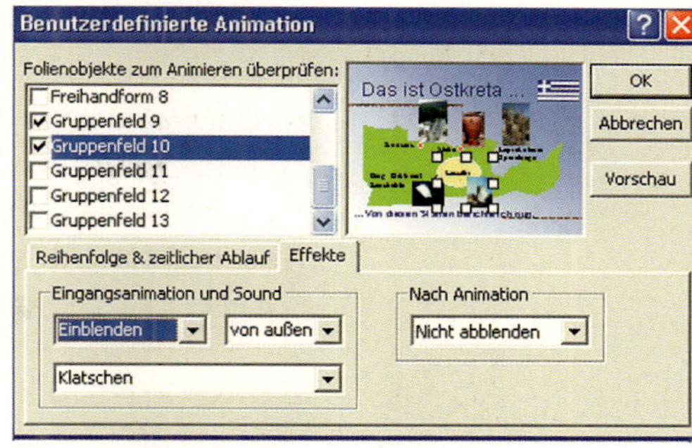

3 *Festlegen der Einblendeart*

Durch eine gezielte Animation kann man bei der Vorführung eine erhöhte Aufmerksamkeit bei den Zuhörern erreichen und das Augenmerk auf die entsprechende Stelle auf der Folie lenken. Für den Zuseher erscheinen die Objekte in dem Moment, in dem der Vortragende gerade von ihnen berichtet.
Bei den einzelnen Objekten kannst du bestimmen, auf welche Weise sie erscheinen sollen. Hierfür gibt es zahlreiche Werte für das Attribut EinblendeArt, z. B. durch „Auftauchen", „Einfliegen von links", „horizontal Blenden", ... Soll das Objekt sofort, zusammen mit der Folie sichtbar sein wird man bei EinblendeArt „keine" wählen. Oft möchte man, dass mehrere, inhaltlich zusammengehörige Objekte gleichzeitig erscheinen. Auch Peter will jedes Bild zusammen mit dem zugehörigen Ortsnamen erscheinen lassen, deshalb hat er jeweils das Bild und das Textfeld zu einer **Gruppe** zusammengefasst. 7
Du erkennst diese Gruppenfelder in Abbildung 3.

Bei den Attributen der Folie kannst du festlegen, in welcher **Reihenfolge** die einzelnen Objekte (bzw. Gruppen) animiert werden sollen, und bestimmen, welche Aktion beim Vorführen diese Animation auslöst. Dies kann z. B. ein Mausklick oder eine Tastendruck sein. Wählt man als Auslöser ein festes Zeitintervall, dann bekommt man eine automatisch ablaufende Präsentation, wie du sie schon oft in Schaufenstern zu Werbezwecken gesehen hast.
Wenn man mehrere Folien präsentieren will, kann man die Übergänge zwischen den Folien zusätzlich durch Wechseleffekte interessanter gestalten.

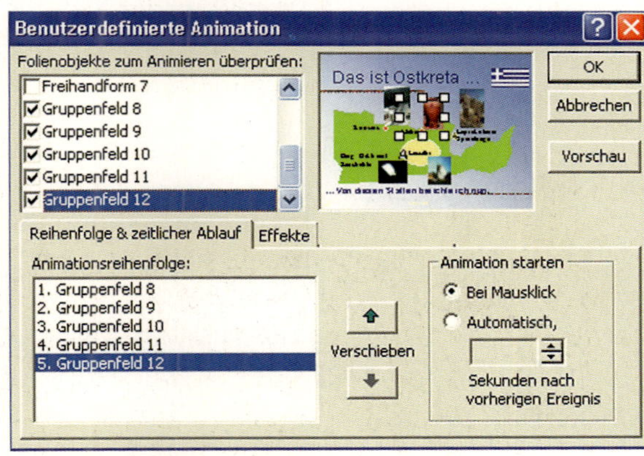

4 *Menü für Reihenfolge des Einblendens*

5 *Die ersten drei Objekte erscheinen nacheinander auf der Folie*

Aufgaben

1 Mein Lieblingsbuch
Ergänze deine Präsentation aus Kapitel 9 durch geeignetes (sparsames) Verwenden von Einblendungen!

2 Lieblingstier
Ergänze deine Präsentation aus Kapitel 9 durch geeignetes (sparsames) Verwenden von Einblendungen!

1 *Saugnäpfe*

11 Projekt mit der Biologie

Nun seid ihr in der Lage, euch an die Erstellung einer größeren Präsentation zu wagen. In Zusammenarbeit mit euren Mitschülern, dem Informatiklehrer und dem Biologielehrer soll jeder von euch mithelfen, eine Präsentation zum Thema „Wirbeltiere" zu erstellen.

Projektablauf:

Bei Projekten ist es sinnvoll in Teams zu arbeiten. Teilt euch deshalb in Gruppen von maximal 4 Schülern auf.
Nach einer Informations- und Materialsammlungsphase (Bücher, Internet) sollt ihr eine Multimediapräsentationen zu eurem Thema erarbeiten und vorstellen. Hilfreiche Tipps zur Planung, Durchführung und Präsentation von Projekten findet ihr in „Zum Weiterlesen" 8 und 11.

Themenvorschläge für ein Projekt „Wirbeltiere"

L8 L12

Wählt zunächst mit Eurem Biologielehrer ein oder zwei der folgender Klassen von Wirbeltieren aus: Fische (Knochenfische und Knorpelfische), Vögel, Amphibien oder Reptilien.

Folgende Aspekte sind wichtig und müssen untersucht werden. Ihr seid die Forscher!

- Körperbau
- Körpertemperatur und Atmung
- Lebensraum
- Fortbewegung
- Ernährungsstrategien und Nahrungsbeziehungen
- Fortpflanzung und Entwicklung
- Lebensweise im Jahreslauf
- Verhalten
- Gefährdung und Schutz
- Nutzung durch den Menschen
- Vergleich von Strukturen und Funktionen mit technischen Anwendungen (z. B. Vögel – Fliegen siehe Abbildung 2, Säugnäpfe siehe Abbildung 1)

2 *Ikarus*

Es gibt viele Möglichkeiten jedem der einzelnen Teams ein Thema zuzuordnen. Besprecht dies mit eurem Biologielehrer. Beispielsweise kann sich jedes Team mit einem der oben genannten Aspekte beschäftigen und die Ergebnisse anhand von einigen ausgewählten Tierarten veranschaulichen.
Es kann sich aber auch jedes Team eine Tierart wählen und auf alle genannten Aspekte hin untersuchen.

Zum Weiterlesen

8 Aus der Praxis: Referentin für Öffentlichkeitsarbeit

Mein Name ist Barbara Notz. Zuständig für die Öffentlichkeitsarbeit meiner Firma, muss ich häufig Vorträge organisieren und halten. Eine interessante und spannende Multimediapräsentation ist gar nicht so schwer zu erreichen, wenn du dich an einige wichtige Regeln hältst:

1. **In der Kürze liegt die Würze**
   Die Folien sollen den Vortrag ergänzen, nicht wiederholen. Verwende deshalb nur Stichpunkte, keine ganzen Sätze! Im Vortrag solltest du zusätzliche Informationen und Erläuterungen bringen.
2. **Eins nach dem anderen**
   Gliedere deine Folien in einer sinnvollen Reihenfolge! Am besten erstellst du für jede neue Aussage eine neue Folie.
3. **Ab 100 Folien pro Sekunde hast du einen Film**
   Lass dir für jede Folie mindestens drei Minuten Zeit zur Erklärung! Je schneller du die Folien wechselst, umso weniger verstehen deine Zuhörer von den Zusammenhängen.
4. **Ein Bild sagt mehr als tausend Worte**
   Gestalte deine Folien abwechslungsreich und verwende, wenn es zum Verständnis beiträgt, Bilder und Tabellen!
5. **Zu bunt ist ungesund**
   Text und Bild sollen deinen Vortrag unterstützen, nicht von ihm ablenken. Zu viele Farben, Bewegungs- und Geräuscheffekte sowie Bilder ohne Zusammenhang zum Inhalt stören beim Mitdenken.
6. **Alle haben den roten Faden**
   Den Zuhörern sollte der inhaltliche Aufbau des Vortrags deutlich sein. Dies kannst du durch einen Überblick am Anfang und eine Zusammenfassung am Ende erreichen. Hebe die wichtigsten Punkte deutlich hervor! Durch ein › Handout können die Zuhörer auch während des Vortrags immer den Zusammenhang erkennen.

   › engl.: Informationsblatt
7. **Nicht nur der Inhalt zählt**
   Achte während des Vortrags auf deine Zuhörer! Nimm Blickkontakt mit den Zuhörern auf, stell Zwischenfragen und lass auch Fragen der Zuhörer zu!
8. **Sprich laaaaaangsaaaaaaaaaam**
   Damit deine Zuhörer dich gut verstehen, solltest du auf dein Sprechtempo achten. Deine Zuhörer wissen viel weniger über das Thema als du und brauchen Zeit, die Informationen zu verarbeiten.
9. **Du bist der Chef im Ring**
   Halte deinen Vortrag im Stehen und achte auf deine Körperhaltung und eine ausreichend laute Stimme!
10. **Übung macht den Meister**
    Lerne deinen Vortrag nicht auswendig, aber übe so lange, bis du ihn sicher beherrschst! Halte einen Spickzettel bereit – dein Präsentationsprogramm bietet dir hierzu Möglichkeiten in der Gliederungsansicht!

9 Aspekte des Urheberrechts

Bei Verwendung von Bildern und Texten musst du auch das Urheberrecht beachten. Der Autor eines Werkes (Werke sind hier Texte, Computerprogramme, Musik, Bilder, Grafiken, Pläne, Tabellen, Fotos) hat für sein Werk gearbeitet und darf deshalb auch bestimmen, wie er es vermarktet und was damit geschieht.
Im Rahmen einer „wissenschaftlichen Arbeit“, wozu auch eine Präsentation zählen kann, darfst du aber zitieren. Es ist dann vorgeschrieben, die zugehörigen Quellen anzugeben. Bei einem Buch sind dies zumindest Autor, Titel des Werkes, Erscheinungsjahr und -ort sowie die Seitennummer des Zitats. Zitierst du aus dem Internet, musst du die entsprechende Adresse nennen.
Ein Zitat muss aber einen begrenzten Umfang haben. Du kannst also nicht beispielsweise ein vorhandenes Referat aus dem Internet kopieren und vortragen. Deine Eigenleistung muss deutlich erkennbar sein und den Großteil der Arbeit darstellen. Auch bei der Verwendung von Bildern musst du vorsichtig sein, da auch hier die Rechte beim Produzenten liegen. Fertige also nach Möglichkeit deine Bilder selbst an oder benutze Bilddatenbanken, die die freie Nutzung ausdrücklich erlauben.
Siebzig Jahre nach Tod des Autors erlischt in der Regel das Urheberrecht. Das Werk darf dann frei kopiert werden.

10 Die Zukunft

Die Computer werden immer leistungsfähiger und können damit auch immer mehr Arten der Informationsdarstellung verarbeiten. Die Zusammenführung von Text- und Grafikelementen in einem Dokument war nur der erste Schritt zu dem großen Ziel alle Arten von Informationsdarstellung in einem Dokument zu verbinden.
Wie du in diesem Kapitel gesehen hast, ist es mittlerweile möglich, auch bewegte Bilder und Töne zusammen mit Texten, Grafiken und Bildern in einem Multimediadokument zu verwenden.

An der Darstellung von dreidimensionaler Bildinformation und von Gerüchen sowie den zugehörigen Ein- und Ausgabegeräten wird gearbeitet. Vielleicht können wir in Zukunft am Computer sitzend durch einen (dreidimensional dargestellten) Frühlingsgarten gehen und dabei den Duft der Blumen riechen und sogar den leichten Wind im Gesicht spüren?
Die Verwirklichung solcher umfassender Informationsverarbeitungsprogramme ist nicht so einfach und wird noch ein wenig dauern.
Wenn diese Programme und Geräte einmal vorhanden sind, wirst du mit den erlernten objektorientierten Denkweisen auch diese Programme nutzen können. Du musst dir nur überlegen, welche Objekte in diesen Dokumenten auftreten, zu welchen neuen Klassen diese Objekte gehören und welche Attribute und Methoden sie besitzen.
Möglichst perfekte Darstellungen der Realität auf den Computer sind hilfreich, um Dinge zu planen, zu veranschaulichen usw.. Denke aber daran: Sie sind nie gleichwertig mit der Realität, d. h. in unserem Beispiel mit einem echten Spaziergang im Frühlingsgarten.

11 Audio

Schall

Vielleicht hast du dich im Unterricht oder beim Lesen in Sach- und Bastelbüchern schon mit Schall beschäftigt. Hier findest du einige Grundlagen dazu.

Schall ist ein Oberbegriff für Geräusche und Töne, für alles also, was wir › hören können. Schall wird durch schnell schwingende Körper erzeugt, beispielsweise durch eine Gitarrensaite, eine Lautsprechermembran oder eine zuknallende Tür. Zum Ausbreiten benötigt Schall ein › Medium wie Luft oder Wasser. Hast du schon einmal ein Schnurtelefon gebaut? Dort ist die Schnur das Medium für die Schallausbreitung.

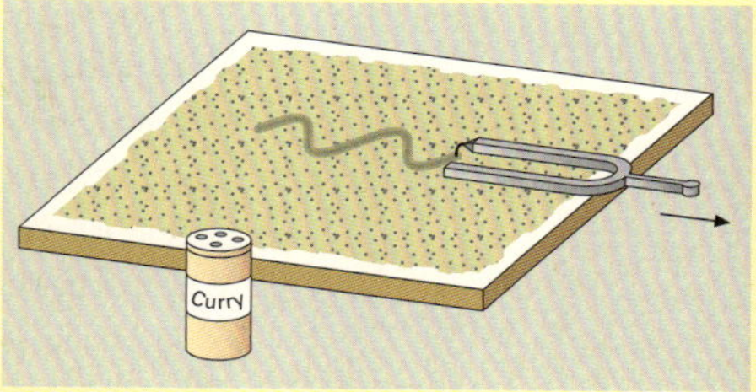

1 Schwingung einer Stimmgabel

Schwingt ein Schallerreger regelmäßig, wie eine Stimmgabel, so entsteht ein Ton. Die Auslenkung wechselt in charakteristischer Art und Weise zwischen einem minimalen und maximalen Wert (siehe Abbildung 1).

Die wichtigsten Eigenschaften eines Tons sind die Frequenz als Maß für die Tonhöhe, die Lautstärke und die Dauer des Tons. Ein Informatiker würde dies in bekannter Weise so formulieren: Die Klasse TON hat die Attribute Frequenz, Lautstärke und Dauer.

› lat. audio: ich höre

› lat.: Mitte, vermittelndes Element

Digitalisieren von Tönen

Zur Speicherung in einem Computer müssen Töne in Zahlen umgewandelt werden. Mit der Klasse TON ist dies kein Problem mehr. Der Kammerton a, 2 Sekunden lang in der Lautstärke einer normalen Unterhaltung gespielt, hat dann folgende Attributwerte:

Ton1.Dauer = 2 s
Ton1.Frequenz = 440 Hz
Ton1.Lautstärke = 60 dB

Alle Attributwerte können als Zahlen gespeichert werden. Die Abkürzung › dB steht für Dezibel und ist ein häufig verwendetes Maß für die Lautstärke.

› 0 dB: Hörschwelle; 130 dB: für uns schmerzhaftes Geräusch

Audiodateien

Es gibt noch eine andere Möglichkeit, alle wesentlichen Informationen über einen Ton abzuspeichern. Dazu verwendet man einen Takt (› sample rate). Jedes Mal, wenn der Takt „schlägt", wird die momentane Auslenkung des Schallerregers gemessen (Abbildung 2). Der Takt ist so kurz, dass der Rechner die Schwingungsdauer erkennen und daraus die Tonhöhe errechnen kann (Abbildung 3). Dieses Verfahren funktioniert nicht nur für einzelne Töne. Auch bei den vielen sich vermischenden Tönen eines Liedes (Abbildung 4) kann der Rechner die Daten richtig interpretieren.

› engl.: Abtastgeschwindigkeit; typischer Wert für Audio-Signale: ein Abtastvorgang pro 0,02 ms

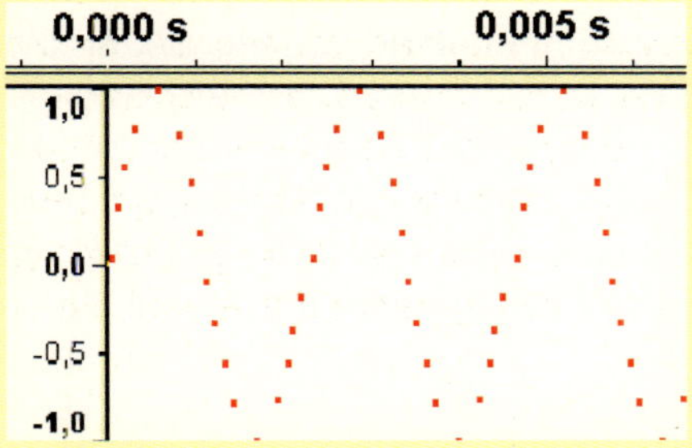

2 Grafische Darstellung der Auslenkung (Ton a)

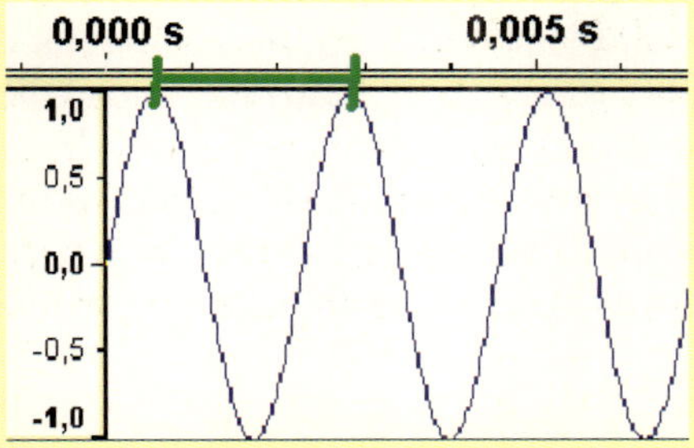

3 Aus Abbildung 2 ermittelte Schwingungsdauer (grün)

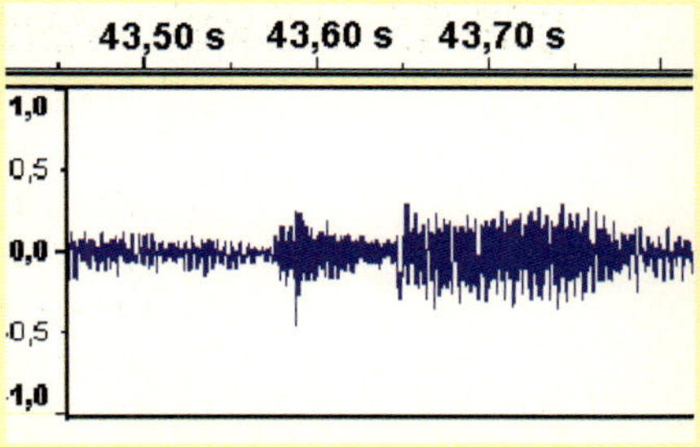

4 Liedausschnitt mit vielen Tönen

12 Projekte planen – durchführen – präsentieren

Im Arbeitsleben werden die Aufgaben oft im Team bewältigt. Eine Gruppe von Mitarbeiterinnen und Mitarbeitern bekommt einen Arbeitsbereich übertragen, den sie miteinander planen und durchführen. Im Informatikunterricht hast du Gelegenheit diesen Projektstil zu trainieren. Dazu wirst du mit anderen Mitschülerinnen und Mitschülern ein Team bilden.

Ein wichtiger Teil des Projekts liegt in der Planung. Wahrscheinlich wird euch euer Lehrer Themen zur Wahl vorschlagen oder ihr könnt aus den Vorschlägen von Kapitel 11 bzw. 18 auswählen. Scheut euch nicht, die Aufgabe zu verändern, wenn eure Idee besser ist oder weil ihr nicht genau das angegebene Material finden könnt. Euer Team ist für euer Projekt verantwortlich, auch dafür, dass etwas herauskommt, dass ihr gut miteinander auskommt und dass jeder Freude am gemeinsamen Arbeiten hat. Bei der Planung legt ihr die Ziele, die Aufgabenverteilung, die zu beschaffenden Materialien (Versuchsmaterial, Literatur usw.) und die zeitliche Abfolge möglichst genau fest und schreibt dies auch auf. Denkt daran, dass ihr eure Arbeit in einer vorgegebenen Zeit abschließen müsst, und steckt deshalb eure Ziele nicht zu hoch. Vergesst nicht, dass ihr das Ergebnis eurer Arbeit auch präsentieren müsst.

Bei der Durchführung der Versuche und der Berechnungen sowie beim Erarbeiten von Erklärungen und Modellen geht ihr in Schritten vor. Von Zeit zu Zeit setzt ihr euch zu kurzen Besprechungen zusammen, informiert die anderen Teammitglieder und plant das weitere Vorgehen. Falls ihr euch einen „Projektmanager" wählt, wird er oder sie nicht der „Boss" sein, sondern hauptsächlich organisatorische Aufgaben wahrnehmen. Im Team hat jeder mitzureden und niemand wird ausgesperrt. Achtet darauf, dass ihr die Talente der einzelnen Mitarbeiter erkennt und nutzt. Jeder macht sich während der Arbeit Notizen. Dieses Aufschreiben erscheint etwas lästig, erweist sich aber als sehr hilfreich. Es spart häufig Wiederholungen und vereinfacht die spätere Präsentation. Scheut euch nicht, Ratschläge von Lehrkräften oder anderen Expertinnen und Experten einzuholen. Es ist legitim, die Erfahrung anderer zu nutzen; ihr könnt euch dann auf die wesentlichen Aspekte des Problems konzentrieren.

Die Ergebnisse eurer Arbeit sollen natürlich auch andere erfahren. Erstellt hierzu, wie in Informatik gelernt, ein Multimediadokument bzw. ein Hyperdokument. Die Präsentation könnt ihr ergänzen durch Pflanzen, Tiere, kleine Experimente usw. Lasst eurer Kreativität freien Lauf; es darf auch etwas Show dabei sein. Denkt schon während der Planung und der Durchführung daran, dass für die Vorbereitung der Präsentation genügend Zeit bleibt. Hier zeigt ihr, was ihr als Gruppe geschafft habt. Die anderen Gruppen werden eure Arbeit kritisch, aber mit Solidarität werten. Sie sind in der gleichen Situation.

V Hierarchische Informationsstrukturen

Du hast in der letzen Zeit schon viele Dateien erzeugt. Damit du nicht den Überblick verlierst, lernst du nun, wie du sie sinnvoll ordnen kannst. Dazu suchen wir nach neuen Klassen, deren Attributen, Methoden und Zusammenhängen. Sie helfen dir beim Ordnen deiner Daten, erklären dir aber auch, wie die Dateiverwaltung auf deinem Computer arbeitet und zu bedienen ist.

12 Viele Arten von Ordnung

Chaos auf dem Globus

In der Klasse von Klaus wurde im Erdkundeunterricht ein Projekt über Urlaubsorte im Ausland durchgeführt. Über Reiseziele von Klaus und seinen Klassenkameraden haben die Schüler Informationen wie Größe und Einwohnerzahl zusammengetragen (Abbildung 1). Sie haben Karten, Flaggen und Fotos zur Veranschaulichung gesammelt (Abbildung 2). Suchen nun Freunde und Bekannte der Schüler ein Reiseziel, können sie sich anhand der gesammelten Daten informieren.

Österreich:
Einwohnerzahl: ca. 7,8 Millionen
Fläche: 83.856 km²
Bundesländer: Burgenland, Kärnten, Niederösterreich, Oberösterreich, Salzburg, Steiermark, Tirol, Vorarlberg und Wien

1 Informationen zu Österreich

2 Paris, Österreich, Gardasee

3 Ordner mit den Projektergebnissen

Klaus hat alle Dateien mit den Projektergebnissen in einem Ordner auf seinem Computer gespeichert (Abbildung 3). Er musste sich für jede Datei einen „umständlichen“ Namen überlegen, damit er erkennen kann, welche Informationen sie beinhaltet. Die alphabetische Auflistung (Abbildung 3) findet Klaus jedoch unübersichtlich und er überlegt, wie er die Ordnung verbessern kann.

? Wie könnte Klaus die Dateien besser ordnen?

Klaus kann sich nicht so recht für eine Ordnung entscheiden. In jedem Fall findet er die Gliederung der Reiseziele klarer, wenn er geeignete Überschriften hinzufügt.

? Worin unterscheiden sich die beiden Gliederungen in Abbildung 4? Welche der dargestellten Ordnungen findest du übersichtlicher? Findest du noch andere Möglichkeiten die Dateien zu ordnen?

- **Land**
  - Kanada
  - Chile
  - Frankreich
  - Österreich
- **Stadt**
  - Bordeaux
  - Buenos Aires
  - Paris
  - Salzburg
  - Venedig
  - Wien
  - Zürich
- **Gewässer**
  - Gardasee
  - Ontariosee
  - Wolfgangsee

- **Europa**
  - Frankreich
    - Bordeaux
    - Paris
  - Italien
    - Gardasee
    - Venedig
  - Österreich
    - Salzburg
    - Wien
    - Wolfgangsee
  - Schweiz
    - Zürich
- **Amerika**
  - Argentinien
    - Buenos Aires
  - Chile
  - Kanada
    - Ontariosee

4 Zwei Möglichkeiten, die Projektergebnisse zu ordnen

Im linken Teil von Abbildung 4 hat Klaus die Begriffe nach ihrer Art geordnet. Deshalb hat er als Überschriften Land, Stadt und Gewässer gewählt.
Da Klaus jedoch von seinem Onkel nach Informationen über verschiedene Reiseziele in Österreich gefragt wurde, hat er im rechten Teil eine Ordnung nach Ländern gewählt. Er musste wieder einige Überschriften wie Italien und Amerika ergänzen. So konnte Klaus auf die Anfrage seines Onkels mit einem Blick sehen, über welche Reiseziele in Österreich er Informationen hat.

7

Europa enthält Frankreich, Italien usw., Frankreich enthält Bordeaux und Paris. Dieser Ordnung liegt die Beziehung „ist Teil von" bzw. „enthält" aus Kapitel 7 zugrunde.
In der Anordnung im rechten Teil von Abbildung 4 ist eine eindeutige Rangfolge von übergeordneten und untergeordneten Objekten vorhanden. In der Rangfolge stehen an erster Stelle die Kontinente, an zweiter Stelle die Länder und zum Schluss Städte und Gewässer.
In beiden Fällen kann Klaus nun alle Projektergebnisse aus Abbildung 3 einordnen, z. B. kommt GardaseeFoto zur Überschrift Gardasee, FrankreichInfos zur Überschrift Frankreich.

› griech.: hierarchia – Rangfolge, Über- und Unterordnungsverhältnisse

Strukturen, bei denen eine eindeutige Rangfolge von übergeordneten und untergeordneten Objekten festgelegt ist, nennt man › **hierarchische Strukturen**.

Aufgaben

1 Chaos im Sportclub
Ordne folgende Sportarten auf mindestens drei verschiedene Arten. Ergänze dazu jeweils geeignete Überbegriffe!
Rock 'n' Roll, Fußball, Ski-Slalom, Handball, 100-m-Lauf, Weitsprung, Volleyball, moderner Tanz, Snowboard, Golf, Walzer, Basketball, Skispringen.
Stelle deine Ordnung durch eine Formatierung ähnlich zu Abbildung 4 mit einem Textverarbeitungsprogramm dar.

2 Chaos im Musikgeschäft
In einem Musikgeschäft sind die folgenden Instrumente durcheinander geraten: Klarinette, Tuba, Geige, Klavier, Gitarre, Konga, Xylophon, Akkordeon, Synthesizer, Saxophon, Zither, Gong, E-Piano, Trompete, E-Gitarre, Pauke, Cello, Maracas, Flöte, Snaredrum!

a Ordne nach Spielart! Geeignete Überbegriffe wären hier Tasteninstrumente, Schlaginstrumente! Ergänze weitere Überbegriffe!
b Ordne danach, wie der Klang erzeugt wird. Folgende Möglichkeiten gibt es: Saite, Luftstrom, Fell, Klangkörper oder elektrisch. Beachte: Die Tasteninstrumente musst du neu einteilen, da die Tasten selbst nicht klingen!
c Fällt dir noch eine weitere Möglichkeit ein, die Instrumente zu ordnen?

3 Chaos im Zoo
Ordne folgende Tiere hierarchisch. Ergänze geeignete Überbegriffe!
Landschildkröte, Steinadler, Zauneidechse, Feuersalamander, Hecht, Weißstorch, Erdkröte, Braunbär, Kreuzotter, Amphibien, Forelle, Laubfrosch, Reh, Piranja, Blauwal, Nachtigall, Reptilien, Sibirischer Tiger.

13 Bäume mit der Wurzel oben

In Abbildung 1 siehst du eine andere Darstellung der hierarchischen Struktur vom Beispiel „Chaos auf dem Globus" aus Kapitel 12.

20

Welche Vorteile hat die abgebildete Darstellung? Woher kennst du bereits solche Diagramme?

?

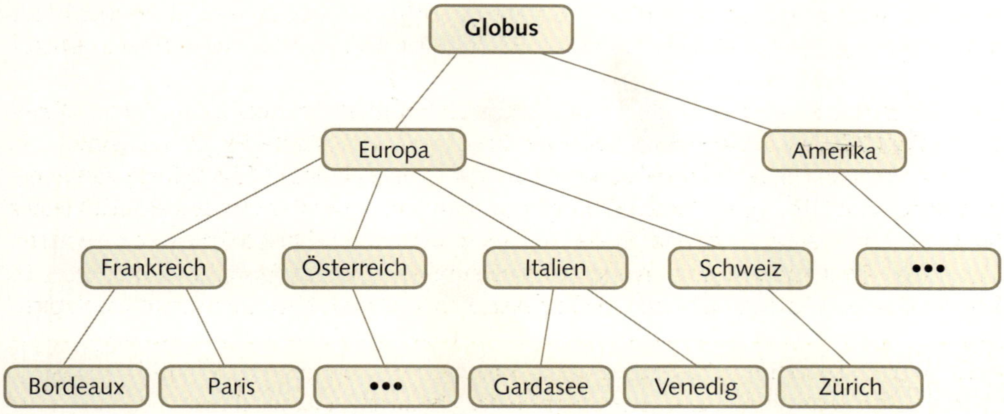

1 Ordnung auf dem Globus als Baumdiagramm

Alle hierarchischen Strukturen kannst du übersichtlich in der Form eines **Baumdiagramms** wie in Abbildung 1 darstellen. Im Beispiel steht oben der Begriff Globus, eine Stufe tiefer sind die Kontinente zu finden, dann die Länder und ganz unten die Städte und Gewässer. Ein solches Diagramm gibt einen guten Überblick, welche Position ein Begriff innerhalb der Struktur einnimmt.
Ein Baumdiagramm ist nichts Neues für dich. Du kennst es bereits aus dem Mathematikunterricht. Dort hast du Terme hierarchisch gegliedert.

? Kannst du den Term zu dem in Abbildung 2 dargestellten Baum angeben?

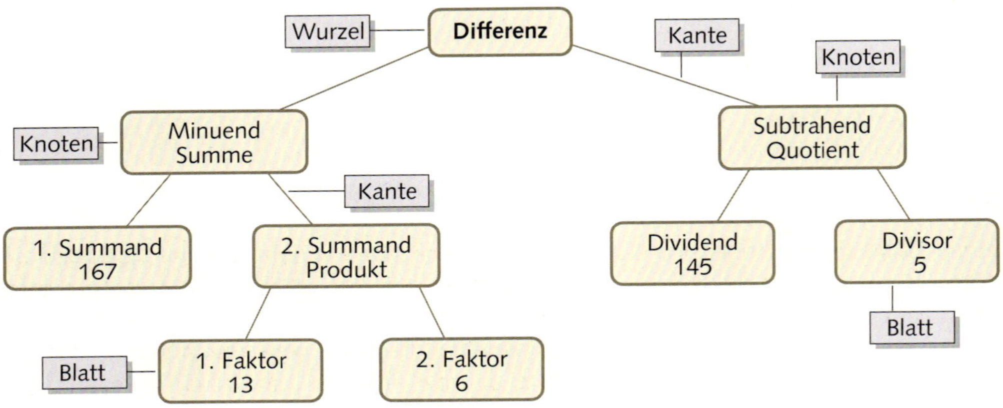

2 Termbaum / Bestandteile eines Baums

Ein Baumdiagramm besteht aus **Knoten** und **Kanten**. Die Kanten verbinden die Knoten miteinander. Abbildung 2 enthält 9 Knoten und 8 Kanten. Ein Kennzeichen eines Baumdiagramms ist, dass in jeden Knoten genau eine Kante hineinläuft. Einzige Ausnahme ist der oberste Knoten (in Abbildung 2 die Differenz). Diesen besonderen Knoten nennt man **Wurzel**.
Aus jedem Knoten können nun eine oder mehrere Kanten, aber auch keine Kante herauslaufen. Ein Knoten, aus dem keine Kante herausläuft, nennt man **Blatt**.

? Welche der Knoten in Abbildung 2 sind Blätter?

Als **Ast** eines Baumdiagramms werden alle Knoten und Kanten von der Wurzel bis zu einem Knoten bezeichnet, in Abbildung 3 z. B. Globus.Europa.Italien.Venedig. Du siehst an der Notation, dass du über Äste genau den vollständigen Namen von Objekten erhalten kannst.
Einen zusammenhängender Teil eines Baums nennt der Informatiker **Teilbaum**.

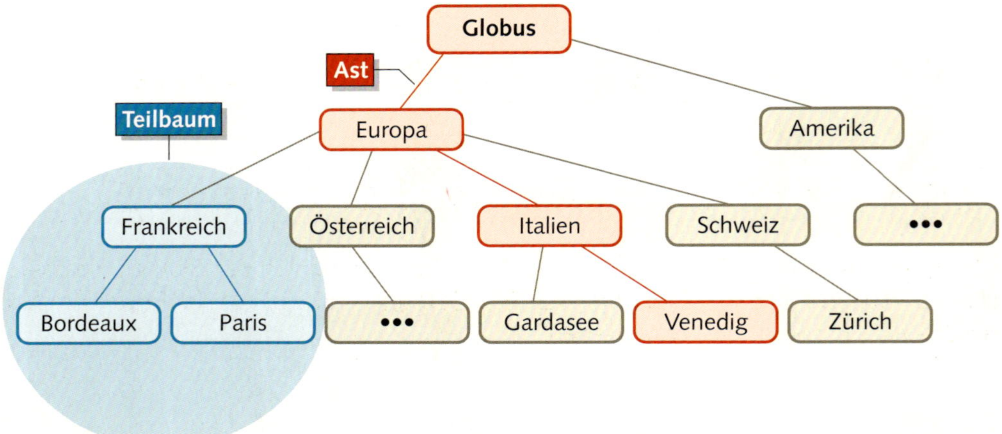

3 Teilbaum und Ast

Hierarchische Strukturen lassen sich als **Baumdiagramm** darstellen. Die Bestandteile von Baumdiagrammen sind **Knoten** und **Kanten**, wobei **Wurzel** (oberster Knoten) und **Blätter** (Knoten ohne ausgehende Kante) besondere Knoten sind.

Hinweis: Informatiker stellen Bäume mit der Wurzel oben und den Blättern unten dar.

4 *Wurzel oben – Blätter unten*

Bäume in der Biologie

In der Biologie hast du bei „Wirbeltiere in verschiedenen Lebensräumen" eine Reihe von Tieren kennengelernt. Weltweit gibt es ca. 5000 verschiedene Säugetierarten. Wie kann man die Informationen über alle Tiere und Pflanzen sinnvoll strukturieren? Der Naturwissenschaftler › Carl von Linné hat 1735 die Grundlagen der modernen Systematik zur Einteilung der Lebewesen entwickelt (› Taxonomie). Die Verwandtschaftsbeziehungen der Lebewesen werden hierarchisch strukturiert und können als Baumdiagramm dargestellt werden. Bestimmte Merkmale eines Lebewesens legen fest, welcher Gruppe das Tier bzw. die Pflanze zugeordnet wird. Abbildung 5 zeigt dir einen sehr kleinen Ausschnitt.

› Carl von Linné (1707 – 1778), schwedischer Naturwissenschaftler

› Taxonomie ist die Wissenschaft von der Einteilung der Organismen.

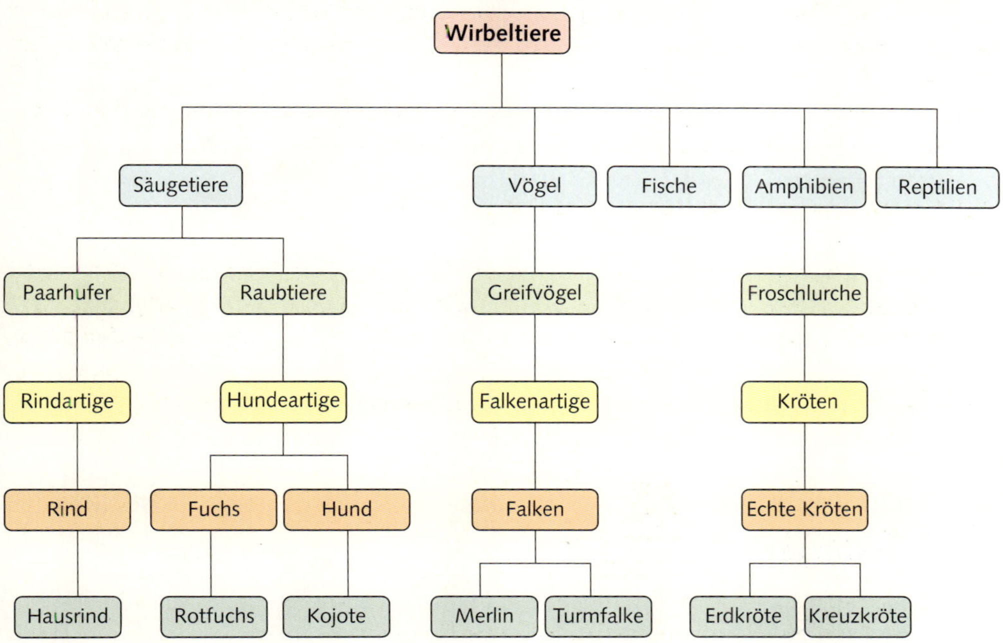

5 *Teilbaum für Wirbeltiere*

Die einzelnen Ebenen des hierarchischen Baums bekommen in der Biologie spezielle Namen: Stamm, Klasse, Ordnung, Familie, Gattung und Art. In der Praxis werden die Ebenen oft noch feiner untergliedert.

› Organisationsdiagramm

Zum Zeichnen dieser Ordnungsbäume kannst du z. B. eine Präsentationssoftware verwenden, wenn sie › Organigramme unterstützt. Dabei können die Strukturbäume entweder wie in Abbildung 5 dargestellt werden oder auch wie in Abbildung 6 links.
Eine andere Möglichkeit der Darstellung bietet dein Dateisystem, wenn du für jeden Knoten des Baums einen Ordner anlegst und diesem einen entsprechenden Namen gibst. Es entsteht eine Ordnerstruktur wie in Abbildung 6 rechts.

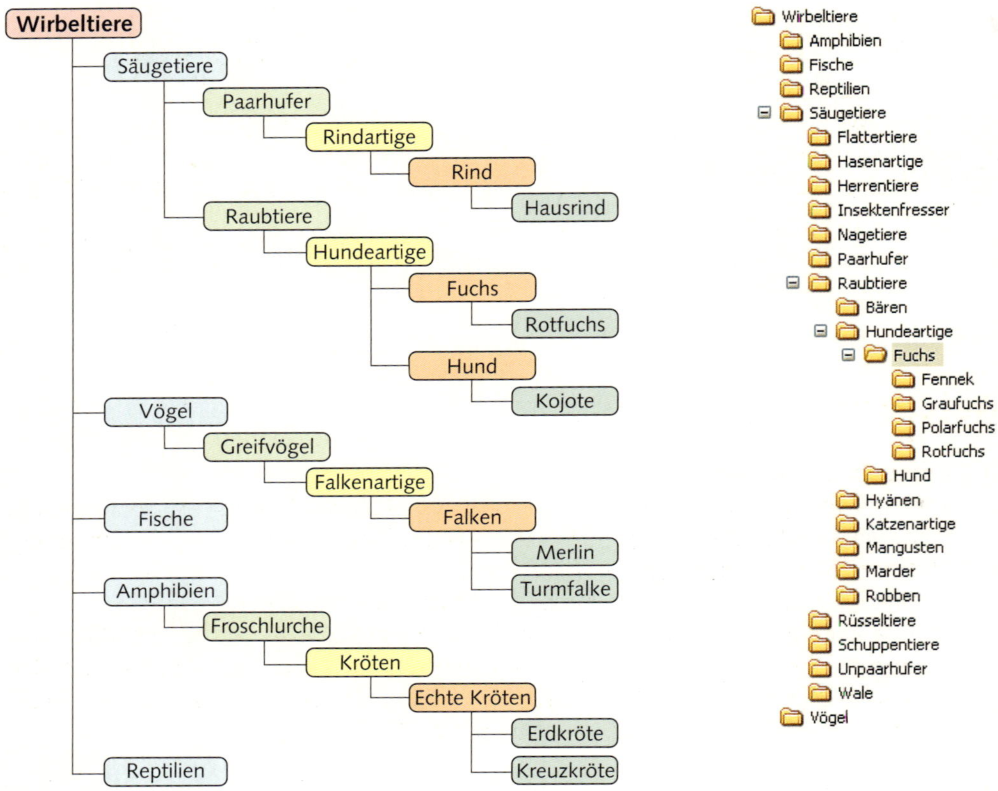

6 Teilbaum für Wirbeltiere in anderer Ansicht; rechts ein erweiterter Teilbaum für Wirbeltiere, der mit einem Dateisystem erstellt wurde.

Bestimmungsbäume

Bäume sind nicht nur zum Ordnen von Information dienlich. Sie können auch zur Beschreibung eines Abfrageverfahrens nützlich sein. Für die Bestimmung von Pflanzen oder Tieren haben die Biologen ein Verfahren entwickelt, das aus einer vorgegebenen Folge von Ja-Nein-Entscheidungen besteht. So gelangt man vom Allgemeinen zum Speziellen. Die Fragenabfolge lässt sich als Baum darstellen. Abbildung 7 zeigt einen Ausschnitt aus einem Bestimmungsbaum für Amphibien.
Beginne bei Start. Bei jeder Abzweigung musst du dich entscheiden, welches Merkmal für ein Tier zutrifft, das du bestimmen willst. Nach einigen Entscheidungen kannst du sagen, um welches Tier es sich handelt.
Sicher hast du in Biologie schon andere Bestimmungsbäume gesehen, z. B. zur Bestimmung von „echten" Bäumen oder von Pilzen.

Hierarchische Bäume bieten nicht nur in der Biologie, sondern auch in anderen Gebieten eine hervorragende Möglichkeit zum Strukturieren von Information. Du wirst im Laufe deiner Schulzeit noch öfter davon Gebrauch machen.

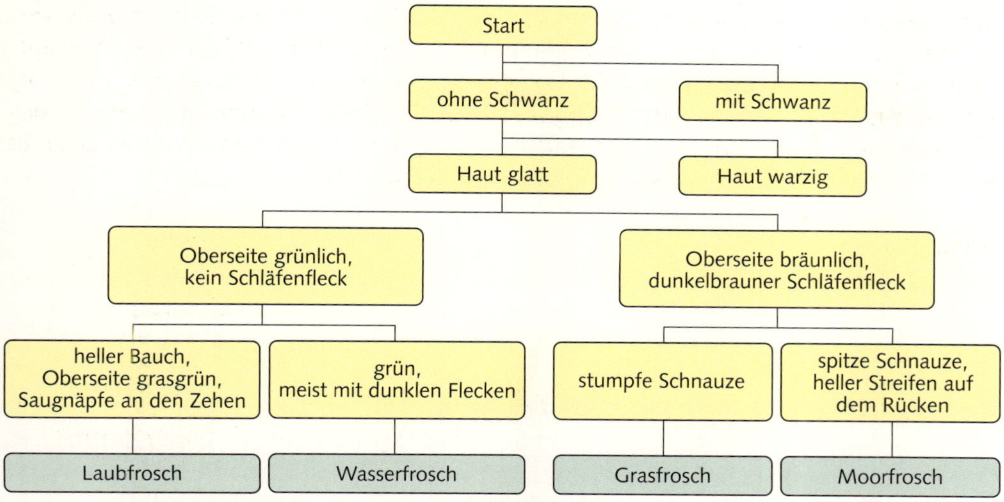

7 Teilbaum eines Bestimmungsbaums

Aufgaben

1 Adressen in Deutschland

Klaus möchte eine Freundin besuchen. Mit dem Zug fährt er nach Berlin. In einem Stadtplan sucht er die Mozartstraße und begibt sich dorthin. Unter der Hausnummer 15 findet er den Klingelknopf seiner Freundin.

a Erstelle ein Baumdiagramm mit den Adressen von 10 deiner Freunde.

b Wie kann in einem Baumdiagramm für Adressen der Rathausplatz mehrfach vorkommen? Ergänze dein Baumdiagramm um zwei entsprechende Adressen. Gib den vollständigen Namen (Ast) zu den beiden Knoten „Rathausplatz" an. Beispiel für die Punktnotation: Deutschland.Berlin.Mozartstraße.15

2 Ordner erstellen

In Biologie wird ein Projekt über zweikeimblättrige Samenpflanzen durchgeführt. Damit sich die Ergebnisse schnell finden lassen, schlägt die Biologielehrerin die in Abbildung 8 dargestellte Ordnung vor.

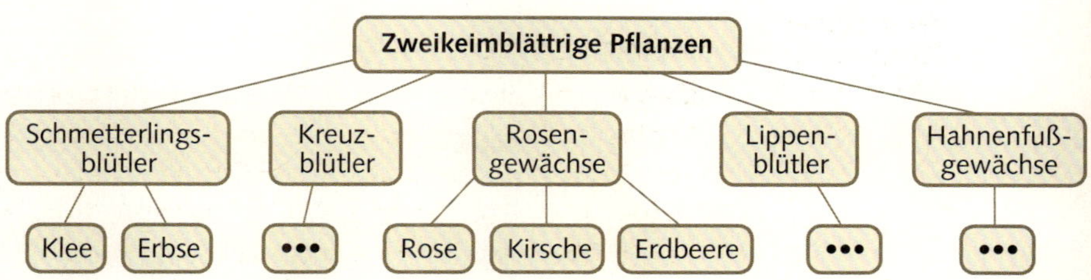

8 Ordnung für zweikeimblättrige Pflanzen

a Erstelle entsprechend zum Baumdiagramm in Abbildung 8 eine Ordnerstruktur in deinem Dateisystem.

b Ergänze die vorhandene Baumstruktur um folgende Pflanzen: Apfelbaum, Kohl, Pfefferminze, Rosmarin, Thymian, Raps, Windröschen, Hahnenfuß, Taubnessel. Trage diese ebenfalls in die Ordnerstruktur von (a) ein!

3 Weitere Reiseziele

Als weitere Reiseziele kommen im Erdkundeprojekt der Bodensee und der Atlantik hinzu. Wie würdest du diese beiden Begriffe in Abbildung 1 einsortieren? Liegt nach dem Einsortieren in die hierarchische Ordnung noch ein Baumdiagramm vor?

14 Dateien und Ordner

Objekte eines Dateisystems

Klaus hat sich für die hierarchische Ordnung entschieden, weil er so Urlaubsanfragen, wie die seines Onkels, schneller beantworten kann. Er ist auf die Idee gekommen, diese Ordnung mit seinem Dateiverwaltungsprogramm umzusetzen. Dazu hat er für jede Überschrift einen Ordner angelegt und dort die entsprechenden Dateien gespeichert.

? Einen Ausschnitt aus seinem Dateiverwaltungsprogramm kannst du in Abbildung 1 sehen. Welche Objekte kannst du erkennen? In welche Klassen würdest du diese Objekte einteilen? Welche Attribute und Methoden kannst du diesen Klassen zuordnen?

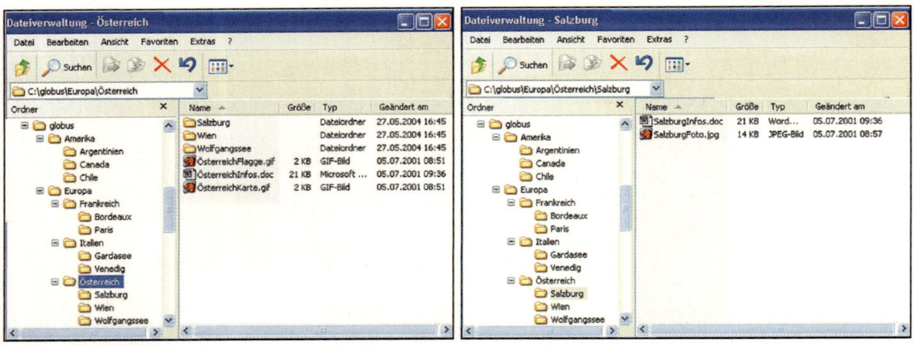

1 Objekte des Hintergrundspeichers

Im Dateisystem sind Objekte von zwei Klassen sichtbar. Es sind dies die Klassen **DATEI** und **ORDNER**.

Wenn du in deinem Dateiverwaltungsprogramm eine Datei auswählst und dir dann ihre Eigenschaften anzeigen lässt, wirst du schnell erkennen, welche Attribute die Objekte der Klasse DATEI besitzen. Wichtige Attribute sind **Dateiname**, **Typ**, **Größe**, **Schreibschutz**, **Erstellzeitpunkt** und **Änderungszeitpunkt**. Wie immer bekommt jedes Objekt der Klasse DATEI beim Anlegen einen innerhalb des ganzen Dateisystems eindeutigen Objektbezeichner. Diesen bekommst du als Benutzer nicht zu sehen. Zusätzlich hat die Datei ein eigenes Attribut Dateiname. Dessen Wert kannst du selbst eingeben und später beliebig ändern.

DATEI
Dateiname
Typ
Größe
Erstellzeitpunkt
Änderungszeitpunkt
Schreibschutz
›Symbol
Inhalt
…
Umbenennen(DateinameNeu)
Öffnen(mitProgramm)
Kopieren(ZielOrdner)
Verschieben(ZielOrdner)
Löschen()
PfadBestimmen()
…

Datei7
Dateiname = „ÖsterreichFlagge“
Typ = Gifimage
Größe = 2 kB
Erstellzeitpunkt = 05.06.2001 08:15
Änderungszeitpunkt = 05.07.2001 08:51
Schreibschutz = nein
Symbol = 

› Symbol auf dem Computerbildschirm; engl.: icon – Ikone

2 Klasse DATEI mit Beispielobjekt

Viele der Attributwerte (z. B. für Erstellzeitpunkt) kannst du nicht setzen, sondern sie werden automatisch vom Dateiverwaltungsprogramm festgelegt.

In machen Dateisystemen ist der **Typ** der Datei aus einem mit Punkt vom Dateinamen getrennten Anhang ersichtlich. So steht doc für eine Datei mit Daten im Word-Format oder gif für eine Datei mit Daten im Gif-Bild-Format. Im Attribut **Inhalt** werden die eigentlichen Daten aufbewahrt, die in der Datei gespeichert sind (Kapitel 2). Beim Speichern wird auch der Typ der Datei geeignet gesetzt, sodass ein Programm den Inhalt beim späteren Öffnen der Datei richtig auswerten kann. 2

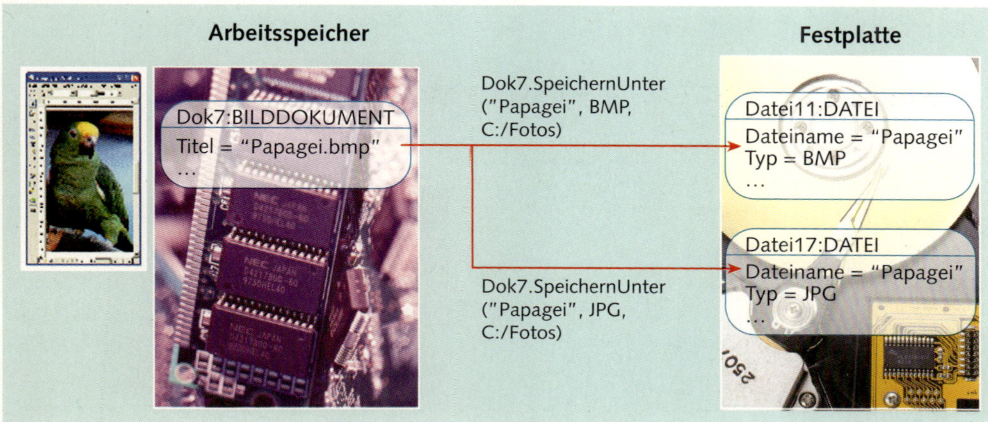

3 *Speichern*

Objekte der Klasse DATEI besitzen u. A. die Methoden **Kopieren(ZielOrdner)**, **Verschieben(ZielOrdner)**, **Umbenennen(DateinameNeu)**, **Öffnen(mitProgramm)**. Du hast diese Methoden sicherlich schon einmal durch Mausklick oder Menüauswahl aufgerufen.

4 *Öffnen*

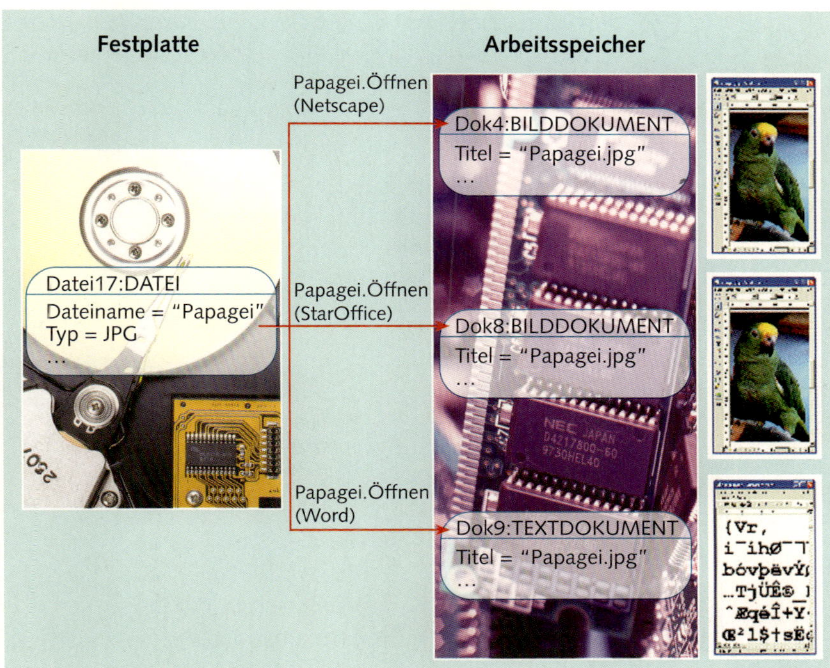

Über einen Menübefehl oder Doppelklick schickst du an das Dateiverwaltungssystem die Botschaft „Öffne bitte die ausgewählte Datei". Dieses leitet die Botschaft an die Datei weiter mit der Zusatzinformation, welches Programm zum Öffnen verwendet werden soll. Nach Aufruf der Methode „Öffnen" liest das Programm den Inhalt der Datei und erzeugt ein neues Dokumentenobjekt zusammen mit den darin enthaltenen Objekten. Das Wiederherstellen gelingt perfekt, wenn die Daten in der Form vorliegen, die der Dateityp angibt und ein geeignetes Programm zum Öffnen verwendet wird (Abbildung 4).

Ordner

Ordner dienen zur Gliederung des Dateisystems und zur besseren Übersicht. Jede Datei des Dateisystems gehört zu genau einem Ordner. Man sagt: „Der Ordner enthält die Datei". Die wichtigsten Attribute und Methoden der Klasse ORDNER sind ähnlich zu den Attributen und Methoden der Klasse DATEI.

ORDNER
Ordnername Größe Erstellzeitpunkt Änderungszeitpunkt Schreibschutz Symbol ...
Umbenennen(OrdnernameNeu) Öffnen() Kopieren(ZielOrdner) Verschieben(ZielOrdner) Löschen() PfadBestimmen() ...

Ordner3
Dateiname = „Gardasee" Größe = 35,7 kB Erstellzeitpunkt = 06.06.2001 15:42 Änderungszeitpunkt = 10.06.2001 13:51 Schreibschutz = nein Symbol =

5 Klasse ORDNER mit Beispielobjekt

Beziehungen zwischen den Klassen

Klaus ist mit seiner Ordnung sehr zufrieden, da er auf Anfragen seiner Klassenkameraden sehr schnell Antworten findet. Werden beispielsweise Informationen zum Gardasee gesucht, findet er alle in dem entsprechenden Ordner. Zu diesem gelangt er, indem er im Hauptordner (C:) seines Dateisystems den Ordner Globus öffnet, darin den Ordner Europa und zuletzt Italien (Abbildung 6).

6 Ausschnitt aus der Festplatte von Klaus

Du siehst: Ordner können Dateien und weitere Ordner enthalten. Das Klassendiagramm, welches die Beziehung zwischen den Klassen ORDNER und DATEI veranschaulicht, ist in Abbildung 7 zu sehen.

?

Was ist völlig neu gegenüber den bisherigen Klassendiagrammen?

Da Objekte der Klasse ORDNER wiederum Objekte der Klasse ORDNER enthalten können, weist das Klassendiagramm eine Enthält-Beziehung der Klasse ORDNER mit sich selbst auf (› rekursive Beziehung). Ein Ordner kann › theoretisch beliebig viele andere Ordner enthalten!

› lat.: recurrere – zurückgehen

› Manchmal ist durch das Betriebssystem doch eine Grenze gesetzt.

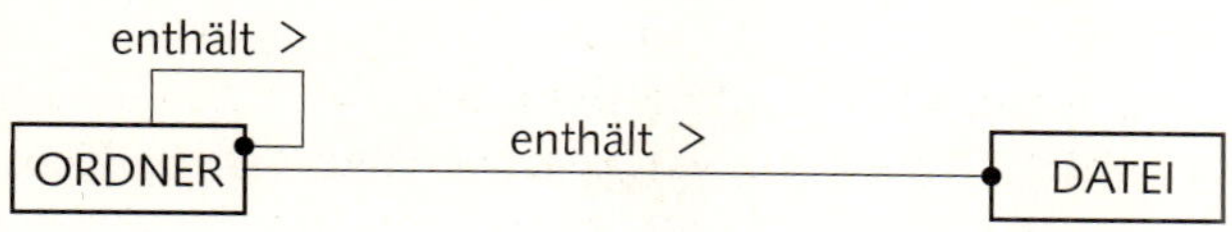

7 Klassendiagramm für ORDNER und DATEI

Bei einem Dateisystem gibt es Ordner, die in keinem anderen Ordner enthalten sind. Diese bezeichnet man als › Wurzelordner oder Hauptordner. Beim Betriebssystem Unix gibt es einen einzigen Wurzelordner, bei Windows für jeden Laufwerksbuchstaben (z. B. C) und beim Macintosh-Betriebssystem für jedes Laufwerk einen eigenen.

› engl.: root – Wurzel

Jede Datei und jeder Ordner, außer dem Wurzelordner, ist in genau einem Ordner enthalten. So entsteht eine Baumstruktur (siehe Kapitel 13).

13

Der Pfad zum Gardasee

Während Klaus im Schullandheim ist, kommt sein Onkel bei ihm zu Hause vorbei und möchte sich über den Gardasee kundig machen.

Welche Information muss ihm Klaus hinterlassen, damit er im Computer die entsprechenden Dateien finden kann?

?

Denke dabei an die Schreibweise bei „Objekte und ihre Beziehungen" aus Kapitel 7. Der Onkel hat Informatik gelernt und versteht unsere Kurznotationen.

7

Hinweis: Da, wie schon erwähnt, die Objektnamen von Dateien und Ordnern den Benutzern meist verborgen bleiben, verwendet man zur Beschreibung der Lage eines Objekts im Dateisystem die Datei- bzw. Ordnernamen.

Für den Onkel reicht auf einem Zettel die Information

C.Globus.Europa.Italien.Gardasee

um den Ordner Gardasee zu finden. Aufgrund der Schreibweise weiß der Onkel, welche Ordner er ausgehend vom Wurzelordner der Reihe nach öffnen muss. Entsprechend der Enthält-Beziehung aus dem Klassendiagramm in Abbildung 7 würde Klaus am Telefon seinem Onkel die Kurznotation wie folgt mitteilen:
„Der Wurzelordner C enthält (den Ordner) Globus, dieser enthält (den Ordner) Europa, dieser enthält (den Ordner) Italien und dieser enthält den Ordner Gardasee".

Die Lage des Ordners Gardasee ist durch die übergeordneten Ordner festgelegt. In der Informatik nennt man diese Art der Beschreibung für die Lage eines Ordners bzw. einer Datei den **Pfad** des Ordners bzw. der Datei. Für die Datei GardaseeKarte ergibt sich der Pfad C.Globus.Europa.Italien.Gardasee.GardaseeKarte .

Die Betriebssysteme verwenden statt des Punktes andere Zeichen, sodass der Pfad für den Ordner Gardasee in unserem Beispiel auch so aussehen kann:

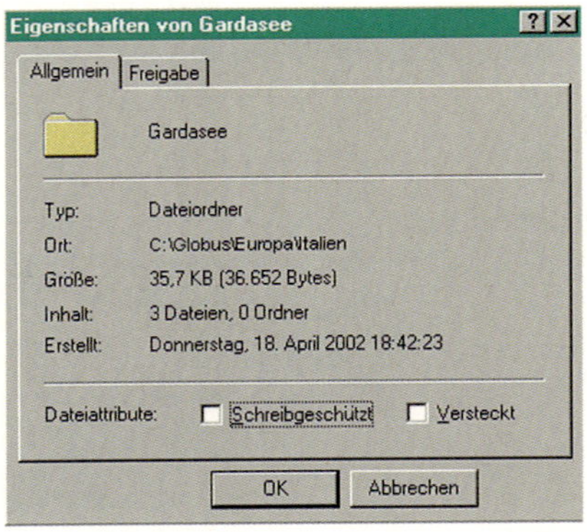

8 Attribute von Ordnern

C:\Globus\Europa\Italien\Gardasee
oder
C:/Globus/Europa/Italien/Gardasee
oder
System:Globus:Europa:Italien:Gardasee

Da der Pfad sehr wichtig ist, um Dateien und Ordner im Dateisystem zu finden, haben die Objekte der Klassen DATEI und ORDNER eine Methode **PfadBestimmen()**. Sie wird aufgerufen, wenn du dir die Eigenschaften eines Objektes anzeigen lässt (Abbildung 8).

Ein Dateisystem benutzt Objekte der Klassen DATEI und ORDNER. Ein wichtiges Attribut der Klasse DATEI bzw. der Klasse ORDNER ist der Dateiname bzw. der Ordnername.
Ein Ordner kann beliebig viele Dateien und Ordner enthalten, d. h., er kann sogar Objekte seiner eigenen Klasse enthalten.
Die Lage eines Ordners bzw. einer Datei in einem Dateisystem lässt sich durch den Pfad eindeutig beschreiben. Dabei werden die Dateinamen bzw. Ordnernamen verwendet.

Aufgaben

1 Navigation im Dateiverwaltungsprogramm
Erstelle einen Ordner, der mindestens 5 Ordner im Pfad hat. Öffne diesen Ordner und suche in deinem Dateiverwaltungsprogramm eine Möglichkeit, im Pfad schrittweise jeweils eine Ebene nach oben zu gelangen, bis du die oberste Ebene erreicht hast.

2 Pfade
In Abbildung 9 siehst du einen Ausschnitt aus dem Dateisystem der Festplatte von Klaus.

a Notiere von folgenden Ordnern den vollständigen Namen in Punktnotation und in der Notation deines Betriebssystems, z. B. mit Schrägstrich:
i) Spiele ii) Schule iii) Geometrie
iv) Deutsch

b Der vollständige Name des Ordners Gedichte lautet:
C.Klaus.Schule.Deutsch.Gedichte und wird gesprochen:
„Der Wurzelordner C enthält (den Ordner) Klaus enthält (den Ordner) Schule enthält (den Ordner) Deutsch enthält den Ordner Gedichte."

Warum kannst du die ersten drei Mal „den Ordner" in Klammern weglassen und das letzte Mal nicht?

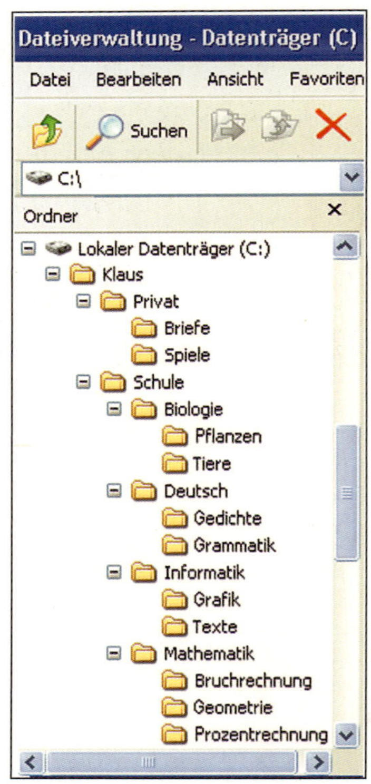

9 Dateisystem für die Festplatte von Klaus

3 Endlich Ordnung

Du hast sicherlich in deinem bisherigen Informatikunterricht viele Dateien abgespeichert. Es werden noch viele hinzukommen, auch aus anderen Unterrichtsfächern.

a Überlege dir eine sinnvolle Ordnung für deine Dateien, um auch am Ende des Schuljahres gesuchte Dateien schnell zu finden. Erstelle entsprechend deinen Überlegungen Ordner und verschiebe dann deine Dateien an den jeweils vorgesehen Platz.

b Welche ungeeigneten Ordnungen gäbe es? Erkläre die dabei entstehenden Probleme.

4 Attribute von Dateien und Ordnern

Erstelle einen Ordner und speichere dort eine Textdatei. Gib in Punktnotation jeweils mindestens 5 Attributwerte des Ordners und der Datei an.

Tipp: Eventuell hilft ein Klick mit der rechten Maustaste auf das Ordner- bzw. Datei-Symbol.

5 Navigation in einer hierarchischen Ordnerstruktur beim Speichern

Ergänzung zur Aufgabe 2 aus Kapitel 13.

Klaus hat ein Bild von einem vierblätterigen Kleeblatt gefunden und möchte dieses an der richtigen Stelle speichern. Bei der Auswahl des Menüpunkts „Speichern unter“ erscheint jedoch nicht der passende Ordner, da er sich aktuell im Ordner Erdbeere befindet (Abbildung 10).

Welchen Weg muss Klaus (im Baumdiagramm, in der Ordnerstruktur) gehen, um den richtigen Ordner zu finden?

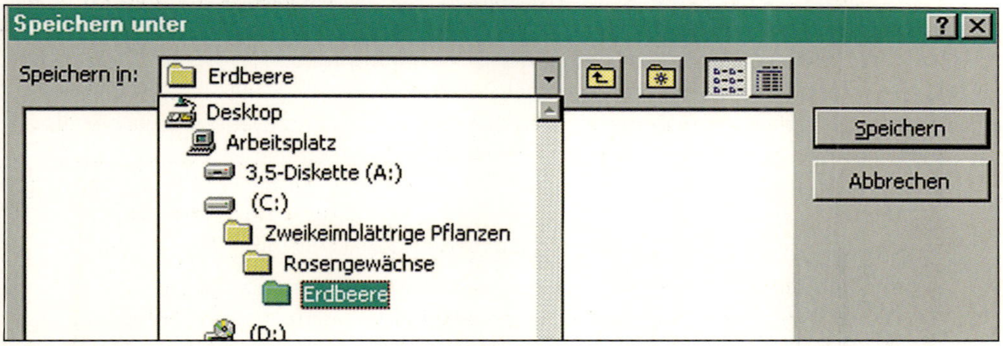

10 *Ordnerüberblick beim „Speichern unter“*

Zum Weiterlesen

13 Aus der Praxis: Systemadministratorin

1 Kassiererin am Buchungscomputer

„Ich heiße Ulrike Oelker und bin Systemadministratorin bei einer großen Bank. Auf unserem Zentralrechner sind eine Fülle von Daten abgelegt, bei denen eine Vielzahl von Ordnern helfen, den Überblick zu bewahren. Wichtig für uns ist, dass die Daten von Mitarbeitern und Kunden nur jeweils für die Personen zugänglich sind, die auch damit arbeiten müssen. Bei allen Dateien und Ordnern sind daher die Zugriffsrechte festgelegt: Der Kunde darf nur über seine eigenen Daten informiert werden. Er darf seinen Kontostand aber nicht selbst verändern! Der Kassierer dagegen darf den Kontostand des Kunden verändern. Aber auch er hat kein uneigeschränktes Nutzungsrecht über die Daten der Bank. So kann er zwar abfragen, wie weit ein Kunde sein Konto überziehen darf. Diesen Wert kann er aber nicht ändern. Als wir unser Computersystem aufbauten, haben wir mehrere Jahre an der Sicherheit dieses komplizierten Systems gearbeitet."

14 Betriebssysteme

Wenn du auf ein großes Festival, ein Kirchweihfest o. Ä. gehst, dann erwartest du, dass es etwas zum Hören, zum Anschauen, zum Essen gibt. Jede Bude und jedes Zelt haben einen bestimmten Platz und im Notfall soll ein Sanitäter zur Stelle sein. Es muss jemanden geben, der das Fest organisiert, die Beteiligten koordiniert, obwohl wir als Gäste diesen „Jemand" meist nicht sehen.
Soll das Arbeiten mit dem Computer reibungslos funktionieren, muss auch hier Vieles koordiniert und organisiert werden.

1 Arbeitsspeicher mit mehreren integrierten Schaltkreisen

Wenn du einen Computer einschaltest, dann erwartest du, dass ein Programm ausgeführt wird, das dir die Grundfunktionen anbietet wie das Starten (Ausführen) der vorhandenen Werkzeuge, z. B. Textverarbeitungs- oder E-Mail-Programm. Zur Erledigung dieser und weiterer Aufgaben gibt es ein Basisprogramm, welches automatisch beim Einschalten des Rechners gestartet wird und das alle anderen Programme koordiniert. Dieses grundlegende Programm heißt **Betriebssystem** und hat neben dem Starten der Programme noch eine ganze Menge weiterer Aufgaben, die für uns Benutzer unsichtbar erledigt werden. Es koordiniert den Zugriff auf die an den Computer angeschlossenen Geräte wie Festplatte, Drucker oder Scanner. Da meistens mehrere Programme gleichzeitig betrieben werden (z. B. Anzeige der Uhrzeit, Textverarbeitungsprogramm und Dateiverwaltungsprogramm), muss es sicherstellen, dass jedem Programm ein eigener Teil des Arbeitsspeichers zur Verfügung steht.

2 Integrierte Schaltkreise (› IC)

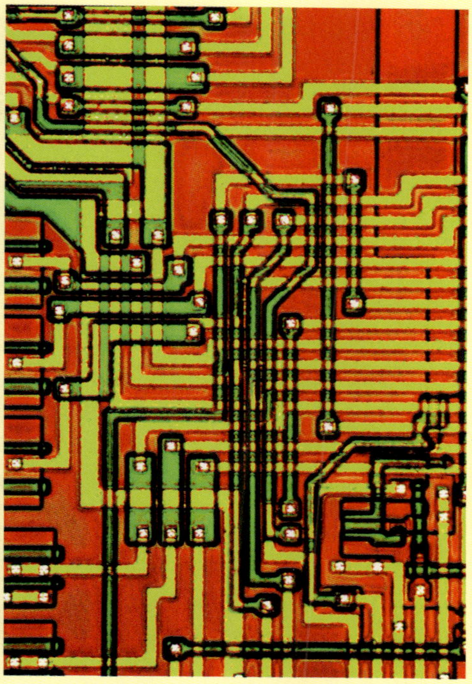

3 Geschützte Leiterbahnen im Gehäuse eines IC

› engl.: IC, integrated circuit – integrierter Schaltkreis

› engl.: RAM, random access memory – frei zugreifbarer Speicher

› eng.: ROM, read only memory – Speicher, aus dem nur gelesen werden kann

› engl.: to boot – jemanden oder etwas hart treten; hier: zur Arbeit anstoßen

Arbeiten mehrere Leute an einem Computer, wie im Computerraum eurer Schule, muss das Betriebssystem auch sicherstellen, dass die Dateien eines Benutzers nicht (unerlaubterweise) von anderen Benutzern verwendet oder gelöscht werden. Dazu arbeitet es eng mit den Dateiverwaltungsprogrammen zusammen.
Bei den heute üblichen Betriebssystemen mit grafischer Bedienoberfläche zählen die grundlegenden Grafikmethoden und insbesondere die Verwaltung der Fenster zum erweiterten Funktionsbereich des Betriebssystems.

Das Betriebssystem startet alle anderen Programme. Wer aber startet das Betriebssystem beim Einschalten des Computers? Wenn du den Computer einschaltest, beginnt der Prozessor an einer festgelegten Stelle des Arbeitsspeichers mit der Programmausführung. Diese Stelle ist kein Schreib-Lese-Speicher (› RAM), sondern ein Nur-Lese-Speicher mit festem Inhalt (› ROM). In diesem ROM ist ein kleines Programm enthalten, das auf fest vorgegebenen Geräten (Festplatte, Floppy-Disc, CD-Laufwerk) nach dem Betriebssystem sucht. Wenn es ein Gerät mit einem Betriebssystem gefunden hat, lädt es das Betriebssystem in den Arbeitsspeicher und startet es. Diesen Vorgang nennt man im Fachjargon › „Booten" des Rechners.

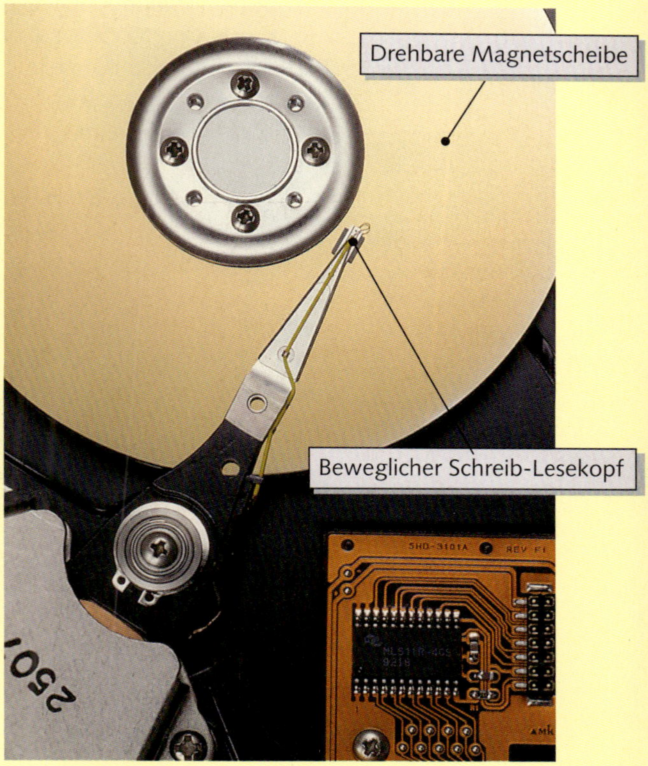

4 Festplatte

VI Vernetzte Informationsstrukturen – Internet

Im Internet gibt es weltweit Milliarden von Dokumenten mit Bildern, Texten und vielem mehr. Wie behält man hier den Überblick? Wie entwirft man selbst Dokumente für das World Wilde Web?
Auch hier hilft dir unser Objektmodell, dieses System zu verstehen und zu nutzen. Damit wird es dir leicht fallen, selbst funktionierende Internetseiten zu erstellen.

15 Textdokumente mit HTML

Eine Kuh macht muh

Heidrun und Albert sind begeisterte Zoobesucher und fotografieren dort gerne. Sie beschließen, zu jedem Tier Informationen zu sammeln. Auf dem Computer wollen sie dann entsprechende Texte schreiben und ihre Fotos dort einbauen.
Heidrun und Albert haben ein weiteres Ziel: Sie wollen das Material anderen Leuten über das Internet zur Verfügung stellen. Deshalb stellen sie sich die Frage: Wie lassen sich die Texte und Bilder so darstellen, dass sie auf möglichst jedem Rechner angezeigt werden können?
Um mit anderen Menschen sprechen zu können, benötigt man eine gemeinsame Sprache. Auch Computer brauchen Sprachregelungen, um den Austausch von Daten zu ermöglichen. Will man Textdokumente so darstellen, dass sie von möglichst vielen Lesern betrachtet werden können, so kann man dazu die Sprache › **HTML** benutzen. Aufgrund des einfachen Aufbaus dieser Sprache stehen geeignete Programme zum Betrachten von HTML-Dokumenten, sogenannte › **Browser**, auf allen gängigen Rechnern zur Verfügung. Ein HTML-Dokument kannst du mit einem weiteren Programm, beispielsweise einem › **HTML-Editor** (Abbildung 1), erstellen. Er arbeitet ähnlich wie ein Textverarbeitungsprogramm.

1 HTML-Editor in der Layoutansicht

› engl.: HTML, Hyper Text Markup Language – eine Textbeschreibungssprache

› engl.: to browse – blättern, schmökern

› engl.: to edit – aufbereiten, zusammenstellen, herausgeben

HTML ist eine rechner- und programmunabhängige Sprache zur Dokumentbeschreibung. HTML-Dokumente können mit HTML-**Editoren** erstellt und verändert werden. Zum Betrachten von HTML-Dokumenten verwendet man **Browser**.

Aufgaben

1 Arbeiten mit dem HTML-Editor

a Stelle den folgenden Text möglichst originalgetreu mit deinem HTML-Editor dar!

> Heute Nacht habe ich geträumt, die ganze Welt wäre verkehrt. Der Himmel war grün, das Gras war blau. Die Berge waren flach und niedrig, die Täler hoch und spitz. Die Menschen flogen hoch am Himmel, während die Vögel am Boden

spazieren gingen. Unser Ortszentrum
war am Rand,
während sich die Außenbezirke
in der Mitte befanden.
Die Erdbeeren waren riesig und wanderten durch die Gegend, während die winzigen Eisbären im Zoo an grünen Stengeln hingen. Dann erwachte ich. Doch was sah ich: Die Beine meines Bruders hingen in der Luft, während seine Hände am Boden waren. War mein Traum Wirklichkeit geworden? „Hallo", sagte er, „ein bisschen Morgengymnastik würde dir auch nicht schaden!" Da begriff ich erleichtert, dass er nur einen Handstand machte.

b Teste alle Möglichkeiten, die dir dein HTML-Editor zur Festlegung von Zeichen- und Absatzattributen bietet! Welche Attribute fehlen, die beim Textverarbeitungsprogramm vorhanden sind?

2 Das kleine Kochbuch (erster Teil)
Erstelle ein HTML-Dokument mit dem Kochrezept zu deinem Lieblingsgericht (Zutaten, Zubereitung, eventuell mit Bild)!

3 Pflanzenalbum (erster Teil)
Fotografiere die Pflanzen in euerem Schulgarten und recherchiere Namen und weitere Informationen über die Pflanzen. Stelle die Informationen zu jeder Pflanze jeweils in einem HTML-Dokument zusammen. Tausche es auch mit deinen Mitschülern aus!

4 Unsere Schule (erster Teil)
Sammle Informationen und Bilder über deine Schule. Stelle einzelne Bereiche wie Geschichte, Gebäude, Arbeitsgruppen, Lehrer, lustige Geschichten … jeweils in einem HTML-Dokument zusammen!

5 Unser Lebensraum (erster Teil)
Beschreibe die Orte deines Lebensraums (Wohnhaus, Spielplätze, Straßen, Umgebung...) jeweils in einem HTML-Dokument. Überlege dir, was dir daran nicht gefällt und wie man es besser gestalten könnte.

6 Mein letzter Ausflug (erster Teil)
Sammle Informationen (Ablauf, Erlebnisse, Sehenswürdigkeiten, ...) über deinen letzten Ausflug und entwirf eine „Werbeseite", die anderen das Ausflugsziel vorstellt. Einigt euch in der Klasse auf ein gemeinsames › Lay-out, fügt die einzelnen Dokumente zusammen und legt so ein Ausflugslexikon an.

› engl.: layout – Erscheinungsbild eines Druckerzeugnisses

7 Steckbrief (erster Teil)
Schreibe über dich einen kurzen Steckbrief mit dem HTML-Editor. Der Steckbrief sollte mindestens deinen Namen, ein Foto oder ein selbst gemaltes Bild, Informationen über deine Hobbys, dein Lieblingsessen und über deine Banknachbarn enthalten.

8 Bilder brauchen Platz
Öffne ein HTML-Dokument, das sich auf deinem Bildschirm vollständig anzeigen lässt! Erzeuge einen › Screenshot (dein Lehrer kann dir zeigen, wie das geht) und speichere diesen als Bitmap-Datei ab. Vergleiche die Größe der beiden Dateien.

› engl.: screenshot – Abbild des Bildschirms

16 Verweise

Beziehungen zwischen Begriffen im Lexikon

Heidrun schaut in das dicke Tierlexikon, aus dem sie viele Informationen erhalten hat. Einen Ausschnitt daraus siehst du in Abbildung 1. Zunächst fand sie sich im Lexikon schwer zurecht. Doch schnell hat sie den Aufbau des Buches verstanden.

? Weißt du, wozu die Pfeile im Text dienen? Wie findet man in einem Lexikon nähere Erläuterungen zu diesen Begriffen? Wie muss das Lexikon dazu aufgebaut sein?

Stelzvögel, Ordnung der ↑Vögel, zu denen unter anderem ↑Ibisse, ↑Reiher und ↑Störche gehören.

Störche, ↑Stelzvögel, die bis zu 1,5 m hoch werden. Der schwarz und weiß gefiederte ↑Klapperstorch hat einen langen Schnabel, mit dem er klappern kann.

1 Zwei Ausschnitte aus dem Tierlexikon

Durch die Pfeile wird auf Begriffe verwiesen, die an einer anderen Stelle im Lexikon erklärt werden und die im Zusammenhang mit dem aktuellen Begriff stehen. Betrachtet Heidrun den Text über die Stelzvögel, so erkennt sie, dass dort **Verweise** auf andere Texte stehen. Diese informieren allgemein über Vögel und speziell über Ibisse, Reiher und Störche. Ein Lexikon ist in der Regel alphabetisch geordnet oder besitzt am Ende ein Inhaltsverzeichnis. Weil das Lexikon von Heidrun alphabetisch sortiert ist, muss sie also ein Stück nach hinten blättern, um den Text über Störche zu finden. Bei diesem **Verweisziel** ist der gesuchte Begriff dann näher beschrieben.

Beziehungen zwischen Dokumenten am Computer

Albert und Heidrun haben nun ihr kleines Tierlexikon zusammengetragen. Insgesamt haben sie über 50 Tierarten beschrieben. Für jedes Tier gibt es eine eigene HTML-Datei, z. B. „storch.htm" und „rind.htm". Darüber hinaus gibt es ein Verzeichnis aller Tiere in der Datei „verzeichnis.htm". Bei diesen vielen Tieren ist es aber mühsam, jedes Mal nach der entsprechenden Datei zu suchen und sie dann zu öffnen. Auch Zusammenhänge zwischen den Tierarten, wie ihre Verwandtschaft, lassen sich nur umständlich finden.

In einem Lexikon musst du zum Finden eines Verweisziels an die entsprechende Stelle blättern. Bei einem HTML-Dokument geht dies viel schneller und bequemer. Hier gibt es die Möglichkeit, Verweise einzubauen. Ein Klick auf den Begriff im Inhaltsverzeichnis genügt und schon gelangst du zur gewünschten Stelle. Ganz von alleine geht dies natürlich nicht. Albert und Heidrun müssen diese Verweise in das Dokument einbauen.

2 Verweis vom Inhaltsverzeichnis zum Storch-Dokument

Albert und Heidrun wollen zunächst vom Wort „Storch“ im Inhaltverzeichnis zur Überschrift in ihrem Storch-Dokument wechseln können (Abbildung 2). Zu diesem Zweck gibt es Objekte der Klassen › **VERWEIS** und **VERWEISZIEL** (auch › Anker genannt).
Zunächst müssen Albert und Heidrun im Storch-Dokument eine Position als Ziel auswählen. Dazu fügen sie dort ein Objekt der Klasse VERWEISZIEL ein und benennen dieses eindeutig. Sie legen als **Zielnamen** „UeberschriftStorch“ fest. Der Zielname wird nicht im Dokument angezeigt (Abbildung 2).
Nun können Albert und Heidrun der Zeichenkette „Storch“ im Verzeichnis die **Zieladresse** zuordnen: „storch.htm#UeberschriftStorch“. Du siehst, dass die Zieladresse aus dem Dateinamen und dem Zielnamen zusammengesetzt ist. Dazwischen steht als Trennzeichen „#“. Die Zeichenkette „Storch“ soll dem Benutzer einen Hinweis geben, zu welchem Thema ein Mausklick führt. Eine solche Zeichenkette nennt der Informatiker **Verweisbeschreibung**.

› engl.: link – Verweis

› engl.: anchor – Anker

21

W12

Klasse	Objekte dieser Klasse
VERWEIS	**Verweis1**
Zieladresse Verweisbeschreibung	Zieladresse = „storch.htm#UeberschriftStorch“ Verweisbeschreibung = „Storch“
ZielAnfordern()	
VERWEISZIEL	**Verweisziel1**
Zielname	Zielname = „UeberschriftStorch“

3 Die Klassen VERWEIS und VERWEISZIEL

Ein Verweis zielt eindeutig auf ein Verweisziel. Umgekehrt können mehrere Verweise auf das gleiche Ziel gerichtet sein. z. B. könnte die Seite des Storchs auch noch von der Seite des Froschs angezielt werden. Zwischen Verweis und Verweisziel gilt die Beziehung „**zielt auf**“.

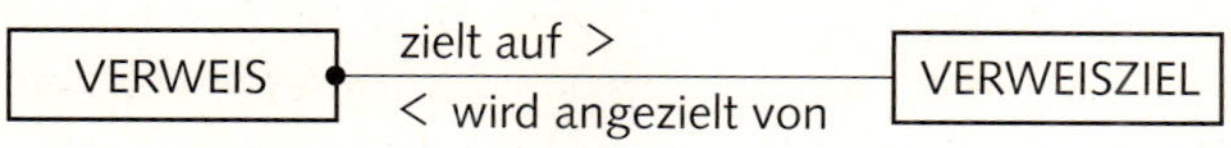

4 Die Beziehung „zielt auf“

Um mit einem einzigen Mausklick von einem Dokument zu einem anderen Dokument wechseln zu können, benötigt man Objekte der Klassen **VERWEISZIEL** und **VERWEIS**. Mit dem Verweisziel wird die Stelle festgelegt, zu der gewechselt werden soll. Der Verweis **zielt auf** diese Stelle. Zwischen Verweis und Verweisziel besteht die Beziehung „**zielt auf**“.

Hinweise:
- Statt einem Text als Verweisbeschreibung kann man auch ein Bild benutzen.
- Verweise lassen sich auch innerhalb eines HTML-Dokuments festlegen. Dabei kann man den Dateinamen in der Zieladresse weglassen und muss nur „#Zielname“ schreiben.
- Lässt man bei der Zieladresse den Teil „#Zielname“ weg, wird automatisch der Beginn des angegebenen Dokuments angezielt.

Aufgaben

1 Verweise und Verweise sind zweierlei

a Auch in der alltäglichen Sprache taucht das Wort „Verweis" auf. Ein Deutschlehrer sagt: „Wer jetzt noch nicht die Begriffe Nomen und Adjektiv unterscheiden kann, den verweise ich auf Seite 23 im Buch." Nenne Verweis und Verweisziel!

b In einem Lexikon findest du häufig Verweise.

Frankreich, Staat in Mitteleuropa; Sprache: französisch; Währung: Euro, Hauptstadt: ↑Paris (...)

Paris, Hauptstadt von ↑Frankreich, knapp 10 Mio. EW, zahlreiche internationale Organisationen (↑UNESCO) (...)

Gib die auftretenden Verweise und Verweisziele an! Wie findest du in einem Lexikon zum Verweisziel? Suche in deinem Lexikon drei Verweise und die zugehörigen Verweisziele!

2 Verweise ermitteln

Betrachte Abbildung 5: Welche Objekte sind mit hellen, welche mit kräftigen Farben gekennzeichnet? Welcher Zusammenhang besteht zwischen Objekten des gleichen Farbtons? Welchen Wert hat das Attribut Verweisbeschreibung bei den angegebenen Verweisen? Verwende zur Erklärung die neuen Fachbegriffe!

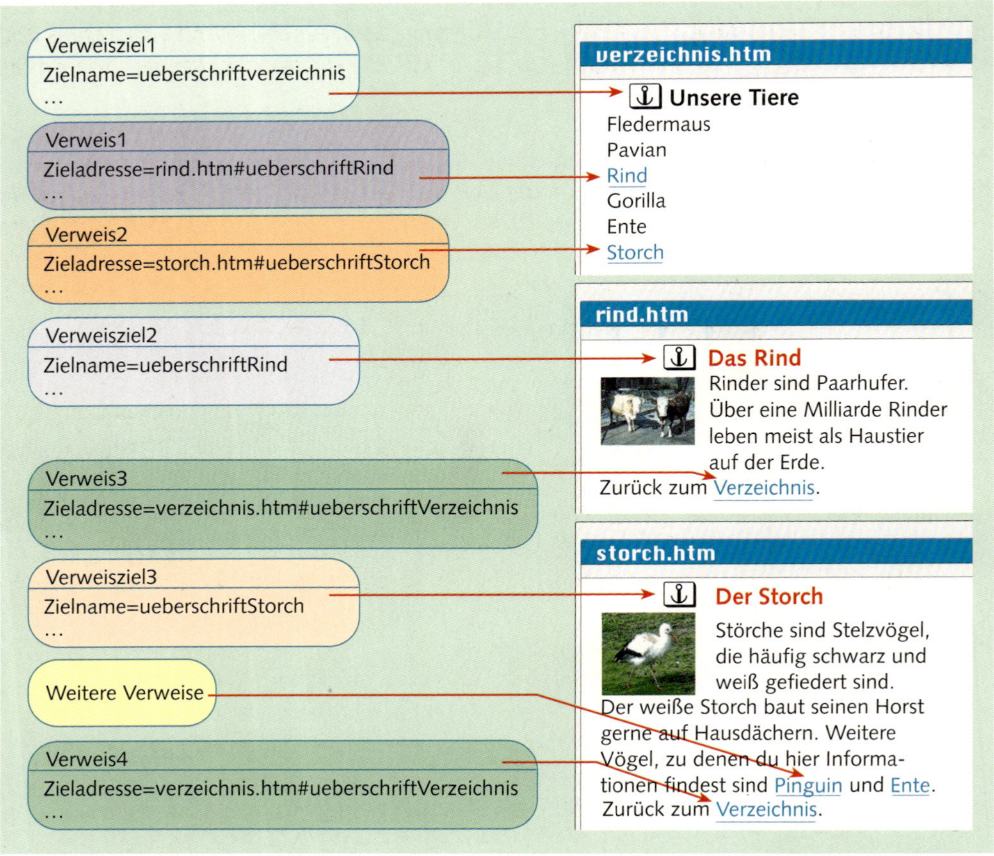

5 Verweisziel und Verweise zwischen Dokumenten

3 Verweise und Verweisziele innerhalb eines Dokuments

a Schreibe mit einem HTML-Editor ein Dokument, das nur ein Verweisziel und einen Verweis auf dieses Ziel enthält. Teste den Verweis, nachdem du die Datei mit einem Browser geöffnet hast! Bemerkst du Veränderungen? Erkläre sie!

b Füge zwischen Verweis und Verweisziel mindestens 30 zusätzliche Zeilen ein. Teste wieder und beobachte die Veränderungen!

4 Pflanzenalbum (zweiter Teil)

Ergänze die Dokumente deines Pflanzenalbums um ein Verzeichnis, das die Namen aller Pflanzen enthält. Füge Verweisziele und Verweise ein, sodass man vom Verzeichnis zu den jeweiligen Pflanzen und von dort wieder zurück zum Verzeichnis gelangt!

5 Unsere Schule (zweiter Teil)

Stelle an den Anfang deiner Informationen über die Schule ein Verzeichnis, von dem aus man mit Verweisen zu den einzelnen Themen und wieder zurück gelangt. Ergänze auch Verweise zwischen zusammengehörigen Inhalten.

6 Unser Lebensraum (zweiter Teil)

Ergänze die Texte über deinen Lebensraum durch entsprechende Verweise zwischen zusammengehörigen Bereichen!

7 Mein letzter Ausflug (zweiter Teil)

Ergänze die Dokumente über die verschiedenen Ausflugsziele um ein Verzeichnis und verweise von dort auf die entsprechenden Texte. Verknüpfe das Verzeichnis und die Seiten sinnvoll.

8 Das kleine Kochbuch (zweiter Teil)

Erweitere deine Kochrezeptsammlung um weitere Gerichte! Eventuell kannst du Rezepte in Form von Dokumenten auch mit deinen Mitschülern austauschen. Lege ein Dokument an, das ein alphabetisches Verzeichnis aller Gerichte enthält und setze geeignete Verweisziele und Verweise! Überlege dir weitere mögliche Verweise (z. B. ist Tiramisu ein herrlicher Nachtisch nach einer Pizza)!

9 Steckbrief (zweiter Teil)

a Ergänze deinen Steckbrief, indem du kleine Geschichten über deine Hobbys, dein Lieblingsessen, ... hinzufügst und die Dokumente mit geeigneten Verweiszielen und Verweisen versiehst!

b Tausche deinen Steckbrief mit deinen Mitschülerinnen und Mitschülern aus und setze sie zu einer Struktur aus vielen HTML-Dokumenten zusammen. Lege die Namen der Personen als Verweisziele fest! Setze Verweise zwischen den jeweiligen Banknachbarn!

17 Hyperstrukturen

Beziehungen graphisch darstellen

13

Albert und Heidrun waren sehr fleißig und haben schon viele Dokumente erstellt. Weil das Verzeichnis sehr umfangreich ist, wollen sie ihre Tiere danach sortieren, ob sie sich im Wasser, an Land oder in der Luft bewegen. Trotzdem verlieren sie langsam den Überblick über die Verknüpfungen. Deshalb beginnen sie, einen Verknüpfungsbaum zu zeichnen, wie sie es in Kapitel 13 gelernt haben.

?

Doch als sie das Ergebnis betrachten, von dem ein kleiner Ausschnitt in Abbildung 1 dargestellt ist, sind sie überrascht. Kannst du dir denken, was die beiden verwirrt? Haben sie beim Erstellen der Zeichnung einen Fehler gemacht?

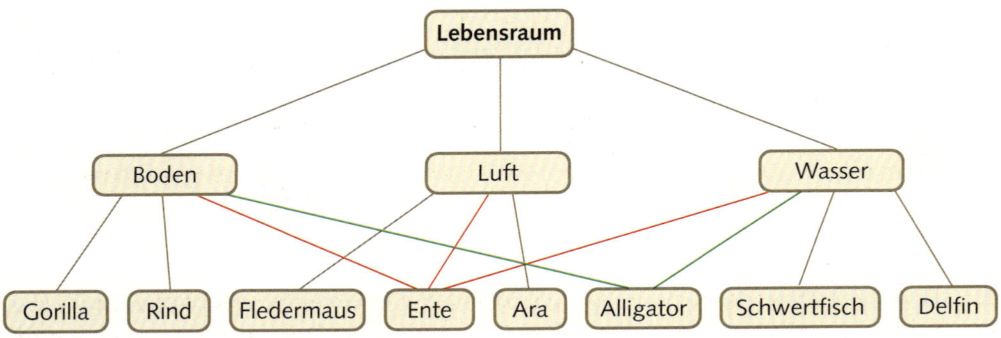

1 Graph der Beziehungen zwischen Tieren, die sich im gleichen Lebensraum bewegen

Der Alligator kann sich sowohl im Wasser als auch am Boden bewegen. Auf ihn zeigen zwei Kanten. Die Ente kann sogar noch fliegen! Abbildung 1 kann also keinen Baum darstellen: Während bei einem Baum nur eine Kante von oben kommt, gibt es hier bei zwei Tieren mehrere von oben kommende Kanten. Es handelt sich dabei aber nicht um einen Fehler, sondern um eine weiterte, wichtige Möglichkeit, die Beziehung zwischen Objekten darzustellen. Eine solche Darstellung bezeichnet man als **Graph**.

Du kannst erkennen, dass ein Graph wiederum nur aus den Grundelementen Kanten und Knoten aufgebaut ist.

Mit einem **Graph** kann man Beziehungen zwischen Objekten darstellen. Er besteht aus Knoten und den Verbindungslinien dazwischen, den Kanten.

Hinweis: Jedes Baumdiagramm ist ein Graph, aber nicht jeder Graph ist ein Baumdiagramm.

Nachdem Albert und Heidrun sich nun darüber im Klaren sind, wie sie ihre Tierdaten strukturieren wollen, fällt es ihnen nicht mehr schwer, ihre Dokumente an den obigen Graphen anzupassen. Sie ergänzen zunächst Dokumente für jeden Lebensraum, also zu Wasser, Boden und Luft. Von diesen gehen jeweils Verweise zu den Dokumenten über die einzelnen Tierarten aus. Damit sie auch von den Tierseiten zu den übergeordneten Seiten gelangen können, ist es wichtig, auch für diese Richtung Verweise einzubauen. Abbildung 2 zeigt einen Ausschnitt der Struktur.

2 Verweise zwischen Dokumenten – Hyperstruktur

Ein solches Verweisgeflecht zwischen verschiedenen Dokumenten nennt man eine › **Hyperstruktur**. Die Hyperstruktur ist ein Objekt, das einzelne Dokumente als untergeordnete Objekte enthält.

Das erweiterte Klassendiagramm, in dem wir neben bereits bekannten Klassen auch die Verweise und Verweisziele einordnen müssen, siehst du in Abbildung 3.

› griech.: hyper – über; vgl. Hypertext, Text mit Verweisen

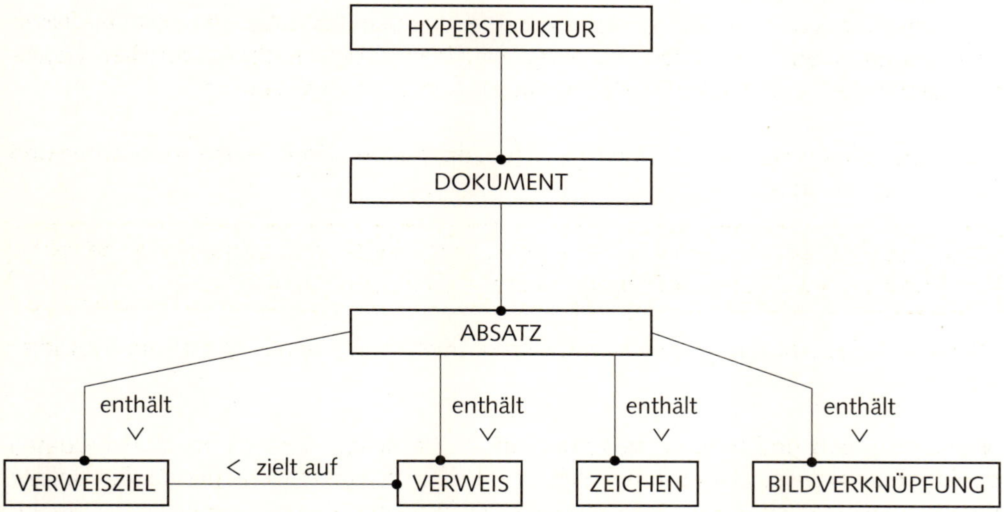

3 Hyperstruktur im Klassendiagramm

Die Dokumente, die über Verweise miteinander verbunden sind, bilden eine **Hyperstruktur**.

Aufgaben

1 Beziehungen zwischen Planeten

Die Bahn des Planeten Uranus liegt zwischen Saturn und Neptun. Mars befindet sich zwischen Erde und Jupiter. Jupiter hat Mars und Saturn als Bahnnachbarn. Die Venus liegt zwischen Merkur und Erde. Pluto ist ein Nachbar von Neptun. Stelle die Beziehung „ist Nachbar von" in einem Graphen dar! Füge noch einige Monde ein!

2 Nachbarstaaten

a Finde die Staaten heraus, die an Italien grenzen! Vergiss die beiden Kleinstaaten innerhalb Italiens nicht! Stelle die Beziehung „grenzt an" mit einem Graphen dar!

b Übertrage den Graphen in eine Hyperstruktur. Füge in jedes Dokument Informationen über Flagge (Bildverweis!), Sprache, Einwohnerzahl und Hauptstadt ein!

3 Stammbaum

a Stelle deinen Stammbaum bis zu deinen Urgroßeltern mit einem Graphen dar! Um welche spezielle Art von Graph handelt es sich dabei?

b Übertrage den Graphen in eine Hyperstruktur! Ergänze jedes Dokument um eine Personenbeschreibung und, wenn möglich, um ein Foto!

4 Das kleine Kochbuch (dritter Teil)

Verteile deine Kochrezepte auf einzelne Dokumente! Bisher hast du ein alphabetisches Gesamtverzeichnis. Ergänze weitere Verzeichnisse, die Vorspeisen, Nachspeisen und Hauptgerichte auflisten. Sinnvoll sind auch Verzeichnisse, die nach den wichtigsten Zutaten geordnet sind.
Setze jeweils geeignete Verweise zwischen den Dokumenten.

5 Baum oder nicht Baum?

Sicherlich habt ihr eine der Aufgaben 4 – 9 auf Seite 85 auf dem Rechner umgesetzt. Erstelle einen Graphen, der die gewählte Hyperstruktur veranschaulicht. Es reicht, wenn der Graph 10 bis 15 Knoten enthält. Die wichtigsten wie das Inhaltsverzeichnis müssen natürlich in jedem Fall dabei sein.
Ist euer Graph auch ein Baum? Begründe deine Antwort.

18 Internet

Das World Wide Web – eine gigantische Hyperstruktur

Heidrun und Albert haben von ihren Freunden viel Lob für ihr Hyperdokument erhalten. Deshalb übertragen sie ihre Hyperstruktur ins › World Wide Web (WWW), damit auch andere Menschen Zugang zu ihren Informationen erhalten. Das WWW ist eine Ansammlung vieler einzelner Dokumente, die über Verweise miteinander verbunden sind. Navigiert man im World Wide Web, merkt man kaum, dass die Dokumente auf sehr vielen verschiedenen Rechnern gespeichert sind. Ein Verweis kann auf Dokumente irgendwo im WWW zeigen. Erstellst du selbst Dokumente mit Verweisen, musst du dazu nur genau wissen, wo sich die gesuchte Datei befindet, um die Zieladresse korrekt setzen zu können. So ist das gesamte WWW eine riesige Hyperstruktur mit unzähligen Dokumenten. Heidrun und Albert planen deshalb, auf ihrer Website noch › externe Verweise einzubauen, die z. B. zu den Internetseiten des örtlichen Zoos führen.

› engl.: World Wide Web – weltweites Netz

› extern – auswärtig, außerhalb befindlich

Aufbau des Internets

Das Internet ist ein Netz aus Computern, die durch Leitungen miteinander verbunden sind (Abbildung 1). Ursprünglich hatten Behörden und Universitäten eigene kleine Rechnernetze. Im Laufe der 80er-Jahre des letzten Jahrhunderts schlossen sich diese immer mehr zusammen und bildeten größere Verbünde. In der Folgezeit haben sich auch Firmen an das Netz angeschlossen, die den Zugang auch für Privatpersonen zum Internet ermöglichten. Diese Firmen nennt man › Provider. Heute sind im Internet Millionen Rechner miteinander verbunden. Das Internet ist nicht gleichmäßig wie ein Fischernetz, sondern hat eine unregelmäßige Struktur, von der ein kleiner Ausschnitt in Abbildung 1 dargestellt ist.

› engl.: to provide – zur Verfügung stellen; Provider: Internetzugangsanbieter

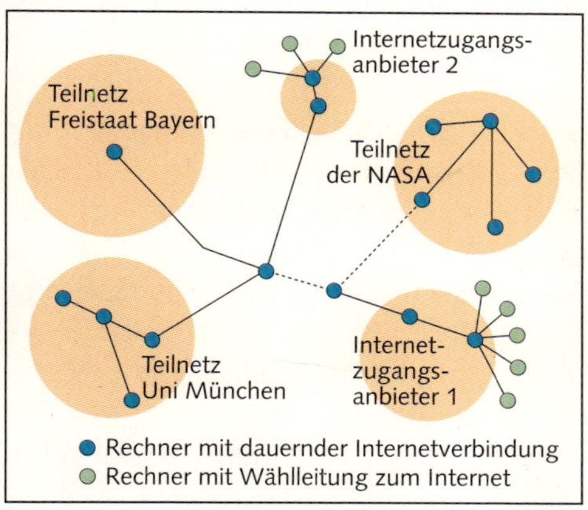

1 Internet als Netz von Rechnern

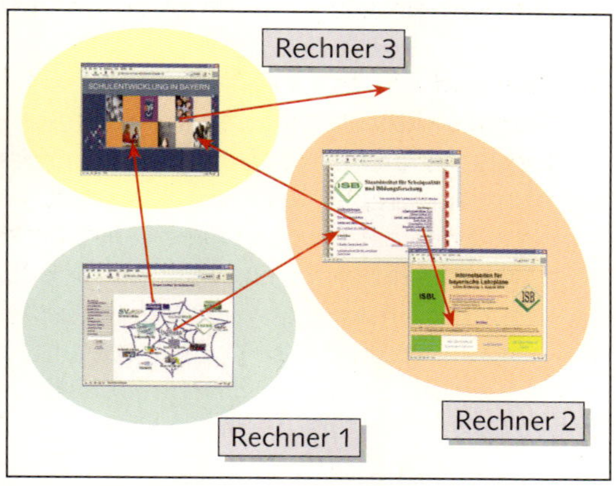

2 WWW als Hyperstruktur von Dokumenten

Neben dem WWW stellt das Internet noch weitere Möglichkeiten des Datenaustausches (Dienste) zur Verfügung. Zu den bekannteren zählen E-Mail oder Chat.

21

Hinweis: Man darf das WWW und das Internet also nicht gleichsetzen: Mit WWW meint man die Hyperstruktur zwischen den Dokumenten, mit Internet die vernetzten Rechner.

Lange Wege – schnelle Verbindung

Wenn du aus dem Internet ein Dokument abrufst, so läuft deine Anfrage meist über mehrere Verbindungsrechner, die die Anfrage weiterleiten. Die Anfrage geschieht immer mit

› engl.: client – Kunde

› engl.: to serve – bedienen

einem speziellen Programm, z. B. einem Browser. Ein solches Programm nennt man › **Client**. Der Weg der Anfrage hat nur wenig mit geographischen Zusammenhängen zu tun. Eine Anfrage aus München beim dortigen Zoo kann durchaus über mehrere Rechner bis Berlin laufen! Die Dienstprogramme, die eine Anfrage beantworten, nennt man › **Server**. Die Vermittlungsrechner zwischen deinem Client-Rechner und dem Server des Zoos leiten die Anfrage weiter.

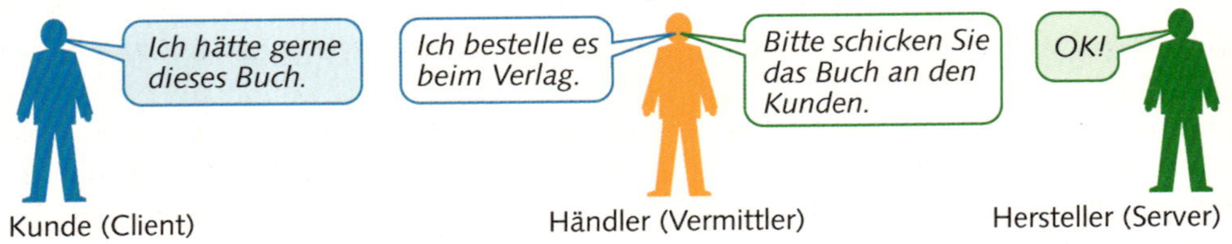

3 Das Client-Server-Prinzip

Adressen im World Wide Web

Um Informationen in dem Internet auszutauschen, müssen sich die Rechner miteinander „unterhalten". Abhängig von der Art des Dienstes (WWW, E-Mail, Chat,...) gibt es zwischen Client- und Serverrechnern unterschiedliche Sprachen, über die Daten ausgetauscht werden. Eine solche Sprachregelung nennt man ein Protokoll. Für das WWW heißt dieses **Protokoll** http (Hypertext Transfer Protocol). Das „http://" wird zu Beginn jeder WWW-Adresse notiert, um die Verständigung zwischen den Rechnern zu ermöglichen.

› engl.: Uniform Resource Locator (URL) – vereinheitlichte Quellortangabe

Eine komplette WWW-Adresse (› **URL**) hat beispielsweise die Form

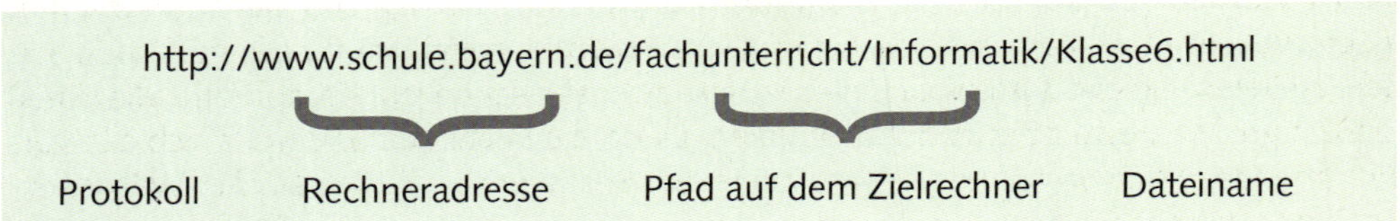

4 Aufbau einer WWW-Adresse

Den Aufbau dieser Adresse kannst du dir folgendermaßen vorstellen: Die Namen im WWW sind streng hierarchisch in **Domänen** (Zuständigkeitsbereiche) aufgeteilt. Jede Hierarchieebene hat eine eigene Verwaltung, wie ein Einwohnermeldeamt, bei dem du erfährst, wer wo wohnt. Bei einem zentralen Einwohnermeldeamt erfährst du zuerst, auf welchem Rechner das Meldeamt für die Domäne „de" (de für Deutschland) verwaltet wird, das über ihre „Zugehörigen" Auskunft geben kann. Dort wird festgestellt, wo die Unterdomäne „bayern" liegt. In diesem Bereich wird wiederum nach der Unterdomäne „schule" gesucht. Innerhalb dieser Domäne findet man einen Rechner, der den Namen „www" hat. Auf diesem Rechner befindet sich der Ordner „fachunterricht" und darin der Ordner „Informatik". In diesem Ordner liegt die Datei „Klasse6.html".

Aufgaben

1 Struktur bestimmen

a Untersuche die Hyperstruktur der Homepage deiner Schule. Erstelle aufgrund der gefundenen Verweise einen Graphen, wie du ihn aus der Abbildung 1 in Kapitel 17 kennst.

b Versuche dasselbe bei einer anderen Seite im Web, zum Beispiel der Homepage deiner Wohngemeinde. Trage nur die Seiten ein, die direkt zur Gemeinde gehören und keine Verweise nach außen.

19 Informationsbeschaffung im Internet

Zu viel Information

Albert und Heidrun beabsichtigen, ihr kleines Tierlexikon mit zusätzlichen Informationen zu ergänzen. Dazu wollen sie im World Wide Web nachschauen, welche anderen Autoren Informationen zu den Tieren abgelegt haben. Doch wie sollen sie bei dieser Menge von „Webseiten" etwas Passendes finden? Alle im WWW vorhandenen Dokumente können sie ja nicht anschauen.

Das Internet stellt mittlerweile Milliarden von Dokumenten zur Verfügung, die von verschiedensten Personen, Organisationen, Firmen usw. gepflegt werden. In diesem riesigen Informationsangebot ist es unmöglich, ein zentrales Inhaltsverzeichnis einzurichten oder zu verwalten.

Viele Webseiten enthalten daher Verweise zu anderen Seiten mit verwandten Themen. Oft wird auch versucht, Verweissammlungen für ein bestimmtes, eng abgegrenztes Gebiet anzulegen. Aber weil immer wieder neue Seiten entstehen, alte (überholte) gelöscht werden oder die Anordnung der Seiten auf einem Server geändert wird, ist es auch mit einer Verweissammlung unmöglich, alle Seiten zu einem Thema zu erfassen.

Suchmaschinen schnüffeln Tag und Nacht

Zur Unterstützung der Suche nach Seiten zu einem bestimmten Thema, Schlagwort oder Inhalt wurden deshalb spezielle Programme entworfen, die Tag und Nacht im Internet nach Webseiten suchen und eine Art Index (Stichwortverzeichnis) für alle gefunden Seiten erstellen. Solche **Suchmaschinen** laufen auf sehr schnellen Computern, die einen enorm großen Festplattenspeicher besitzen. Denn die Suchmaschine muss sich alle vorkommenden Stichwörter merken und zu jedem Stichwort die Adressen aller Webseiten, in denen dieses Stichwort vorkommt.

Laufend durchsuchen diese Suchmaschinen das Web und ergänzen bzw. aktualisieren ihr Stichwortverzeichnis. Bei der aktuellen Anzahl der Seiten im WWW benötigt eine Suchmaschine etwa ein Jahr, um das gesamte Internet abzusuchen. Deshalb darf man sich nicht wundern, wenn die von einer Suchmaschine gespeicherten Seitenadressen manchmal schon nicht mehr existieren.

Bei der Erstellung des Stichwortverzeichnisses verwenden die Suchmaschinen im Wesentlichen zwei Strategien:

- Eine sehr zeitaufwändige Strategie ist, die gefunden Webseiten vollständig maschinell durchzulesen und alle nicht trivialen Wörter (also keine Wörter wie „der", „die", „das", „und", „viel" usw.) in das Inhaltsverzeichnis aufzunehmen. Du kannst dir vorstellen, dass auch ein schneller Computer einige Zeit benötigt, bis er in einem großen Dokument alle Wörter erkannt und dann, zusammen mit der Seitenadresse, in seinem Inhaltsverzeichnis eingetragen hat.
- Die zweite Strategie setzt die Mithilfe des Seitenerstellers voraus. Dieser fügt im Kopfteil des HTML-Dokuments an einer vereinbarten Stelle selbst eine Liste von Stichworten ein, die er für seine Seite als wichtig betrachtet. Diese ausgewählten Stichwörter werden dann von der Suchmaschine schnell gefunden und übernommen.

Heutige Suchmaschinen verwenden oft eine Mischung aus beiden Strategien und suchen nicht auf allen Webservern gleich häufig, sondern auf den „wichtigeren" deutlich öfter.

Suche nach Seiten

Für die Eingabe der Suchbegriffe bieten sich dem Anwender in der Regel die folgenden **typischen Möglichkeiten**:

a Suche nach Seiten, die ein bestimmtes Stichwort enthalten,
b Suche nach Seiten, die mehrere angegebene Stichwörter zugleich enthalten,
c Suche nach Seiten, die ein angegebenes Textstück enthalten,
d Suche nach Seiten, die mindestens eines von mehreren angegebenen Stichwörtern enthalten,
e Suche nach Seiten, die in einer der oben angegebenen Arten beschrieben sind, aber weitere, zusätzlich angegebene Stichwörter nicht enthalten.

Die Suchmaschine sucht in diesem Moment nicht im ganzen Internet nach passenden Seiten, sondern nur in seinem schon aufbereiteten, großen Stichwortverzeichnis. Die Resultate dieser Suche werden in einer von der Suchmaschine automatisch erzeugten Webseite angezeigt. Diese enthält eine Liste mit WWW-Adressen der passenden Dokumente und zu jedem Eintrag einen kurzen Textausschnitt sowie das Datum, wann das Gesuchte zum letzten Mal gefunden wurde. Ist die Liste der gefundenen Stellen sehr lang, dann kann man sie in Portionen aufgeteilt betrachten.

Albert und Heidrun wollen jetzt noch etwas mehr zum Thema „Ara“ finden. Sie gehen deshalb im Internet zu einem Server, der eine Suchmaschine anbietet, und geben das Wort `ara` ein (Suchstrategie a)). Als sie das Ergebnis sehen, erschrecken sie, denn die Suchmaschine hat über 1430000 zutreffende Dokumente gefunden. Das kann doch nicht alles mit dem Tier zu tun haben? Bei einer genauen Betrachtung entdeckt Heidrun, dass hier zum Beispiel eine Firma „Altstoff Recycling Austria“ auftaucht, die ARA als ihren Firmenname gewählt hat.
Die beiden beschließen, die Suche einzuschränken, und geben die beiden Wörter `ara papagei` ein. Bei dieser Strategie b) werden nur die Webadressen von Dokumenten angezeigt, die die angegebenen Stichworte zugleich enthalten. Erst die Einschränkung auf Seiten, die beide Stichworte enthalten, bringt ein angemessenes Ergebnis (ca. 10 000 Treffer). Da Albert und Heidrun aber mehr Allgemeines über die Tierart erfahren wollen, geben sie jetzt als Stichworte `ara papagei arten übersicht` ein und bekommen ein überschaubares Ergebnis von circa 175 Seiten.

Jetzt will Heidrun auch noch etwas zu den Delfinen wissen. Bei der Eingabe von `delfin meer` stellt sie fest, dass sie auch viele Seiten über Kreuzfahrtschiffe bekommt, die den Namen Delfin führen. Das will Heidrun ausschließen, deshalb wählt sie die Suchstrategie b) und e) und gibt ein `delfin meer -kreuzfahrt`. Es werden die Adressen von den Dokumenten angezeigt, die zugleich die Wörter delfin und meer enthalten, aber nicht das Wort kreuzfahrt.
Während ihrer Recherche erinnert sich Heidrun, dass für das Wort Delfin auch noch die alte Schreibweise Delphin möglich ist. Deshalb setzt sie die Strategie d) ein und gibt bei der Suchmaschine `delfin OR delphin` ein. Durch das Spezialwort OR werden alle Seiten ausgewählt, die entweder delfin oder delphin oder beide Wörter enthalten.

Wie die verschiedenen Sucharten angegeben werden, hängt von der verwendeten Suchmaschine ab. Oft existieren eine einfache Suche und eine erweiterte Suche. Bei der einfachen Suche wird eine Folge von Wörtern in der Regel als „alle müssen vorkommen“ interpretiert. Bei der erweiterten Suche werden üblicherweise Eingabemasken für die einzelnen Sucharten angegeben. Oft können die Fälle „muss auch vorkommen" und „darf nicht vorkommen" durch das Voranstellen von Sonderzeichen wie „+" oder „–" angegeben werden. Auch das Verhalten bei Groß- und Kleinschreibung ist von der Suchmaschine abhängig. Beispielsweise unterscheiden einige Suchmaschinen zwischen „ara" und „Ara".

1 Suchergebnis

Gängige Suchmaschinen

Da alle Suchmaschinen verschiedene Suchstrategien und Anzeigestile verwenden, ist es gerade bei ausgefallenen Themen sinnvoll, mehrere Suchmaschinen auszuprobieren. Es gibt auch Suchmaschinen, die sich auf bestimmte Themenbereiche spezialisiert haben (z. B. juristische oder medizinische Themen).

Suchmaschinen helfen bei der Suche von Seiten zu bestimmten Themen. Sie erlauben in der Regel die Suche nach **Stichwörtern**, **Textstücken**, mehreren Stichwörtern, die **alle** vorkommen müssen, mehreren Stichwörtern, von denen **wenigsten eines** vorkommen muss, sowie den **Ausschluss** bestimmter Stichwörter.

Aufgaben

1 Wer suchet, der findet

Versuche zu folgenden Aufgabestellungen gute Ergebnisse zu finden, die es dir erlauben, die Fragen zu beantworten. Benutze hierzu zwei Suchmaschinen und vergleiche die Ergebnisse.

a „Von Athen bis zu Athen". Informiere dich über die Zeitpunke und die Veranstaltungsorte der Olympischen Spiele der Neuzeit.

b Du willst mehr über Island-Ponys wissen. Suche nach informativen Seiten. Gibt es in deiner Nähe einen Reiterhof, der Reiten auf Island-Ponys anbietet?

c Welche Länder waren wann Fußballweltmeister? Erstelle aufgrund der Suche ein HTML-Dokument, in dem du das Ergebnis in einer Liste einträgst und auf die passenden Seiten im Web verweist.

d Stelle Informationen für einen geplanten Schüler-Ausflug in die Partnerstadt deiner Gemeinde zusammen. Wo kann man günstig übernachten? Was gibt es an Sehenswürdigkeiten?

2 Drachen

Unter dem Stichwort „Drachen" findest du sehr viele Seiten zum Drachensport. Wie kannst du die Suchanfrage so formulieren, dass du Seiten zu „richtigen" Drachen findest? Zu welchen Themen hast du bei deiner Suche Beiträge gefunden?

3 Gedichte und Literatur

Gib kurze, aber prägnante Textstellen (ca. 5 Worte) aus dir bekannten Gedichten oder Büchern ein. Welche Seiten findest du? Welche Inhalte haben sie? Treten manche Seiten öfter auf? Vergleiche auch mit deinen Nachbarn. Verwende Suchstrategie c.

20 Projekt mit der Physik

Mit dem Wissen und den Fertigkeiten aus dem letzten Kapitel seid ihr nun in der Lage, euch an die Erstellung einer größeren Hyperstruktur zu wagen. Durch die Zusammenarbeit aller Schüler der Klasse, dem Informatiklehrer und dem Physiklehrer soll jeder von Euch dazu beitragen, eine Webseite zu einem physikalischen Thema wie z. B. „Optische Geräte" zu erstellen.

Das Wichtigste

Bei großen Projekten werden einzelne Aufgabenbereiche auf Teams verteilt. Jedes Team wird dadurch Experte auf einem Teilgebiet und liefert einen Beitrag zum Gesamtergebnis. Wichtig ist nun, dass ihr euer neu erworbenes Wissen nicht nur für euch behaltet, sondern es auch an eure Klassenkameraden weitergebt. Deshalb gibt es folgendes Hauptziel:

> Jeder in der Klasse muss die wichtigsten Punkte von jedem Thema, d. h., auch von den Themen der anderen Gruppen, verstanden haben.

Dies müsst ihr während des ganzen Projektablaufs im Auge behalten!

Wie lässt sich dies erreichen?

L12

- **Arbeiten nach der Projektmethode**
  Grundlegendes zum Planen, Produzieren und Präsentieren von Projekten kennt ihr schon aus der 6. Jahrgangsstufe. Ihr könnt dies aber auch nochmals in „Zum Weiterlesen 12“ nachlesen.
- **„Verstehen, nicht nachplappern“**
  Es ist völlig normal, dass man Neues nicht beim ersten Durchlesen sofort versteht. Lest neue Texte zwei- oder dreimal, sucht alternative Beschreibungen in anderen Quellen, diskutiert innerhalb der Gruppe und/oder fragt Experten. Ihr werdet sehen, mit genügend Geduld und Hartnäckigkeit kommt ihr weiter. Testet euch selbst! Wenn ihr etwas jemand anderem gut erklären könnt, habt ihr es auch selbst verstanden.
- **Bilder sagen oft mehr als Worte**
  Versucht Sachverhalte, Zusammenhänge o. Ä. durch Bilder und Grafiken zu veranschaulichen. Seht Euch beispielsweise die Grafiken in Abbildung 1 an, die den Strahlengang bei Sammellinsen zeigen.

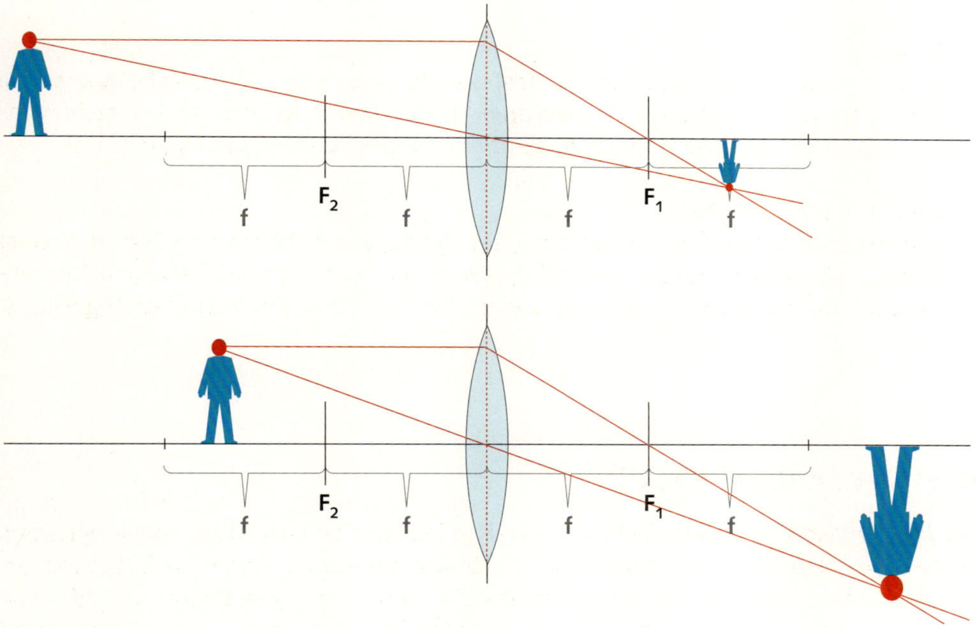

1 Strahlengang bei einer Sammellinse

- **Begreifen durch Experimente**
  Es handelt sich hier um ein Physikprojekt und die meisten Entdeckungen der Physiker sind bei Experimenten erfolgt. Oft versteht man Neues besser, wenn man nicht nur Texte dazu liest, sondern selbst einen Versuch durchführt.
- **Vernetze dein Wissen**
  Vieles kann man sich leichter merken, wenn man es mit anderem Wissen in Beziehung setzt. Seht euch beispielsweise die vielen Querverweise in diesem Buch an, die Zusammenhänge zwischen verschiedenen Themen aufzeigen. Ihr erstellt in diesem Projekt ein Hyperdokument. Dort könnt ihr sehr einfach die Vernetzung durch Objekte der Klasse VERWEIS erstellen.

Themenvorschläge für ein Projekt „optische Geräte“

Im Folgenden findet ihr Vorschläge für einzelne Teams und Leitfragen, die euch helfen können, einen Einstieg in das Thema zu finden. Besprecht die Einzelheiten mit eurem Physiklehrer!

- **Aufbau und Funktionsweise des Auges**
  Wie heißen die Teile des Auges? Welche Funktion haben sie? Wie kann man experimentell überprüfen, dass es den blinden Fleck gibt? Wie stellt sich das Auge auf Entfernungen ein?
- **Fehlsichtigkeit und deren Korrektur**
  Welche Arten von Fehlsichtigkeit gibt es, wie kommen sie zustande? Wie lässt sich Fehlsichtigkeit durch eine Brille korrigieren? Was bedeuten die Dioptrienzahlen? Seit wann gibt es Brillen, wie haben sie sich im Laufe der Jahre verändert?
- **Vergrößerung und Lupe**
  Was bezeichnet man als Sehwinkel? Wie ist die Vergrößerung von optischen Instrumenten definiert? Wie funktioniert eine Lupe, wie berechnet sich ihre Vergrößerung? Wo liegen die Grenzen von Lupen? Was ist ein Elektronenmikroskop?
- **Lichtmikroskop**
  Wie ist ein Lichtmikroskop aufgebaut, wie funktioniert es? Wie kann man die Vergrößerung von Mikroskopen berechnen? Wie waren die Anfänge der Lichtmikroskopie, in welchen Bereichen werden heute Lichtmikroskope eingesetzt?
- **Spiegelreflexkamera**
  Wie ist eine Spiegelreflexkamera aufgebaut, wie funktioniert sie? Welche Bedeutung haben die Blendenöffnung und die Belichtungszeit? Was ist die Schärfentiefe und wie kann man sie einstellen? Wozu verwendet man Wechselobjektive, wie sind sie gebaut?
- **Projektionsapparate**
  Wie sind die Projektionsapparate Diaprojektor, Overheadprojektor, Epiprojektor aufgebaut, wie funktionieren sie? Wann gab es den ersten Diaprojektor und wie wurden Diaprojektoren in den letzten Jahrzehnten verbessert? Baue selbst einen der Projektoren.
- **Fernrohr I – Geschichte und Kepler-Fernrohr**
  Welche Arten von Fernrohren wurden in den Jahren 1500 – 1900 erfunden? Welche Entdeckungen gelangen mit Fernrohren, welche Auswirkungen hatten diese auf das Weltbild? Wie ist das Keplersches Fernrohr aufgebaut, wie kann man seine Vergrößerung berechnen? Welchen Vorteil hat ein Prismenfernrohr?
- **Fernrohr II – Galilei- und Spiegel-Fernrohr**
  Wie sind Galilei- und Spiegel-Fernrohr aufgebaut? Welche Vergrößerung kann man mit diesen Teleskopen erreichen?
- **Fernrohr III – Teleskope im 20. Jahrhundert**
  Wie wurde die Empfindlichkeit von Teleskopen im letzten Jahrhundert nochmals stark verbessert? Welche Erfolge erzielte das Hubble-Space-Teleskop? Wie können Teleskope Informationen mit nicht sichtbarem Licht verarbeiten?
- **Nachtsichtgeräte**
  Wie funktionieren Nachtsichtgeräte? Wozu werden sie eingesetzt? Welche Arten gibt es?

Zum Weiterlesen

15 Aus der Praxis: Webdesigner

„Mein Name ist Matthias Tausendpfund. Ich arbeite als Webdesigner, d. h., ich entwerfe Hypertextdokumente für Firmen. Neben HTML arbeite ich auch mit anderen Systemen, die vielfältigere grafische Möglichkeiten bieten. Dabei treten wieder die Objekte auf, die du schon kennst. Ich kann diese jedoch auch animieren, d. h., sie können sich bewegen. Auch Eingabemöglichkeiten (Schaltflächen, Textfelder, ...) baue ich in Webseiten ein, damit der Benutzer seine Daten z. B. per E-Mail an die Firma übermitteln kann. Viel Arbeit macht mir auch, dass die verschiedenen Browser die Dokumente manchmal unterschiedlich darstellen. Mit Hilfe von Spezialbefehlen muss ich diese Unterschiede in der Darstellung ausgleichen."

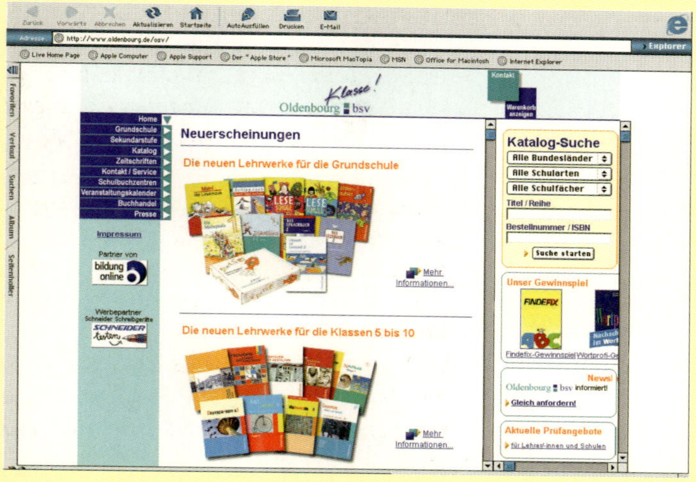

1 Gestaltete Web-Seite

16 Weltsprache HTML

1 HTML-Dokument im Texteditor, HTML-Editor und Browser

Weil Heidrun und Albert neugierig sind, öffnen sie die Datei mit dem HTML-Dokument mit einem Texteditor.

Der Text, der daraufhin angezeigt wird (Abbildung 1 oben), erscheint den beiden zunächst unverständlich. Doch bei genauerer Betrachtung entdecken sie vieles, was mit den im Browser (Abbildung 1 rechts unten) dargestellten Objekten (Zeichen, Absätze, Bild) zusammenhängt.
Der Quelltext enthält alle Steuerbefehle, die die Attributwerte der Objekte im Text beschreiben. Diese Steuerbefehle stehen immer in spitzen Klammern und werden › Tags genannt. Fast alle Steuerbefehle bestehen aus einem einleitenden und einem abschließenden Tag; letzteres ist durch den Schrägstrich „/" gekennzeichnet. Der Browser liest diese Steuerbefehle und setzt für alle Objekte zwischen Anfangs- und Endtag die Attribute auf den angegebenen Wert.
Das Bild ist in einer getrennten Datei gespeichert und wird über einen Bildverweis eingebunden. Im Tag › <img src=„kuhbild.jpg"> wird angegeben, dass diese Datei „kuhbild.jpg" heißt.
Über die Bedeutung der anderen Steuerbefehle kannst du dich im Werkzeugkasten W 13 informieren.

› engl.: tag – Erkennungsmarke, Anhängezettel, Etikett

› img src, Abkürzung für engl.: image source, – Bildquelle

17 Geschichte des Internet und World Wide Web

Der Traum von der automatischen Verarbeitung von Information war schon früh mit der Idee verbunden, die Informationen auch auf automatischem Wege weiterzuleiten. Den Anfangspunkt des Internets in seiner heutigen Form mit Millionen von angeschlossenen Geräten bildeten vier Rechner, die im Jahr 1969 ihren Dienst an amerikanischen Forschungseinrichtungen aufnahmen. Das Netz trug damals noch den Namen ARPANET. Mit dem auch heute noch gebräuchlichen Protokoll ftp waren die Benutzer in der Lage, über das Netzwerk Dateien auszutauschen. Daneben gab es den Dienst Telnet zur Steuerung entfernter Rechner. Bereits zu Beginn der 70er-Jahre wurden die Dienste E-Mail und News entwickelt. Auch die ersten europäischen Staaten beteiligten sich zu diesem Zeitpunkt am Internet.

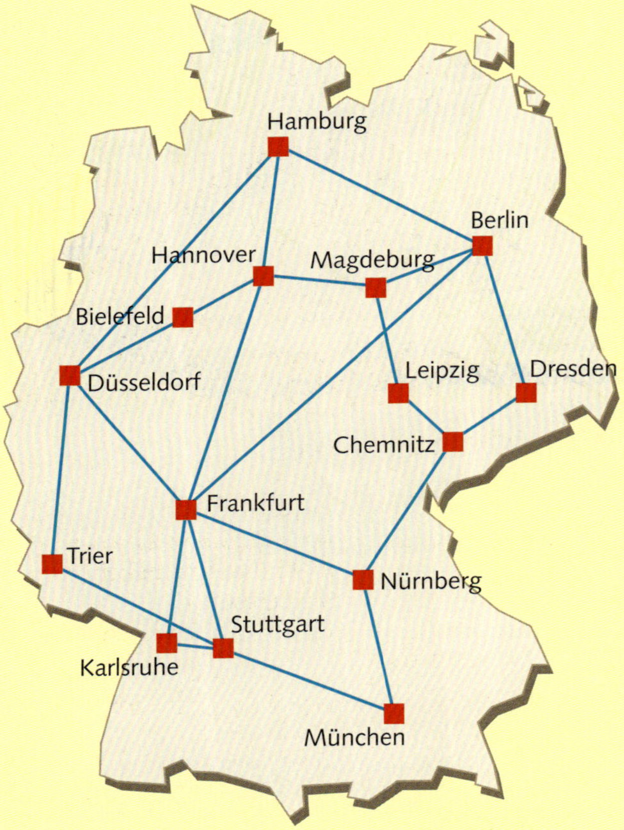

1 Netzstruktur

Die Nutzung des Netzes blieb bis zum Beginn der 90er-Jahre vorwiegend auf Forschungseinrichtungen beschränkt. Die Zahl der Rechner wuchs langsam, aber stetig: Waren es fünfzehn Jahre nach der Gründung des Netzes „gerade einmal" tausend Rechner, so waren es zu Beginn der 90er-Jahre schon über 100 000!

Ein wichtiger Schritt für die Nutzung des Internet durch den privaten Benutzer wurde 1991 im Europäischen Atomforschungszentrum CERN getan: Mit der Entwicklung des World Wide Web und der Sprache HTML wurde es möglich, ohne vertiefte Computerkenntnisse auf Informationen zuzugreifen, die auf der ganzen Welt verteilt vorliegen. Durch die Verweise konnte man auch rasch zu anderen Informationsquellen wechseln. In den folgenden Jahren entwickelte sich ein blühendes Geschäft mit dem Internet. Gewerbliche Anbieter ermöglichten erstmals 1993 den Zugang für Privatpersonen, die fasziniert waren von der Vielfalt der vorhandenen Informationen, der Einfachheit des Zugriffs und der Geschwindigkeit der Datenübertragung. Seit dieser Zeit sind Benutzerzahlen, Geschwindigkeit und Angebote deutlich angewachsen. Das Ende der Entwicklung ist aber auch heute noch nicht erreicht. Erst wenn jeder Toaster und jeder elektrische Dosenöffner in deiner Wohnung vom Urlaub am Gardasee aus an- und abgeschaltet werden kann, wird die Entwicklung langsam ausgereizt sein! Oder meinen wir das nur, weil wir uns weitere Einsatzmöglichkeiten noch nicht vorstellen können?

VII Austausch von Information – E-Mail

Über das Internet kannst du Informationen als elektronische Nachrichten an Freunde schicken, egal ob sie in der Nachbarstadt oder auf einem fernen Kontinent wohnen. Damit du dir bei Problemen selber helfen kannst, musst du wissen, wie E-Mail-Programme arbeiten und wie eine Datenübertragung abläuft. Alles kein Problem, wenn wir es objektorientiert sehen.

21 Elektronische Nachrichten

Wettbewerb „Erzeugung von Elektrizität im Jahr 2222"

Das Elektrizitätswerk „Power AG" veranstaltet für Jugendliche bis 14 Jahre einen Wettbewerb. Mit einem Bild soll die Frage beantwortet werden: „Wie wird Elektrizität im Jahr 2222 erzeugt werden?". Felix hat mit Buntstiften seine Vorstellungen von der zukünftigen Energieerzeugung in Abbildung 1 festgehalten.

Für den Wettbewerb schickt Felix das Bild mit einem Brief (Abbildung 2) an das Elektrizitätswerk.

1 Energieerzeugung im Jahr 2222

Felix Rampf Glücksstr. 35 D-23456 Infohausen

An das
Elektrizitätswerk Power AG
z. Hd. Fr. Volt
Spannungsplatz 3
D-45678 Großstadt

Kopie an das
Gymnasium Infohausen
z. Hd. Hr. Freundlich
Schulgasse 7
D-23456 Infohausen

Betreff: Wettbewerb „Wie wird Elektrizität im Jahr 2222 erzeugt werden?" Infohausen, 20.6.2003

Sehr geehrte Frau Volt,
wir haben im Unterricht Solarzellen und andere Möglichkeiten zur Erzeugung von elektrischem Strom kennengelernt. Unser Lehrer Herr Freundlich hat uns berichtet, dass Ihr Elektrizitätswerk einen Wettbewerb veranstaltet, wie die Energieversorgung 2222 aussehen könnte. Ich habe dazu ein Bild gemalt, das ich Ihnen mit diesem Brief schicke. Ich hoffe, es gefällt Ihnen.

Mit freundlichen Grüßen

Felix Rampf
Felix Rampf

Anlage: Bild

2 Brief

› engl.: Electronic Mail – elektronische Post

Miriam hat auch einige Ideen zur Energieversorgung im Jahr 2222. Sie hat ein Bild direkt am Computer erstellt und schickt es deshalb gleich mit einer › E-Mail ans Elektrizitätswerk (Abbildung 3).

Betreff: Wettbewerb „Wie wird Elektrizität im Jahr 2222 erzeugt werden?“
Datum: Sun, 22 Jun 2003 17:34:15
Von: Miriam Frank miriam.frank@gymnasium-infohausen.de
Rückantwort: miriam.frank@gymnasium-infohausen.de
An: volt@power-ag.de
CC: Freundlich@gymnasium-infohausen.de

```
Sehr geehrte Frau Volt,
wir haben im Schulunterricht Solarzellen und andere Möglichkeiten
zur Erzeugung von elektrischem Strom kennengelernt. Unser Lehrer
Herr Freundlich hat uns berichtet, dass Ihr Elektrizitätswerk einen
Wettbewerb veranstaltet, wie die Energieversorgung 2222 aussehen
könnte. Mit einem Grafikprogramm habe ich ein Bild erstellt, das
Ihre Frage beantwortet. Sie finden es im Anhang.
Ich hoffe, es gefällt Ihnen.

Mit freundlichen Grüßen

Miriam Frank
```

bild_elektrizitaet2222.JPG	**Name:** bild_elektrizitaet2222.JPG **Type:** JPEG Image (image/jpeg) **Encoding:** base64

3 E-Mail

?

Vergleiche den Aufbau eines Briefes mit dem einer E-Mail! Welche Unterschiede kannst du erkennen? Wo findest du Gemeinsamkeiten?

Woher – Wohin

› Programme verwenden oft die englischen Begriffe From bzw. To

Wie ein Brief hat auch eine E-Mail einen **Absender** und eine **Zieladresse**. In einer E-Mail werden die entsprechenden Adressen kurz mit › **Von** und › **An** bezeichnet. Wie du siehst, sind **E-Mail-Adressen** ähnlich aufgebaut wie Adressen bei Briefen (Abbildung 4). Sie haben die Form: **empfaengername@rechneradresse**

› engl.: at, @ – bei; hat auch den Spitznamen „Klammeraffe“

18

Links vom Sonderzeichen @ (sprich › „at“) steht der Name des Empfängers. Für die Form des Empfängernamens gibt es keine einheitliche Regelung. Einige Möglichkeiten sind Miriam.Frank, mfrank oder frank17. Rechts vom @ steht die Adresse des Mail-Rechners, der die elektronische Post entgegennimmt und bis zum Abruf aufbewahrt. Rechneradressen hast du bereits im Kapitel 18 bei Domänen-Adressen kennengelernt. Selbstverständlich darf der Name des Empfängers auf einem Mail-Rechner nur einmal vorkommen, sonst kann die E-Mail ja nicht richtig zugestellt werden.

	Brief	E-Mail
Adresse	Elektrizitätswerk Power AG z. Hd. Fr. Volt Spannungsplatz 3 D-45678 Großstadt	volt@power-ag.de

Postadresse **Empfängername** **Rechneradresse**

4 Vergleich von Adressen bei Brief und E-Mail

Es kommt oft vor, dass neben dem Empfänger noch weitere Personen über den Inhalt eines Briefes informiert werden sollen. Bei der normalen Post machst du dazu einige Fotokopien des Briefes und schickt sie jeweils an die Kopieempfänger.
Bei der E-Mail geht das ähnlich. Du kannst unter › CC die Adresse eines oder mehrerer Kopieempfängers angeben. Beim Verschicken erzeugt dein Mailserver automatisch eine Kopie deiner Nachricht, die an diese Adressen geschickt werden.

› engl.: Carbon Copy – Durchschlag, Kopie mit Kohlepapier

Bestandteile der E-Mail

In einem Unternehmen bekommt ein Sachbearbeiter täglich viele Briefe zum Lesen. Damit er schneller erkennen kann, wovon der Brief handelt, haben Geschäftsbriefe am Anfang eine Betreffzeile. Unter **Betreff** formuliert der Absender einen kurzen Hinweis auf den Inhalt des Briefs. Daran hat sich Felix in Abbildung 2 gehalten.
Auch bei E-Mails gibt es die Möglichkeit, einen › **Betreff** anzugeben (sollte nie fehlen). Miriam nutzt in ihrer E-Mail den Betreffeintrag, um Frau Volt mitzuteilen, dass es sich um den Wettbewerb handelt.
Wichtigster Bestandteil einer Nachricht ist natürlich ihr Inhalt, der **Nachrichtentext**.

› Programme verwenden oft den englischen Begriff Subject

In den bisherigen Kapiteln hat uns die objektorientierte Sicht immer geholfen, die Zusammenhänge zu verstehen. Welche Attribute und Methoden sollte aufgrund des obigen Vergleichs eine E-Mail haben?

?

Die Klasse NACHRICHT beschreibt die Struktur der einzelnen E-Mails, die mit einem E-Mail-Programm verschickt und empfangen werden können.

Klasse

NACHRICHT

Attribut	andere Bezeichner:
Absenderadresse	Von, from
Empfängeradresse	An, to
KopieEmpfänger	CC
Betreff	subject
Nachrichtentext	

EmpfängerSetzen(Adresse)
BetreffSetzen(Text)
...
Senden(Mailserveradresse)
Antworten()
Weiterleiten(Adresse)
Drucken()
Verschieben(Mailordner)
Kopieren(Mailordner)
...

E-Mail Power AG

Absenderadresse = Miriam.Frank@gymnasium-infohausen.de
Empfängeradresse = volt@power-ag.de
KopieEmpfänger = Freundlich@gymnasium-infohausen.de
Betreff = „Wettbewerb ‚Wie wird Elektrizität im Jahr …'"
Nachrichtentext = „Sehr geehrte Frau Volt …"

5 *Die Klasse NACHRICHT mit Beispielobjekt*

Zum Absenden der E-Mail haben die Nachrichtenobjekte die Methode **Senden(Mailser-** 22 **veradresse)**. In Kapitel 22 erfährst du noch mehr zum Weg elektronischer Nachrichten vom Sender zum Empfänger.
Eine Antwort auf eine E-Mail lässt sich schnell durch einen Mausklick geben. Die dadurch aufgerufene Methode **Antworten()** trägt automatisch den Absender als neuen Empfänger ein. Du musst nur noch den Nachrichtentext schreiben.

Es hängt was dran

Oft ist es nötig, einem Brief weitere Unterlagen beizulegen. Diese nennt man **Anlagen**. Während im Brief von Felix die Anlage ein Blatt Papier mit seiner schönen Zeichnung ist, hat Miriam ihre Grafik in Form einer Datei angefügt.
Bei einer elektronischen Nachricht werden beigefügte Informationen **Anhang** genannt. Miriam erstellt einen Anhang, der die Datei „bild_elektrizitaet2222.JPG" enthält und an die E-Mail angefügt wird. Im Attribut Typ merkt sich jedes Objekt der Klasse ANHANG, welche Art von Datei es enthält, z. B. Grafik, Text, Ton. Dadurch wird auch festgehalten, welches Programm zum Öffnen der Datei zuständig ist.

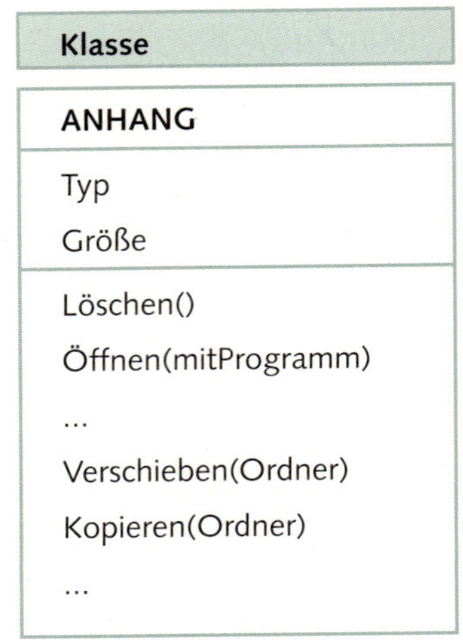

***6** Die Klasse ANHANG*

Elektronisch übermittelte Nachrichten (E-Mails) sind Objekte der Klasse NACHRICHT. Sie können Objekte der Klasse ANHANG enthalten, die wiederum je eine Datei enthalten.

Für die Klassen NACHRICHT, ANHANG und DATEI ergibt sich somit folgendes Klassendiagramm.

***7** Klassendiagramm für Nachrichten*

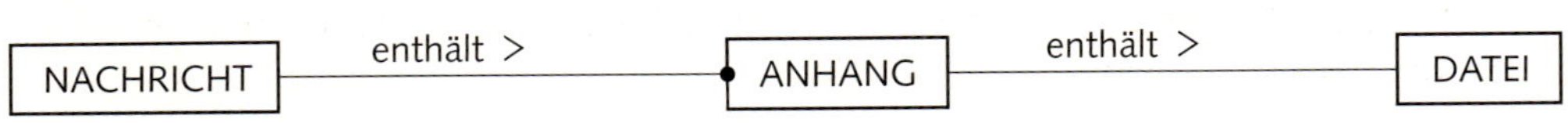

Aufgaben

1 Nachricht an den Banknachbarn

Erstelle eine elektronische Nachricht an deinen Banknachbarn, in der du ihm in drei Sätzen mitteilst, welches Thema euer Lehrer in der letzten Deutschstunde behandelt hat. Beachte dabei Folgendes:

a Setze nicht nur unter „an" die Adresse deines Banknachbarn, sondern auch unter „CC" die Adresse deines Lehrers, damit er eine Kopie erhält.

b Gib einen passenden Betreff an.

c Schicke nun die Nachricht ab.

2 Geschichte mit Fortsetzung

Schreibt in der Klasse eine Fortsetzungsgeschichte. Als Start sollen der 1., der 11. und der 21. Schüler im Alphabet sich das Thema einer Geschichte ausdenken, in einer E-Mail die Überschrift und 3 Sätze schreiben und diese dann an den nächsten im Alphabet senden. Jeder weitere Schüler soll nun einen(!) Satz hinzufügen und die E-Mail an den nächsten im Alphabet weiter senden – der Letzte schickt an den Ersten. Kommt die E-Mail wieder beim Verfasser der Überschrift an, darf dieser noch einen Schlusssatz schreiben. Dann muss die Geschichte fertig sein.

3 Gutes und Verbessernswertes am Informatikunterricht

Du hast nun schon über ein Jahr Informatikunterricht. Schreibe in einem Textdokument, was dir am Informatikunterricht gefällt, was du nicht so magst und was du dir für das restliche Schuljahr wünschen würdest. Stelle diese Mitteilung an deinen Lehrer durch Überschriften und Formatierung übersichtlich dar. Schreibe an deinen Lehrer eine E-Mail mit dem Betreff „Rückmeldung zum Unterricht" und füge als Anhang die erstellte Textdatei hinzu.

4 Das Attribut „Von"

Meist trägt das E-Mail-Programm beim Versenden automatisch deine Mailadresse in das Attribut Absenderadresse ein. Hast du in deinem E-Mail-Programm eine Möglichkeit, die Absenderadresse zu ändern? Ist die Möglichkeit für diese Änderung überhaupt wünschenswert?

5 Rundschreiben

Manchmal kommt es vor, dass ein Brief an mehrere Personen geschickt werden muss. Bei E-Mails ist das sehr einfach. Du gibst unter „An" alle Empfänger der Nachricht mit Komma getrennt an. Die Kopien erzeugt das E-Mail-Programm für dich.

a Entwirf eine kurze Einladung zu einem Fest und sende sie an fünf Mitschüler deiner Klasse!

b Finde heraus, ob du bei deinem E-Mail-Programm eine wie bei a verwendete Liste mit mehreren Adressen dauerhaft speichern kannst!

1 Postkutsche

22 Nachrichtentransport über das Internet

Von der Postkutsche zum Datenhighway

Vor zweihundert Jahren dauerte es mit der Postkutsche (Abbildung 1) oft eine Woche oder länger, bis Briefe innerhalb Deutschlands beim Empfänger ankamen. Heute erreichen Briefe innerhalb Deutschland in der Regel nach einem Tag ihr Ziel. E-Mails werden noch schneller zugestellt. Schon Minuten nach dem Absenden kann sie der Empfänger lesen.

? Welche Stationen muss der Brief von Felix zurücklegen, bis ihn Frau Volt von dem Elektrizitätswerk „Power AG“ in den Händen hat? Vergleiche die Stationen mit denen der E-Mail von Miriam.

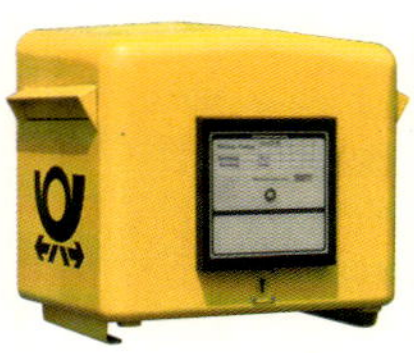

› engl.: provider – hier: Anbieter eines Internet-Zugangs

Brief

Nachdem Felix den Brief geschrieben und adressiert hat, frankiert er ihn und wirft ihn in den Briefkasten. Die Post entleert den Briefkasten und bringt die eingeworfenen Briefe ins Verteilungszentrum.

Im Verteilungszentrum werden die Briefe nach Postleitzahlen sortiert und dann auf den richtigen Weg geschickt.

Der Brief von Felix wird durch LKWs, Bahn oder Flugzeug weiter transportiert.

Der Briefträger am Postamt des Zielorts sortiert morgens alle Briefe seines Bezirks und wirft sie in die entsprechenden Briefkästen, den Brief von Felix also in den Briefkasten von Frau Volt.

E-Mail

Nachdem Miriam die E-Mail geschrieben hat, stellt sie eine Verbindung zwischen ihrem Rechner und ihrem Provider her und schickt dann die E-Mail zu dem Sende-**Mail-Server** des › Providers. Ein Mail-Server ist ein Rechner, der elektronische Nachrichten empfangen, speichern und weiterleiten kann.

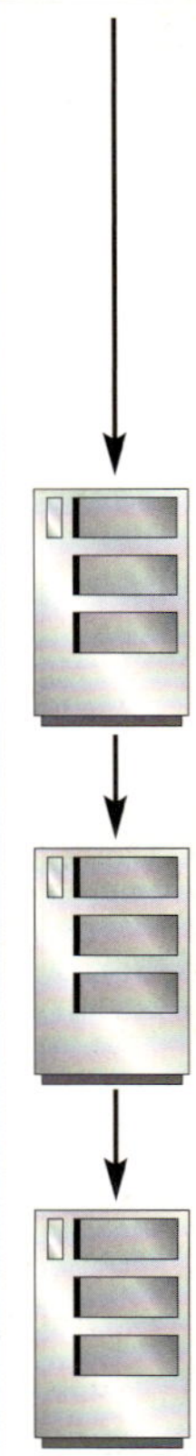

Dieser Mail-Server schickt je nach Adresse des Empfangs-Mail-Servers die Nachricht auf den richtigen Weg.

Wie bei allen Diensten im Internet erfolgt die Verbindung in der Regel über mehrere Vermittlungsrechner als Zwischenstationen.

Der Empfangs-Mail-Server hat für jeden vereinbarten Empfänger ein Postfach. Je nach Empfängername sortiert er die E-Mails hier ein und hebt sie auf. So wird die Nachricht von Miriam in das elektronische Postfach von Frau Volt abgelegt.

Frau Volt schaut täglich einmal in ihren Briefkasten. Sie entnimmt alle Briefe, findet dabei den Brief von Felix, geht in ihr Arbeitszimmer, öffnet und liest ihn.

Sobald Frau Volt eine Verbindung zwischen ihrem Rechner und ihrem Mail-Server aufgebaut hat, kann sie alle in ihrem Postfach gespeicherten E-Mails anfordern und auf ihren PC übertragen. Dort kann sie die E-Mails, z. B. auch die von Miriam, öffnen und lesen.

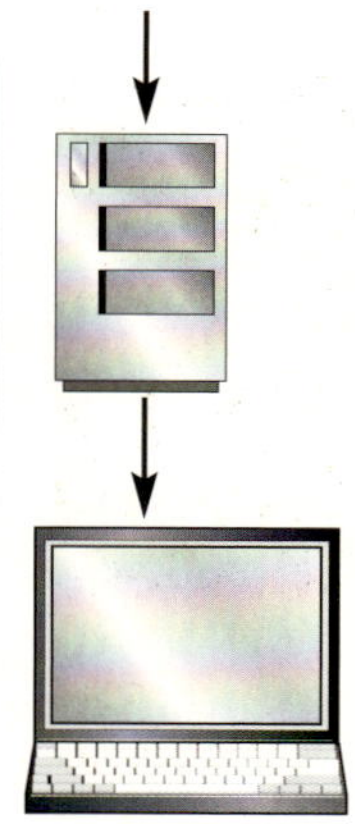

Die Stationen, die ein gewöhnlicher Brief und eine E-Mail auf dem Weg vom Absender zur Zieladresse zurücklegen, sind sehr ähnlich. Es gibt jedoch auch ein paar Unterschiede:

Brief	**E-Mail**
Die Zustellungsdauer bei Briefen innerhalb Deutschlands liegt bei einem Tag.	Eine E-Mail wird im Allgemeinen innerhalb von Minuten übermittelt.
Ist die Empfängeradresse unvollständig oder geringfügig falsch (z. B. die Hausnummer), so kann ein erfahrener Briefträger den Brief trotzdem richtig zustellen. Gibt es die Zieladresse nicht, erhält der Absender den Brief mit einem entsprechenden Vermerk wieder zurück.	Elektronische Post kommt beim kleinsten Fehler in der Empfängeradresse an den Absender zurück. (z. B. Miriam.Franck@... statt Miriam.Frank@...) Die zurückgesendeten Nachrichten enthalten einen Vermerk wie › „user unknown“ oder › „unable to deliver“.
Die Kosten zahlt der Sender. Sie liegen im Jahr 2004 bei mindestens 55 Cent.	Sowohl der Empfänger als auch der Sender müssen Übertragungsgebühren an die Dienstanbieter zahlen. Die Gebühren sind sehr unterschiedlich (typisch: 1–10 Cent).

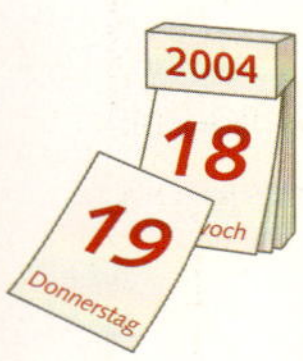

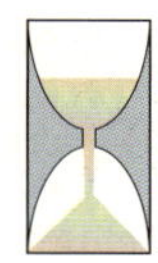

› engl.: user unknown – Benutzer unbekannt

› engl.: unable to deliver – ich kann es nicht zustellen

Hinweis: Bei elektronischen Nachrichten sollte man immer den Absender überprüfen. Anhänge von Nachrichten können gefährliche Viren enthalten, die Programme oder Daten auf deinem Rechner zerstören können. Mails von unbekannten Sendern (Personen) und Mails mit nicht bekannten Anhängen sollten grundsätzlich gleich gelöscht werden.

Aufgaben

1 Warum sind elektronische Nachrichten schneller?

a Elektronische Nachrichten haben eine kürzere Zustellungsdauer als herkömmliche Briefe. Überlege dir die Ursachen dafür! Liegt dies daran, dass elektronische Nachrichten einen kürzeren Weg zurücklegen?

b Versuche einen E-Mail-Kontakt zu einer Schule im Ausland herzustellen, z. B. zu einer Partnerschule von euch. Versuche durch Senden und Empfangen von Nachrichten herauszufinden, wie lange der Transport dauert. Wie lange braucht ein Brief?

c Kostet das Senden von E-Mails an einen Empfänger im Ausland mehr als das Versenden nach Deutschland? Überlege, welchen Weg eine E-Mail zurücklegt, und auf welchen Teilstrecken Telefongebühren für den Sender anfallen!

2 Ist die E-Mail besser als ein Brief?

Elektronische Nachrichten sind schneller und billiger, haben aber auch Nachteile gegenüber herkömmlichen Briefen. Überlege dir mindestens drei davon! Denke dabei z. B. an besondere Anlässe, zu denen du oder deine Eltern einen Brief schreiben.

3 Chatten macht Spaß, aber ...

› engl.: to chat – plaudern

› Chatten nennt man die Unterhaltung im Internet. Auf seinem Bildschirm sieht jeder Teilnehmer die Eingaben der anderen Teilnehmer und kann durch Tippen eigene Beiträge an alle anderen senden.

In einem Chat-Raum für Jugendliche hat sich folgender Dialog abgespielt

Tom13: Hallo Stefan!
Stefan: Hi Tom!
Tom13: Woher kommst du denn? Was sind deine Hobbys?
Stefan: Aus Nürnberg. Im Winter Snowboarden und im Sommer Schwimmen.
Tom13: Super, ich komme aus Freilassing, sozusagen fast in den Bergen, da ist es zum Boarden und Skifahren ein Katzensprung. Wir fahren in den Pfingstferien nach Italien. Fährst du auch in den Ferien weg?
Stefan: Ja, wir fahren 2 Wochen nach Frankreich.
Tom13: Ganze 2 Wochen? Klingt toll. Fährst du alleine oder mit deinen Eltern?
Stefan: Klar fahre ich mit meinen Eltern und meiner Schwester.
Tom13: Ich habe auch eine Schwester. Sie ist 2 Jahre älter als ich und ich finde sie ziemlich zickig. Verstehst du dich mit deiner?
Stefan: Meine ist 3 Jahre jünger als ich. Manchmal nervt sie mich, weil sie immer etwas mit mir machen will und ich oft keine Lust auf Kinderspielchen habe.
Tom13: Klar. Hast du Lust mir deine Adresse zu geben? Dann kann ich dir eine Postkarte aus dem Urlaub schicken.
Stefan: Ich freu mich über jede Post. Stefan Grün, Zuckermandelstrasse 178, 90431 Nürnberg. Gib mir deine Adresse auch, kriegst auch ne Karte.
Tom13: Tom Devious, Salzburger Str. 29, 83395 Freilassing. Viel Spaß in Frankreich!

a Als Stefan und seine Familie am Ende der Ferien nach Hause kommen, erschrecken sie beim Betreten ihrer Wohnung. Es ist eingebrochen worden, alle Schubladen und Schränke wurden ausgeräumt, sämtliche Wertsachen sind gestohlen worden. Hast du eine Idee, wie es zu dem Einbruch gekommen sein könnte?

b Welche gefährlichen Situationen können noch durch Gespräche in einem Chat-Raum entstehen?

Zum Weiterlesen

18 Aus der Praxis: Netzwerkanbieter

„Mein Name ist Heinz Schenk und ich bin Teilhaber einer Firma, die in Deutschland ein Netzwerk anbietet. Unsere Kunden, Provider und andere Firmen, können über dieses Netzwerk Daten z. B. für Internetdienste übertragen. Du kannst dir unsere Arbeit wie die einer privaten Firma vorstellen, die in Deutschland für den Straßenverkehr verantwortlich ist. Ziel der Firma ist der möglichst schnelle und sichere Transport der Autos ihrer Kunden von einem Ort zum anderen.

Zunächst müssen wir dafür sorgen, dass genügend Datenleitungen (Straßen) vorhanden sind. Weiterhin bemühen wir uns, dass die Datenpakete (Autos) zwischen Sender (Ausgangsort) und Empfänger (Zielort) den optimalen Weg wählen. Der Informatiker nennt dies › **Routing**. Um den optimale Weg zu finden, ist nicht nur die Entfernung entscheidend. Weitere wichtige Kriterien für die Datenleitungen (Straßen) sind die Auslastung (die aktuelle Verkehrslage), die Kapazität (Anzahl der Fahrspuren), die Kosten (Mautgebühren), die Verzögerungszeit (Geschwindigkeitsbeschränkungen, Ampeln) und die Sicherheit (Diebstahlgefahr bei Rastpausen). Ob der aktuell ausgewählte Weg immer noch der beste ist, wird an jedem Knotenpunkt automatisch neu überprüft. Sollte sich die Auslastung (die aktuelle Verkehrslage) geändert haben oder gar eine Datenleitung zusammengebrochen sein (Unfall mit Totalsperre der Straße), wird ein neuer Weg vom Router (eine Art Informationsstand an Verkehrsknotenpunkten) festgelegt."

1 Netzwerkknotenrechner

› engl.: route – Weg, Route

19 Netikette – Seid net(t) zueinander

Das Wort Netikette ist ein Kunstwort, das zusammengesetzt ist aus › „net" und › „Etikette". Es handelt sich dabei um Verhaltensregeln im Internet, insbesondere beim Versenden von E-Mails. Die Verhaltensregeln sind nötig, da du über das Internet mit Leuten kommunizieren kannst, die du noch nie vorher gesehen hast, deren Gewohnheiten und Sprachgebrauch du nicht kennst.

› engl.: net – Netz, in diesem Zusammenhang das Internet

› Etikette – Verhaltensvorschrift

1 **Vergiss niemals, auf der anderen Seite sitzt auch ein Mensch!**
Auch wenn du E-Mails auf einem Computer schreibst und die Übermittlung mithilfe von Computern erfolgt, ist der Adressat wieder ein Mensch. Deshalb: Schreibe nie etwas, was du selbst als verletzend empfinden würdest und was du dem Adressaten nicht auch vor anderen Leuten ins Gesicht sagen würdest. Verwende einen freundlichen höflichen Umgangston.

2 **Fasse Dich kurz! Gehe sparsam mit Anhängen um!**
Bedenke immer, einen Teil der Kosten trägt auch der Empfänger. Deshalb fasse dich bei deinen Nachrichten kurz. Niemand liest gerne 50 Zeilen, wenn das Wichtigste

auch in einem Satz hätte gesagt werden können.
Sei sparsam mit dem Versenden von Anhängen, denn diese vervielfachen die Größe einer Nachricht. Bedenke: Wenn jemand eine langsame Verbindung hat, dauert es womöglich 10 Minuten oder länger, um die Nachricht auf seinen PC zu übertragen.

3 **Achte auf die Betreff-Zeile!**
Notiere in Kurzform den Inhalt deiner Nachricht, damit ein Leser schnell entscheiden kann, ob sie von Interesse für ihn ist oder nicht.

4 **Vorsicht mit Humor und Ironie!**
Sei vorsichtig mit nicht bös gemeinten Witzen; andere können schnell beleidigt sein, weil der Text allein leicht missverstanden werden kann. Um solche Stellen zu kennzeichnen und damit zu entschärfen, gibt es eine Reihe von Symbolen, sogenannte › Smilies wie :-) und :-(.

› engl.: smilies – lachende Gesichter; wenn du sie nicht erkennst, drehe das Buch um 90° Grad und sieh sie dir nochmals an.

5 **Benutze deinen wirklichen Namen, kein Pseudonym!**
Seine wahre Identität hinter einem Pseudonym zu verbergen ist feige. Du sollst nur Dinge im Internet tun und „sagen", zu denen du auch ganz offen unter deinem richtigen Namen stehst.

Achtung
Chat-Rooms sind gefährlich. Dort solltest du deine wahre Identität auf keinen Fall preisgeben.

VIII Beschreibung von Abläufen durch Algorithmen

Im letzten Kapitel lernst du mehr über Methoden und ihre Funktionsweise. Du hast schon mehrfach Methoden aufgerufen, die dir viel Arbeit abgenommen haben. Denke nur an das Formatieren von Absätzen im Blocksatz.
Wie bringt nun ein Informatiker einem Computer bei, so für uns zu arbeiten, wie wir es erwarten? Wie kann man allgemein die Information über Abläufe verständlich und nachvollziehbar darstellen? Lerne es, indem du selbst einer Maschine, dem kleinen Roboter Robi, genaue Aufträge erteilst, die er dann ausführt.

23 Beschreibung von Abläufen – Schritt für Schritt

Bastelanleitung – Versuchsanleitung

Beim „Naturwissenschaftlichen Arbeiten" hast du viele Experimente durchgeführt. Hierzu haben dir dein Lehrer oder dein Schulbuch eine genaue Anleitung vorgegeben, wie du den Versuch durchführen musst, damit du Erfolg hast.

1 *Bastelanleitung*

Lochkamera

Materialien und Geräte
Schuhkarton oder ähnlich großer Karton, Stückchen Alufolie (einseitig schwarz gefärbt), Klebefilm, Stecknadel, Transparentpapier („Butterbrotpapier"), großes dunkles Tuch (ca. 80 cm mal 120 cm), Küchenmesser

Durchführung
a) Klebe den Deckel des Kartons mit Klebefilm fest zu und schneide mit dem Messer auf der einen kleinen Seite deines Kartons mittig ein kleines Loch (ca. 1 cm mal 1 cm) und auf der gegenüberliegenden Seite ein Loch, das fast so groß ist wie die Fläche selbst.

b) Klebe mit dem Klebefilm auf das kleine Loch das Stückchen Alufolie (mit der geschwärzten Seite nach außen) und auf das große Loch das Transparentpapier, beide möglichst straff.

c) Stich mit der Nadel ein ca. 1 mm kleines Loch in die Mitte der Alufolie.
d) Stülpe das Tuch über deinen Kopf und das Betrachtungsgerät, sodass möglichst seitlich und von unten kein Licht eindringt und richte dein Gerät auf etwas Helles, z. B. das Fenster. Du musst ein wenig warten, bis sich deine Augen an die geringe Helligkeit der Projektion gewöhnt haben und du den richtigen Abstand zwischen dem Transparentpapier und deinen Augen gefunden hast.

Tipps:
- Schneide beim großen Loch nicht bis in die Kanten des Kartons, damit der Karton seine Stabilität nicht verliert.
- Falls das Loch in der Alufolie zu groß gerät, klebe ein neues Stück Folie darüber.
- Statt der Transparentfolie kannst du auch in der Dunkelkammer ein Fotopapier einsetzen und mit dem Gerät fotografieren.

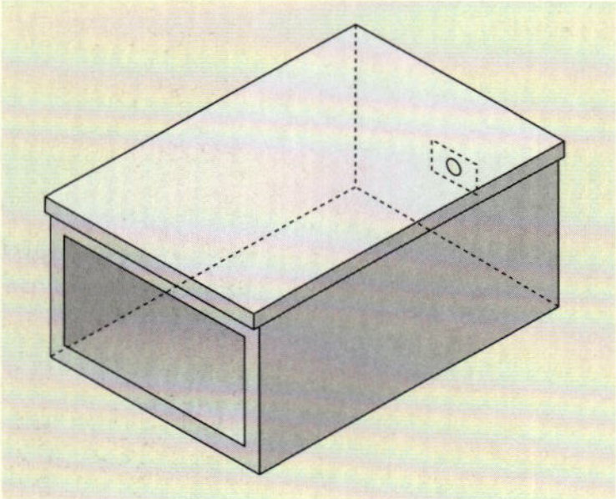

Beachte: Das Loch bis zur gewünschten Position der Kamera verschließen und die Kamera zur Belichtung auf einen festen Untergrund stellen, da sonst das Bild verwackelt wird. Es wird einige Versuche dauern, bis du die richtige Belichtungszeit für dein Bildmotiv und die Lichtverhältnisse gefunden hast.

Was ist das Besondere an diesen Beschreibungen? Was fällt dir an der Sprache auf? **?**

Bei den Anleitungen wird der gesamte Vorgang in einzelne Schritte zerlegt und angegeben, in welcher Reihenfolge diese durchzuführen sind. Hierbei wählt der Autor der Anleitung meist eine knappe, sehr sachbezogene Formulierung. Manchmal müssen auch einige Schritte mehrfach ausgeführt werden, bevor man weiterarbeiten kann.

Gebrauchsanweisung

Auch bei Geräten versucht der Hersteller dem Kunden die Information über die Funktionsweise mitzugeben. Deshalb legt er dem Gerät eine Gebrauchsanweisung bei.
Der Kunde versucht, aus der Gebrauchsanweisung die Bedienung des Gerätes zu verstehen. Dies gelingt je nach Qualität der Anleitung verschieden gut.

Gebrauchsanleitung

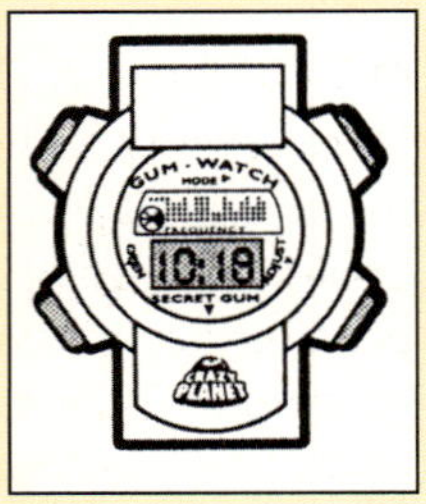

Anzeige Monat und Jahr:
Drücken Sie einmal den MODE-Knopf: Monat und Tag erscheinen auf der Anzeige.
Lösen Sie den Knopf: Die Anzeige wechselt automatisch zurück auf die Uhrzeit.

Anzeige der Sekunden:
Drücken Sie zweimal den MODE-Knopf: Die Sekunden erscheinen auf der Anzeige.
Für die Rückkehr zur Uhrzeit drücken Sie den MODE-Knopf erneut.

Einstellen der Uhr
1. Einstellen des Monats: Drücken Sie den ADJUST-Knopf zweimal, dann drücken Sie den MODE-Knopf bis der richtige Monat angezeigt wird.
2. Einstellen des Tages: Drücken Sie wieder den ADJUST-Knopf, dann drücken Sie den MODE-Knopf bis der richtige Tag sichtbar wird.
3. Einstellen der Stunde: Drücken Sie wieder den ADJUST-Knopf, dann drücken Sie den MODE-Knopf bis die richtige Stunde angezeigt wird. („A" steht für A.M., „P" steht für P.M.)
4. Einstellen der Minuten: Drücken Sie wieder den ADJUST-Knopf, dann drücken Sie den MODE-Knopf bis die richtige Minute angezeigt wird.
5. Nach nochmaligem Drücken des ADJUST-Knopfes erscheint die Uhrzeit auf dem Display.
Ihre Uhr ist gestellt.

Wenn die Zeitangabe (0:00) nicht blinkt, MODE-Knopf einmal drücken.

Die Uhr enthält eine eingebaute AG3 Alkaline.
Batterie ist austauschbar.
Wenn die Batterie verbraucht ist, entsorgen Sie diese bitte in die spezielen Container.

2 *Gebrauchsanweisung*

Was tun Methoden eigentlich?

Im letzten Kapitel haben wir uns mit elektronischer Post beschäftigt. Dabei haben wir auch die Attribute und Methoden der Klasse NACHRICHT betrachtet. Eine dieser Methoden ist Senden(Mailserver).

? Was muss diese Methode alles tun, insbesondere, wenn die Nachricht Anhänge hat?

Auch hier bewährt es sich, den Ablauf in Einzelschritte zu zerlegen, die nacheinander durchgeführt werden. Zuerst muss der Nachrichtentext Zeichen für Zeichen an den Sende-Mailserver übertragen werden. Wenn die Nachricht Anhänge hat, geht die Arbeit weiter. Für jeden Anhang muss die enthaltene Datei in eine geeignete Darstellungsform gebracht und dann ebenfalls an den Mailserver übertragen werden.
Das Versenden geschieht nach einem genau festgelegten, eindeutigen Ablauf, dessen Einzelschritte exakt beschrieben sind und die Schritt für Schritt abgearbeitet werden. Für die Methode Senden hat dies ein Programmierer in dein E-Mail-Programm eingebaut.
Du kannst dir vorstellen, dass die Arbeit der Methode Senden ganz schön umfangreich ist. Um das Prinzip zu verstehen, ist ein einfacheres Werkzeug besser geeignet, bei dem du auch gleich sehen kannst, was deine Anweisungen bewirken.

Aufgaben

1 Gebrauchsanweisungen
Lass dir von deinen Eltern verschiedene Gebrauchsanweisungen (Bedienungsanleitungen) geben und versuche sie zu verstehen. Beurteile die Anleitungen kritisch! Was könnte man besser formulieren? Welche Schritte sind völlig unklar? Stimmt die Reihenfolge der Schritte? Gibt es Situationen, die nicht beschrieben sind?

24 Man muss sagen, was man will: Anweisungen

Ein folgsamer Roboter

Mit Robotern (echten oder auf dem Bildschirm › simulierten) kann man das Formulieren von Anweisungen sehr schön lernen. Durch dieses Kapitel begleitet dich der freundliche Roboter Robi. Er befindet sich in einem Raum mit rechteckiger Grundfläche, der auf allen vier Seiten von einer Wand begrenzt ist. In diesem Raum kann er von einem Feld zum nächsten gehen, Ziegelsteine ablegen und aufnehmen und Felder in seinem Raum besonders kennzeichnen (markieren). Die Ziegelsteine trägt er in unbegrenzter Anzahl bei sich.

› simulieren – nachahmen

Robi ist ein Objekt der Klasse ROBOTER. Diese Klasse hat einige Attribute wie Position oder Blickrichtung. Die Blickrichtung wird durch die Himmelsrichtungen angegeben, wie sie in Abbildung 1 eingezeichnet sind. Die Werte dieser Attribute verändern sich, wenn sich Robi bewegt. Er kann einen Schritt nach vorne gehen (Methode „Schritt"). Dabei ändert sich der Wert des Attributs Position. Er kann sich nach links oder rechts drehen (Methoden „RechtsDrehen" bzw. „LinksDrehen"). Dabei verändert sich der Wert des Attributs Blickrichtung. Allerdings kennt Robi keine Methode „BlickrichtungSetzen" oder „PositionSetzen".

1 Der Raum von Robi

ROBOTER	Bedeutung der Methode
Position	
Blickrichtung	
...	
Schritt()	Ein Schritt nach vorne gehen
RechtsDrehen()	Vierteldrehung im Uhrzeigersinn
LinksDrehen()	Vierteldrehung gegen den Uhrzeigersinn
Aufheben()	Einen Ziegelstein von dem Feld aufheben, das vor ihm liegt
Hinlegen()	Einen Ziegelstein auf das Feld vor ihm legen
MarkeSetzen()	Markiert das Feld, auf dem er steht
MarkeLöschen()	Löscht die Markierung des Feldes, auf dem er steht
...	

2 Die Klasse ROBOTER

Damit sich Robi bewegt (oder andere Tätigkeiten ausführt), musst du ihm eine Botschaft schicken. Auf diese reagiert er mit der Ausführung der gewünschten Methode. Der Informatiker sagt auch: Du gibst Robi eine **Anweisung** (Befehl).

Welche Anweisungen sind nacheinander für folgende Aufgaben nötig?

?

Lege eine gerade Reihe von fünf Ziegelsteinen wie in Abbildung 3! Lege eine Reihe von Ziegelsteinen im Zickzack wie in Abbildung 4! Das grüne Bild von Robi zeigt dir jedes Mal, wo er zu Beginn stand und in welche Richtung er blickte. Das blaue Bild von Robi zeigt dir, wo er am Ende nach dem Abarbeiten aller Anweisungen steht.

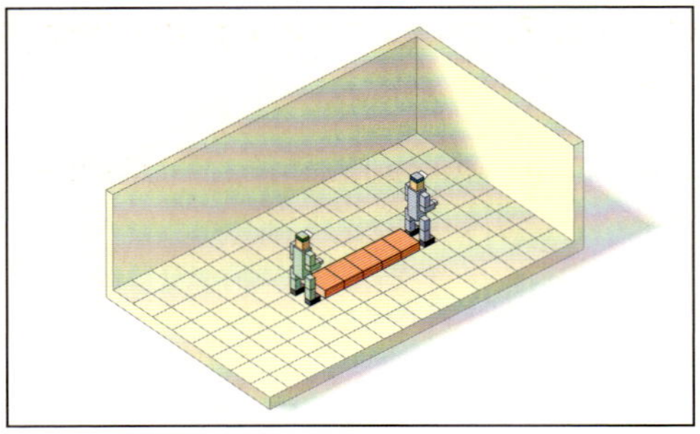

3 Gerade Reihe von Ziegelsteinen

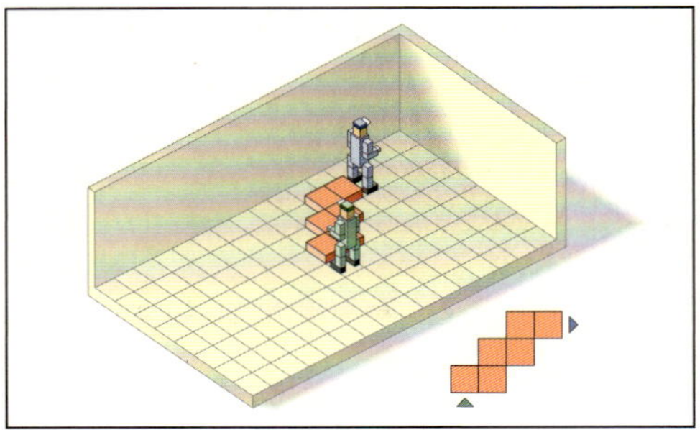

4 Zickzackreihe von Ziegelsteinen

Welche Methoden von Robi musst du in welcher Reihenfolge aufrufen? Notiere sie in der bekannten Kurzschreibweise! Versuche auch, Robi nachzuspielen (Anleitung in Aufgabe 5) und überprüfe damit deine Lösung!
Für die beiden Ziegelsteinreihen benötigst du etliche Anweisungen. Da wir als einziges Objekt Robi verwenden, genügt es, nur die Methodennamen aufzuschreiben. Den Objektbezeichner lassen wir weg, d. h., statt „Robi.Hinlegen()“ schreiben wir vereinfacht „Hinlegen()“.

Die gerade Reihe

```
Hinlegen()
Schritt()
Hinlegen()
Schritt()
Hinlegen()
Schritt()
Hinlegen()
Schritt()
Hinlegen()
Schritt()
Schritt()
```

Die Zickzackreihe

```
Hinlegen()
Schritt()
RechtsDrehen()
Hinlegen()
Schritt()
LinksDrehen()
Hinlegen()
Schritt()
RechtsDrehen()
...
```

› lat.: sequencia – Folge, Reihe

Außer Methodenaufrufen lernst du später noch weitere Anweisungen kennen. Eine Folge von Anweisungen, die der Reihe nach ausgeführt werden, heißt › **Sequenz.**

Neue Methoden

› Methode – Verfahren, das zur Erlangung von praktischen Ergebnissen dient

Robi kann lernen. Du kannst Robi neue Fähigkeiten beibringen, indem du der Klasse ROBOTER neue › Methoden hinzufügst.
Zu jeder neuen Methode musst du angeben, welchen Namen (Bezeichner) sie hat und welche Sequenz von Anweisungen sie enthält. Diese Angaben müssen in einer genau festgelegten Notation (Schreibweise) gemacht werden. Bei Robi beginnt die Festlegung einer neuen Methode immer mit dem Wort **methode** und endet mit **endemethode**.

```
methode Bezeichner()
    Sequenz
endemethode
```

Neu festgelegte Methoden kannst du dann, wie gewohnt, bei den Anweisungen an Robi verwenden.

Wie sieht in dieser Notation eine neue Methode DreierReiheLegen aus, die Robi veranlasst, vor sich eine Reihe aus drei Ziegelsteinen zu legen?

Überlege dir zuerst die notwendigen Methodenaufrufe und schreibe dann die neue Methode auf!

Deine Lösung könnte so aussehen:

```
methode DreierReiheLegen()
    Hinlegen()
    Schritt()
    Hinlegen()
    Schritt()
    Hinlegen()
    Schritt()
endemethode
```

Hinweis: Die Einrückungen sind nicht nötig, machen die Methode aber lesbarer. Gewöhne dir deshalb an, die Einrückungen zu verwenden!

Robi kann noch mehr: Wenn du die Methode DreierReiheLegen beschrieben (**vereinbart**) hast, kannst du sie in weiteren Methoden sofort verwenden. Eine Methode für eine Reihe aus sechs Steinen kannst du dann so vereinbaren:

```
methode SechserReiheLegen()
    DreierReiheLegen()
    DreierReiheLegen()
endemethode
```

Auf diese Weise kann man aus wenigen einfachen Methoden sehr schnell immer umfangreichere Methoden entwickeln.

Programm

Wenn du alle neuen Methoden entworfen hast, tippst du sie in vorgeschriebener Form in dein Programmier-Werkzeug ein. Durch das Aufschreiben hast du einen Programmtext (kurz: ein Programm) erstellt.

Eine Folge nacheinander auszuführender **Anweisungen** heißt **Sequenz**.

Für die Klasse ROBOTER können neue Methoden **vereinbart** werden. Dazu müssen der Bezeichner der neuen Methode und die Sequenz der aufzurufenden Methoden festgelegt werden.

methode Bezeichner()
Sequenz
endemethode

Neu vereinbarte Methoden können auch in anderen Methoden aufgerufen werden.

Aufgaben

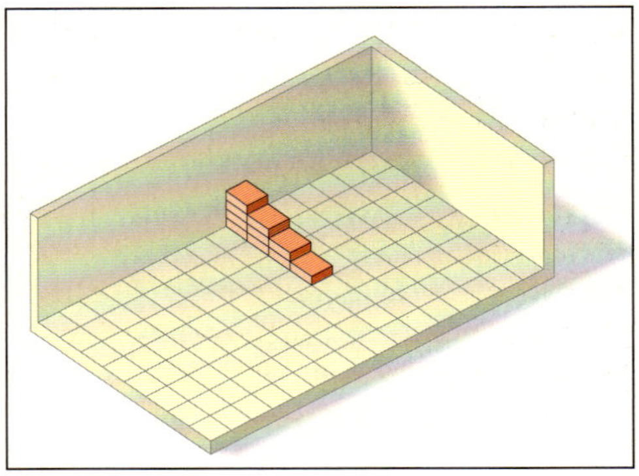
5 *Robi legt eine Treppe*

1 Buchstaben
Lasse Robi deine Initialen (die Anfangsbuchstaben von Vor- und Nachname) schreiben! Notiere sie vorher auf kariertem Papier (z. B. 5 x 5 Kästchen pro Buchstabe).

2 Treppe bauen
a Lasse Robi die Treppe in Abbildung 5 Schicht für Schicht bauen!
b Vereinbare je eine Methode für jede der vier Stufen und eine Methode für die gesamte Treppe!
Teste beide Methoden mit einem geeigneten Werkzeug!

3 Nützliche Methoden
Die beiden folgenden Methoden sind für sehr viele Situationen gut brauchbar.
a Entwirf eine Methode Umdrehen, bei der sich Robi umdreht!
b Entwirf eine Methode SchrittZurück, die Robi einen Schritt zurückgehen lässt! Er muss danach wieder in die gleiche Richtung wie am Anfang blicken.
Tipp: Hier kannst du die Methode Umdrehen verwenden.

4 Methode entschlüsseln
```
methode Geheim()
    DreierReiheLegen()
    LinksDrehen()
    DreierReiheLegen()
    LinksDrehen()
    DreierReiheLegen()
    LinksDrehen()
    DreierReiheLegen()
    LinksDrehen()
endemethode
```
a Überlege, was die Methode Geheim bewirken würde!
b Bringe Robi die Methode Geheim bei und teste, ob deine Überlegung stimmt!
c Was passiert, wenn du die Methode Geheim mehrmals hintereinander aufrufst, ohne Robi zwischen den Aufrufen zu bewegen?

5 Robi spielen
Zu zweit könnt ihr sehr einfach „Robi" spielen. Ihr braucht dazu ein Spielfeld mit quadratischen Feldern (z. B. Schachbrett oder ein Rasterfeld, das ihr selbst auf ein kariertes Blatt Papier zeichnet), eine Spielfigur, bei der die Blickrichtung sichtbar ist (z. B. Springer beim Schachspiel) und stapelbare Spielsteine als Ziegel (z. B. Damesteine). Dein Freund führt als Robi die Methoden aus, die du aufrufst. Probiert es mit den Aufgaben 1 oder 3 aus! Nach einer Weile wechselt ihr die Rollen.
Noch schöner geht das Spiel, wenn ihr einen Raum mit quadratischem Bodenmuster habt. Dann kann dein Freund (oder du) selber „Robi sein". Als Ziegel eignen sich Bodenfließen aus Kunststoff. Blätter sind auch möglich. Ihr müsst dann nur gut aufpassen, dass sie nicht weggeweht werden. Passt auch auf, dass ihr nicht ausrutscht!

25 Die Wiederholung mit fester Anzahl

Immer das Gleiche

Bei manchen Programmen, die du im vorigen Kapitel geschrieben hast, wird „immer wieder das Gleiche" gemacht. Was ist „das Gleiche" beim Legen einer Reihe von sechs Ziegelsteinen?

Für diese Reihe muss Robi sechsmal einen Stein ablegen und dann einen Schritt nach vorn gehen, er wiederholt sechsmal die Sequenz „Hinlegen – Schritt". Solche **Wiederholungen** kommen in Programmen oft vor. Deshalb gibt es dafür eine eigene Anweisung, die **Wiederholung mit fester Anzahl**.

Wichtig: eindeutige Schreibweisen

Dass man bei einer Wiederholung mit fester Anzahl angeben muss, wie oft die Sequenz wiederholt werden soll, ist klar. Max macht für die Sechserreihe folgenden Vorschlag:

```
wiederhole 6 mal
Hinlegen()
Schritt()
LinksDrehen()
```

?

Dieser Vorschlag ist unklar formuliert. Was will Max? Welche Anweisungen soll Robi hier wiederholen:

a Nur die Anweisung Hinlegen,
b die Anweisungen Hinlegen und Schritt oder
c alle drei Anweisungen?

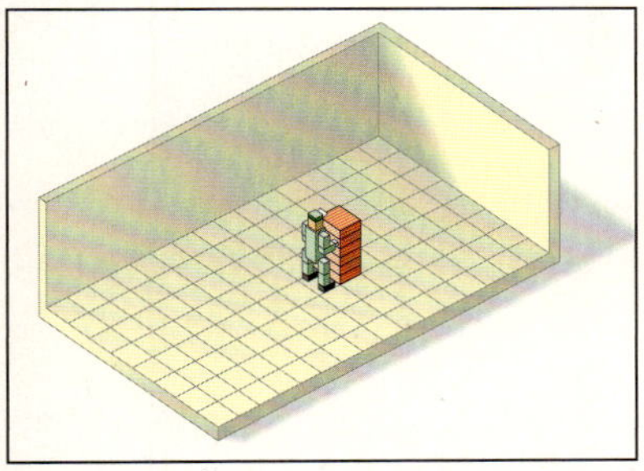

1 Turm

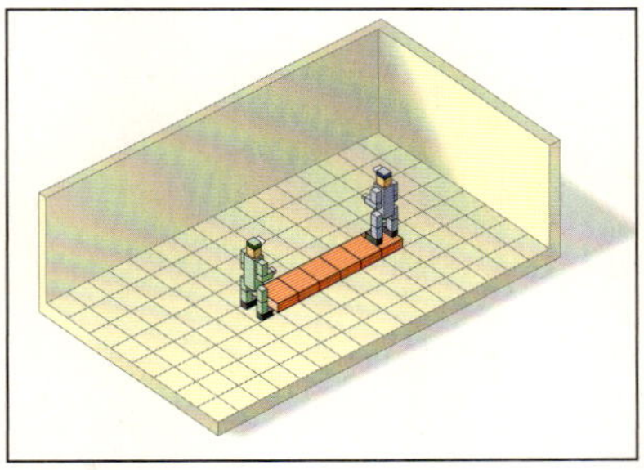

2 Reihe

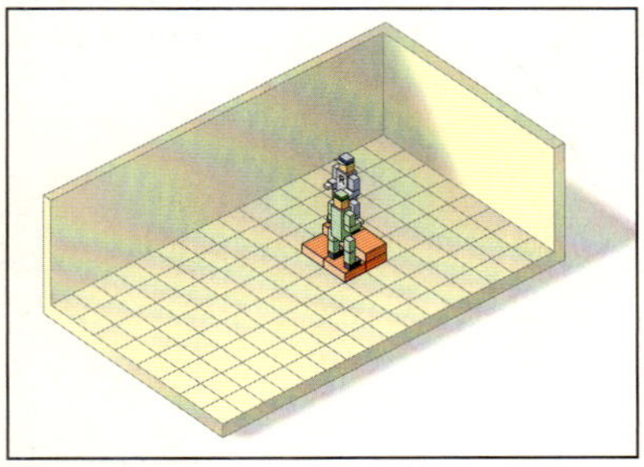

3 Doppeltreppe

Je nachdem, was wiederholt wird, kommt Robi zu unterschiedlichen Ergebnissen:

- Im Fall (a) würde er einen Turm aus 6 Steinen (Abbildung 1) bauen, versuchen hinaufzusteigen und sich drehen.
- Im Fall (b) würde er die gewünschte Reihe aus sechs Steinen legen und sich dann drehen (Abbildung 2).
- Wenn er alle drei Anweisungen wiederholen würde (c), würde die Figur in Abbildung 3 entstehen.

Du siehst: Bei der Wiederholung muss eindeutig angegeben werden, welche Anweisungen zu wiederholen sind. Robi erwartet folgende Schreibweise, wenn er, wie am Anfang gefordert, die Reihe aus sechs Steinen wie in Abbildung 2 legen soll:

```
wiederhole 6 mal
    Hinlegen()
    Schritt()
endewiederhole
LinksDrehen()
```

Um die Steine wie in Abbildung 1 (links) bzw. Abbildung 3 (rechts) zu legen, würde die Anweisung so aussehen

```
wiederhole 6 mal
    Hinlegen()
endewiederhole
Schritt()
LinksDrehen()
```

```
wiederhole 6 mal
    Hinlegen()
    Schritt()
    LinksDrehen()
endewiederhole
```

Hinweis: Die Einrückung ist – wie bei den Methoden – nicht nötig, ergibt aber auch hier deutlich bessere Lesbarkeit.

Grafik sagt mehr als nur Worte

Betrachte die folgende Tabelle! Kannst du jeweils die obere oder die untere Schreibweise besser lesen? Woher kommt die unterschiedlich gute Lesbarkeit?

```
wiederhole 6 mal
    Hinlegen()
endewiederhole
Schritt()
LinksDrehen()
```

```
wiederhole 6 mal
    Hinlegen()
    Schritt()
endewiederhole
LinksDrehen()
```

```
wiederhole 6 mal
    Hinlegen()
    Schritt()
    LinksDrehen()
endewiederhole
```

4 Grafische Notation

Bei der grafischen Darstellung, dem **Struktogramm**, ist sehr gut zu erkennen, welche Sequenz wiederholt werden soll. Deshalb wird diese Art, Anweisungen zu notieren, oft verwendet.

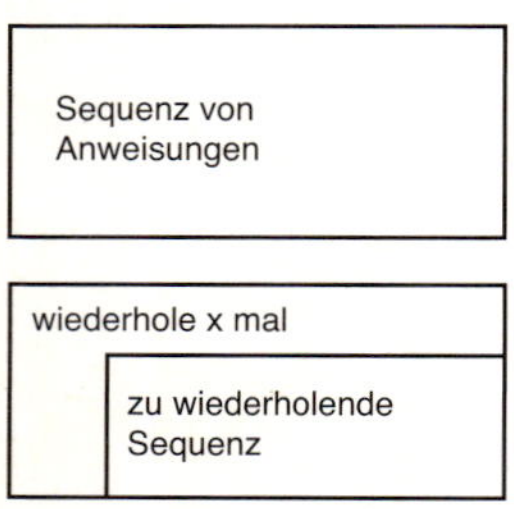

5 Struktogramm symbole

Die Regeln zum Zeichnen von Struktogrammen sind sehr einfach. Sequenzen von Anweisungen werden von einem Rechteck umrandet (Abbildung 5 oben).
Wiederholungen werden von den vorangehenden und folgenden Anweisungen durch waagrechte Striche abgetrennt. Die zu wiederholende Sequenz wird in ein kleineres, inneres Rechteck eingetragen, vor dem die Anzahl der Wiederholungen angegeben (Abbildung 5 unten) ist.

Wiederholen von Wiederholungen

Betrachte Abbildung 6! Welche Anweisungen musst du Robi geben, damit er das Quadrat legt? Robi beginnt seine Arbeit an der Stelle, an der er jetzt steht, und mit der gleichen Blickrichtung. Notiere die Sequenz und finde mehrmals vorkommende Teile in dieser Sequenz!

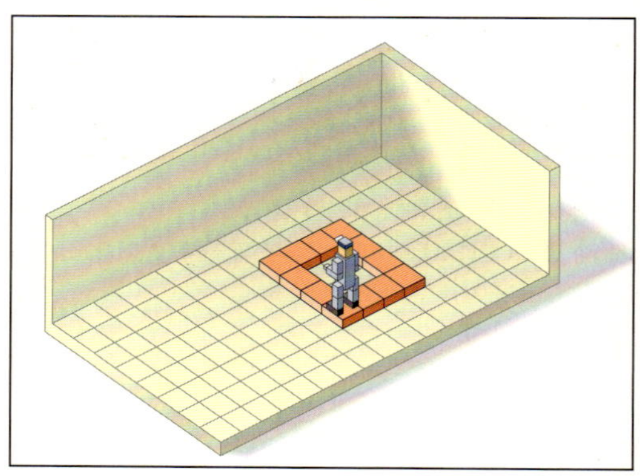

6 Quadrat

Für jede der vier Seiten muss Robi drei Ziegelsteine ablegen und sich dann nach rechts drehen. Du kannst also schreiben:

Struktogramm

```
wiederhole 4 mal
    Hinlegen()
    Schritt()
    Hinlegen()
    Schritt()
    Hinlegen()
    Schritt()
    RechtsDrehen()
```

Anweisungstext

```
wiederhole 4 mal
    Hinlegen()
    Schritt()
    Hinlegen()
    Schritt()
    Hinlegen()
    Schritt()
    RechtsDrehen()
endewiederhole
```

Innerhalb der Wiederholung kommt die Sequenz „Hinlegen – Schritt“ wieder drei Mal vor (rot – grün – blau). Das kann durch eine Wiederholung innerhalb der Wiederholung (**geschachtelte Wiederholung**) beschrieben werden.

Struktogramm

```
wiederhole 4 mal
    wiederhole 3 mal
        Hinlegen()
        Schritt()
    RechtsDrehen()
```

Anweisungstext

```
wiederhole 4 mal
    wiederhole 3 mal
        Hinlegen()
        Schritt()
    endewiederhole
    RechtsDrehen()
endewiederhole
```

Bei der Schachtelung von Wiederholungen kommt der Vorteil des Struktogramms noch deutlicher heraus als im vorigen Beispiel.

Die **Wiederholung mit fester Anzahl** wird verwendet, wenn eine Sequenz mehrmals ausgeführt werden soll und die Anzahl der Wiederholungen feststeht.
Sie hat die Form:
wiederhole *Anzahl* **mal**
Sequenz
endewiederhole

Eine **Schachtelung von Wiederholungen** ist möglich.

Das **Struktogramm** ist eine graphische Darstellung von Programmtexten.

Hinweis: Bei den Übungsaufgaben ist es oft günstiger, wenn du deine Lösung zuerst als Strukturprogramm entwirfst, ehe du das Programm schreibst und die Lösung am Computer ausprobierst!

Aufgaben

1 Sechs Ziegel – jedes Mal anders

a Formuliere die Methode SechserReiheLegen mit Hilfe der Wiederholung mit fester Anzahl!

b Teste auch die Methoden für das Bauen des Turms und der Doppeltreppe (siehe Abbildung 1 und Abbildung 3)!

2 Quadrate

a Vereinbare die Methode Quadrat4Legen, die das Quadrat in Abbildung 6 zeichnet!

b Warum muss die Sequenz „Hinlegen – Schritt" nur dreimal wiederholt werden, obwohl das Quadrat die Seitenlänge Vier hat?

c Vereinbare nun eine Methode Quadrat6Legen, die ein Quadrat mit sechs Ziegel Seitenlänge erzeugt!

d Rufe Quadrat6Legen mehrmals direkt hintereinander auf! Was entsteht?

e Vereinbare eine Methode Turm10Bauen, die einen Turm mit zehn Ziegelsteinen Höhe zeichnet! Die Grundfläche soll ein Quadrat mit 4 Steinen Seitenlänge sein. Verwende dazu nach Möglichkeit Methoden, die du schon vereinbart hast!

3 Quadrat ohne Ecken

Entwirf eine Methode FigurLegen, die Robi die Figur in Abbildung 7 zeichnen lässt! Verwende dabei geschachtelte Wiederholungen!

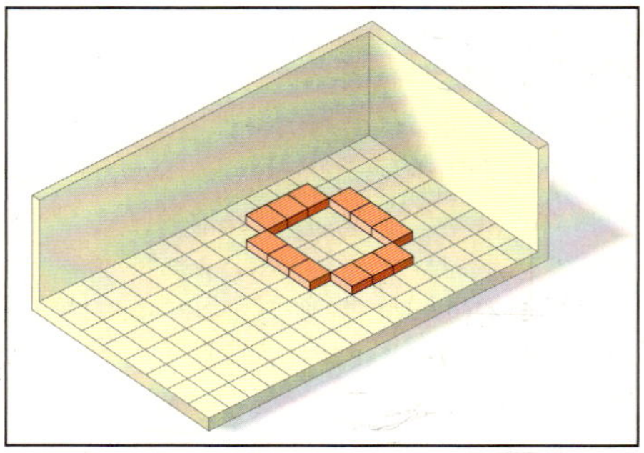

7 Quadrat ohne Ecken

4 Trepp' auf, Trepp' ab

Lass Robi eine Treppe wie in Abbildung 8 bauen! Du kannst die Methode AufAbBauen auf zwei völlig verschiedene Arten entwerfen.

a Robi legt zuerst die unterste Reihe (Methode Reihe7Legen), geht zurück (Methode Laufe6), legt die nächste Reihe (Methode Reihe5Legen) usw.

b Robi legt das rechte Ende, geht einen Schritt zurück, legt den Stapel mit den zwei Ziegelsteinen (Methode Lege2), geht wieder einen Schritt zurück usw.

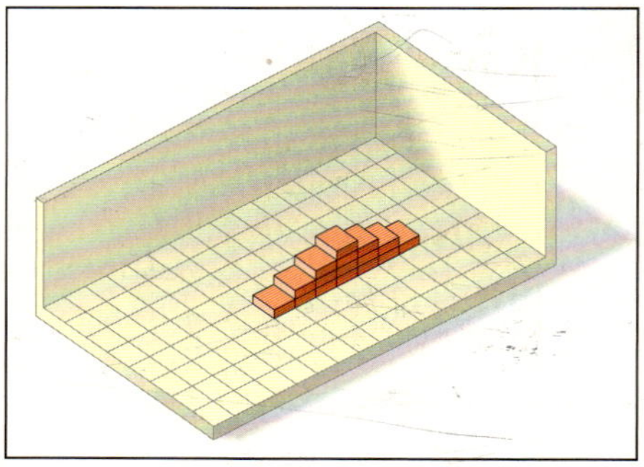

8 AufAbTreppe

5 Quader bauen

Robi soll einen Quader mit Länge 4 Ziegelsteine, Breite 3 Ziegelsteine und Höhe 5 Ziegelsteine bauen. Der Quader soll nicht an eine Wand grenzen. Beachte: Robi kann höchstens einen Ziegel hoch springen. Wenn du fertig bist, vergleiche deine Strategie mir der deiner Klassenkameraden.

6 Figur entwerfen

Überlege dir eine neue Ziegelsteinfigur, die Robi mit seinen Fähigkeiten erstellen kann. Die Figur muss so gestaltet sein, dass du mindestens dreimal eine Wiederholung mit fester Anzahl verwenden musst.

26 Die bedingte Wiederholung

Feste Anzahl genügt nicht

Robi soll nun etwas eigenständiger werden. Wenn man ihn irgendwo in seinem Raum platziert, soll er von dort aus eine Ziegelreihe bis zur Wand legen. Er soll aber nicht gegen die Wand laufen!

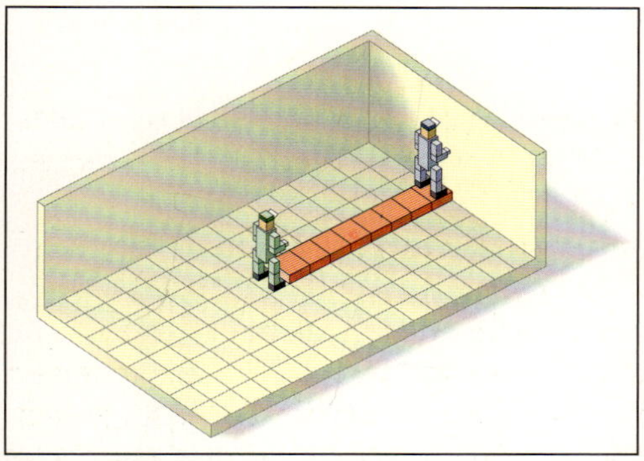

1 Ziegelreihe zur Wand

?

Wie würdest du Robi anleiten, die Aufgabe zu erfüllen? Warum geht das nicht mit der Wiederholung mit fester Anzahl? Was muss Robi in Erfahrung bringen können?

Robi muss in Erfahrung bringen können, wann er die Wand erreicht hat. Und er muss die Sequenz „Hinlegen – Schritt" wiederholen, solange er nicht an der Wand steht. Allgemein bedeutet das: Solange eine Bedingung gilt, darf Robi eine Sequenz wiederholen.

Bedingungen

Objekte haben Methoden zum Ausführen von Aufträgen. Bisher haben wir Aufträge wie „Drehe dich", „Gehe einen Schritt nach vorn" oder in den früheren Kapiteln „Fülle die Innenfläche", „Kopiere dich in die Zwischenablage" vergeben. Die zugehörigen Methoden sollten einen Auftrag ausführen.
Jetzt senden wir Robi die Botschaft „Stehst du vor der Wand?". Er antwortet auf diese Frage mit wahr oder falsch. Um auf diese Botschaft reagieren zu können, hat Robi die Methode IstWand(), die die gewünschte Antwort liefert. Den Aufruf von Methoden, die Fragen mit wahr oder falsch beantworten, nennt man **Bedingung**.

Methode	Bedeutung
IstWand()	Liefert wahr, wenn vor Robi eine Wand ist, und falsch, wenn vor ihm keine Wand ist.
IstZiegel()	Liefert wahr, wenn auf dem Feld vor Robi ein Ziegel liegt, und falsch, wenn auf dem Feld vor ihm kein Ziegel liegt.
IstMarke()	Liefert wahr, wenn das Feld, auf dem Robi steht, markiert ist, und falsch, wenn dieses Feld nicht markiert ist.

Robi kennt zu jeder dieser Methoden auch eine zweite mit gegenteiliger Bedeutung (NichtIstWand, NichtIstZiegel, NichtIstMarke). NichtIstWand liefert wahr, wenn vor Robi keine Wand ist, und falsch, wenn vor ihm eine Wand ist. Du wirst das später gut brauchen können.

Wiederholung mit Bedingung

Die Wiederholung, bei der Robi eine Sequenz wiederholt, solange die angegebene Bedingung wahr ist, heißt **bedingte Wiederholung**.

Sie hat die Form:

Struktogramm

wiederhole solange Bedingung	
	zu wiederholende Sequenz

Anweisungstext

```
wiederhole solange Bedingung
    Sequenz
endewiederhole
```

Damit können wir die Anfangsaufgabe lösen:

Struktogramm

wiederhole solange NichtIstWand()	
	Hinlegen() Schritt()

Anweisungstext

```
wiederhole solange NichtIstWand()
    Hinlegen()
    Schritt()
endewiederhole
```

Schreibe nun ein Programm, so dass Robi eine Ziegelreihe bis zur Wand legt!

Die **Bedingte Wiederholung** wird verwendet, wenn eine Sequenz wiederholt werden soll, solange eine **Bedingung** wahr ist.
Sie hat die Form:
wiederhole solange Bedingung
Sequenz
endewiederhole
Die Sequenz innerhalb der Wiederholung wird in Abhängigkeit von der Bedingung gar nicht, einmal oder mehrfach abgearbeitet.

Hinweis: Alle Wiederholungsarten können beliebig geschachtelt werden.

Aufgaben

1 Zimmer verschönern

a Vereinbare eine Methode ZurWandGehen, die Robi bis zu Wand vor ihm gehen lässt.

b Vereinbare eine Methode ZurEckeGehen, die Robi in die Ecke links vor ihm schickt. Du kannst dabei die Methode ZurWandGehen verwenden.

c Robi soll den Rand des Zimmers mit Ziegelsteinen belegen (siehe Abbildung 2). Der Startpunkt ist beliebig. Tipp: Robi geht zuerst zur „blauen“ Position (Methode ZurEckeGehen). Dort beginnt er mit dem Auslegen und dort hört er am Ende auch wieder auf.

2 *Zimmer mit Rand*

d Robi soll eine Mustergirlande am Rand des Zimmers legen, d. h., er legt z. B. nur jeden zweiten (oder dritten) Ziegel.

2 Lastentransport

a Entwirf eine Methode Transportiere, die Robi ermöglicht, einen Ziegelstapel, der vor ihm steht, um 3 Felder nach rechts zu verschieben! Beachte, dass Robi eventuell nur eine maximale Höhe bearbeiten kann.

b Entwirf eine Methode Addieren, bei der Robi einen Ziegelstapel auf einen zweiten, 3 Felder rechts von ihm stehenden Stapel setzt.

3 Aufräumen

Vereinbare eine Methode Aufräumen, mit der Robi alle Ziegelsteine aufhebt, die er auf seinem geraden Weg zur Wand vor sich findet! Dabei dürfen auf jedem Feld beliebig viele Ziegelsteine stehen (Abbildung 3).

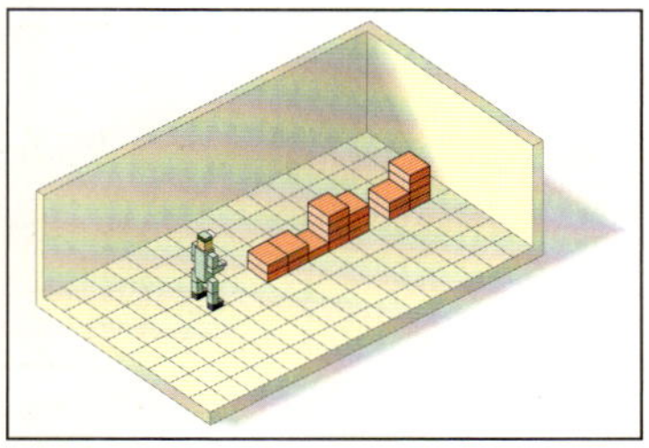

3 *Aufräumen*

4 Lange Treppe

Robi soll eine Treppe von der Stelle, wo er steht, bis zur Wand bauen (siehe Abbildung 4).

Tipp: Ehe er eine Reihe Ziegel zur Wand legt, legt er zuerst nur einen, stellt sich darauf und markiert das Feld. Dann weiß er, wie weit er für die nächste Reihe zurückgehen muss.

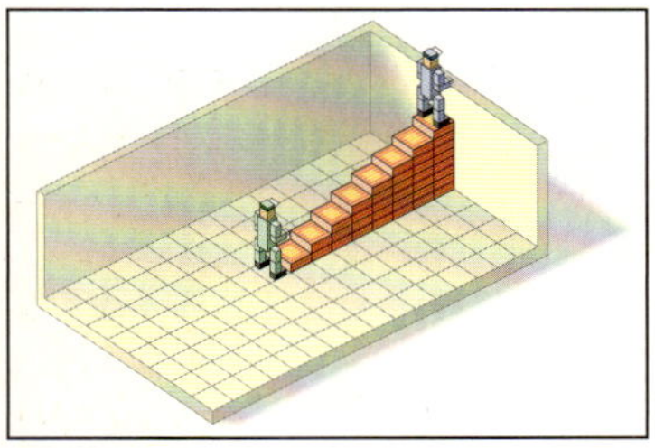

4 *Treppe*

5 Staubsauger

Von einer Wand des Raumes zu einer anderen Wand liegt eine Kette von Ziegelsteinen. Die Steine am Beginn und Ende haben nur einen Nachbarstein. Jeder andere Stein hat genau zwei Nachbarsteine (jedoch nicht diagonal). Über Eck dürfen sich die Ziegel berühren.

a Zu Beginn steht Robi auf dem Kettenanfang und blickt zur Kette. Er soll die ganze Kette der Reihe nach aufheben. Entwickle ein Programm für Robi!

b Teste das Programm mit einer anderen Kette!

c Robi steht irgendwo im Raum. Er soll zuerst den Anfang der Kette finden und dann mit dem Algorithmus aus a) die ganze Kette aufheben.

5 *Staubsauger*

6 Mähen

Robi steht vor einem Viereck aus Ziegeln. Er soll alle Steine einsammeln. Zur Vereinfachung darfst du davon ausgehen, dass Robi an einer Ecke des Vierecks steht und in Richtung Ziegelsteine blickt (Abbildung 6). Deine Lösung soll bei beliebig großen Vierecken einsetzbar sein.

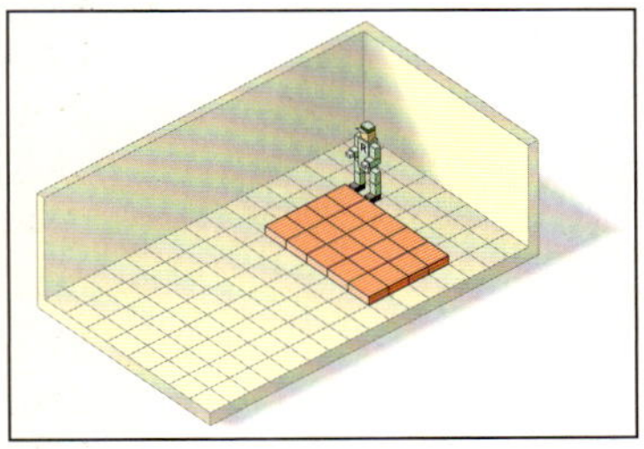

6 *Mähen*

27 Bedingte Anweisungen

Alles anders

1 Lichterkette beim Volksfest

› lat.: invertere – umkehren

Vom Volksfest kennst du verschiedene Arten von Lichterketten. Bei manchen werden die Lampen in einem festen Zeittakt ein- und ausgeschaltet. Das Lampenbild wird › invertiert. Robi soll etwas Ähnliches mit Ziegeln nachbauen. Überall dort, wo ein Ziegelstein war, soll anschließend keiner mehr sein; überall dort, wo ein leeres Feld war, soll anschließend ein Ziegelstein liegen.

? Was muss Robi können, um diese Aufgabe zu meistern?

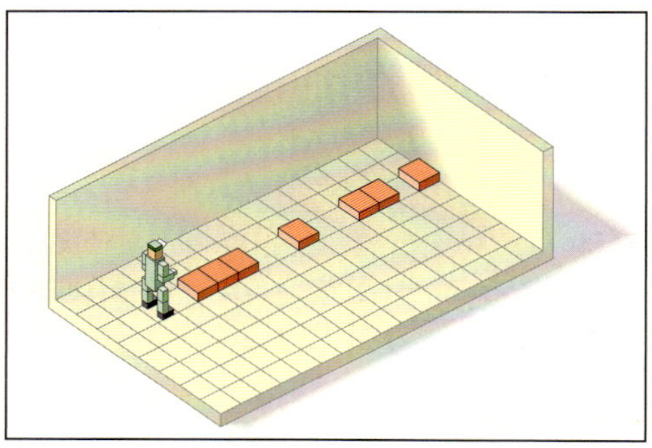

2 Vor dem Invertieren

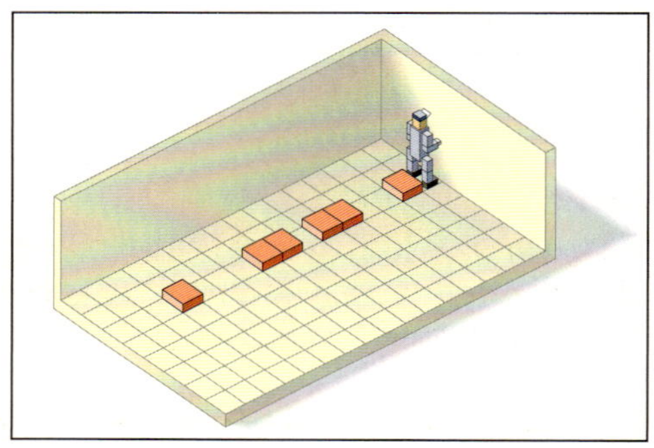

3 Nach dem Invertieren

Jetzt fallen Entscheidungen

Wenn auf dem Feld vor ihm ein Ziegel liegt, muss er ihn aufheben, sonst muss er einen Ziegel hinlegen. Er muss also abhängig von einer Bedingung von zwei Sequenzen diejenige **auswählen**, die er ausführen soll. Diese Situation nennt man **Auswahl** oder **bedingte Anweisung**. Wir schreiben dafür:

Struktogramm

Bedingung wahr	falsch
Sequenz1	Sequenz2

Anweisungstext

```
wenn Bedingung dann
    Sequenz1
sonst
    Sequenz2
endewenn
```

Zwischen „dann" und „sonst" steht im Anweisungstext die Sequenz, die ausgeführt wird, wenn die zugehörige Bedingung den Wert wahr liefert. Zwischen „sonst" und „endewenn" steht die Sequenz, die im anderen Fall ausgeführt wird.
Im Struktogramm enthält die bedingte Anweisung ein „Entscheidungsdreieck" für die Bedingung und zwei Rechtecke nebeneinander für die beiden möglichen Fortsetzungssequenzen.

Die bedingte Anweisung für das Invertieren lautet also:

Struktogramm

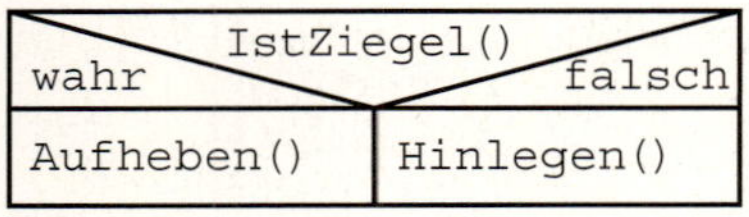

Anweisungstext

```
wenn IstZiegel() dann
    Aufheben()
sonst
    Hinlegen()
endewenn
```

Damit kann Robi jetzt, wie zu Beginn des Kapitels besprochen, eine ganze Reihe bis zur Wand invertieren (siehe Abbildung 2 und 3):

Struktogramm

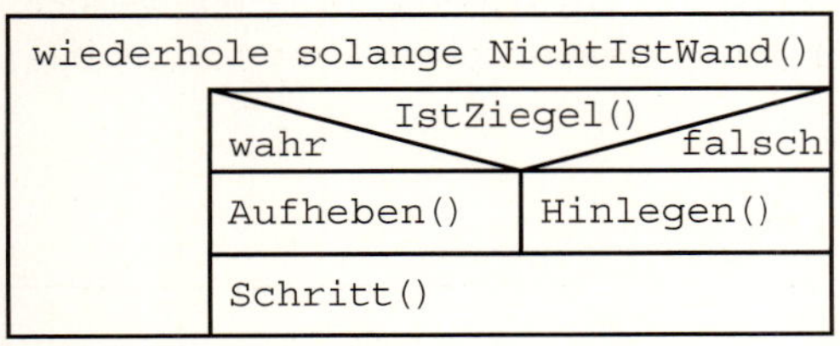

Anweisungstext

```
wiederhole solange NichtIstWand()
    wenn IstZiegel() dann
        Aufheben()
    sonst
        Hinlegen()
    endewenn
    Schritt()
endewiederhole
```

Viele Ziegel

Wir geben Robi den Auftrag, hundert Ziegel abzulegen. Er kann sie nicht alle vor sich aufeinander stapeln, da er nicht so weit hoch reicht. Also legt er sie hintereinander. Dabei muss er aufpassen, dass er nicht an die Wände anstößt.

Was kann er machen, um dieses Problem zu vermeiden?

Eine Möglichkeit ist: Wenn er vor der Wand steht, dreht er sich nach rechts. Probiere diese Strategie aus! Wann ist sie erfolgreich, wann gibt es Probleme?

Wenn Robi beim Start nicht an der Wand steht, kann sicher nichts passieren.

```
wiederhole 100 mal
    wenn IstWand() dann
        RechtsDrehen()
    sonst

    endewenn
    Hinlegen()
    Schritt()
endewiederhole
```

Auffällig ist die leere fünfte Zeile. Sie bringt zum Ausdruck, dass Robi nichts auszuführen braucht, wenn er nicht vor der Wand steht. Man hat beim Lesen den Eindruck, dass nach dem Wort „sonst“ noch etwas fehlt. Um deutlich zu machen, dass nichts fehlt, kannst du in diesem Fall das „sonst“ weglassen.

Struktogramm

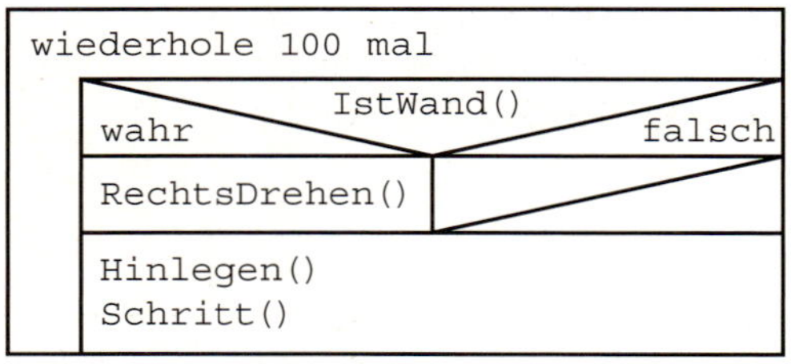

Anweisungstext

```
wiederhole 100 mal
    wenn IstWand() dann
        RechtsDrehen()
    endewenn
    Hinlegen()
    Schritt()
endewiederhole
```

Diese Spezialform der bedingten Anweisung nennt man **einseitige** bedingte Anweisung, die allgemeine Form **zweiseitige** bedingte Anweisung. Im Struktogramm streicht man den nicht benötigten Sonst-Teil einfach durch, um anzuzeigen, dass in diesem Fall nichts zu tun ist.

Die **zweiseitige bedingte Anweisung** wird verwendet, um abhängig von einer Bedingung zwei verschiedene Sequenzen auszuführen.
Sie hat die Form:

wenn Bedingung **dann**
    Sequenz1
sonst
    Sequenz2
endewenn

Die **einseitige bedingte Anweisung** wird verwendet, um eine Sequenz abhängig von einer Bedingung auszuführen.
Sie hat die Form:

wenn Bedingung **dann**
    Sequenz1
endewenn

Hinweis: Die bedingte Anweisung kann, wie alle Anweisungen, geschachtelt werden.

Aufgaben

1 Invertieren

a Teste deine Lösung für das Invertieren mit dem Raum wie in Abbildung 2 (vorher)!

b Wie oft wird beim Invertieren der Reihe in Abbildung 2 (vorher) der Dann-Teil ausgeführt, wie oft der Sonst-Teil?

c Auffüllen: Robi soll eine lückenhafte Ziegelreihe (beliebige Lücken) auffüllen, bis er an der Wand ankommt.

2 Ziegel legen

a Bringe Robi eine Methode Lege100 bei, mit der er die Aufgabenstellung von „Viele Ziegel" löst. Teste diese Methode!

b Erweitere Lege100 durch Bedingungen vor der Wiederholung so, dass das Ablegen von jeder Startposition aus funktioniert.

3 Reihe mit Löchern
Entwirf eine Folge von Anweisungen, mit der Robi von seiner Position zur Wand eine Reihe legt, bei der auf jeder zweiten Stelle ein Ziegel liegt (Abbildung 4)! Teste deine Lösung, wenn Robi 6 bzw. 7 Felder vor der Wand steht!

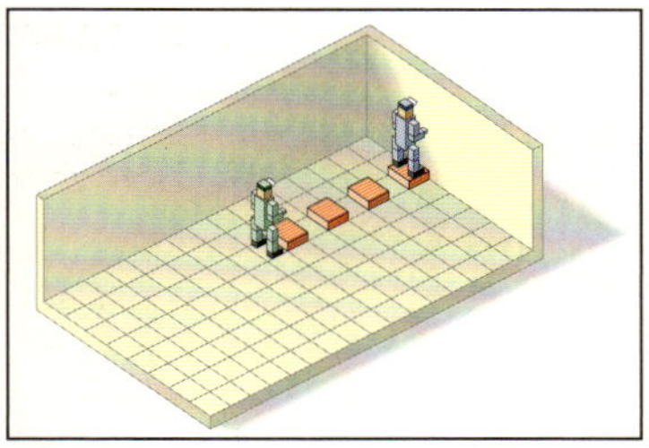

4 Reihe mit Löchern

4 Subtrahieren
Erstelle eine Methode Subtrahieren, bei der Robi von einem Stapel 3 Felder rechts von ihm so viele Steine wegnimmt, wie auf einem Stapel vor ihm liegen. Wenn er nichts mehr abziehen kann (Minuend kleiner als Subtrahend), soll er die Steine auf ein Feld 4 Felder rechts von ihm ablegen (negatives Ergebnis).

5 Raum auslegen
Ein Teil der Felder in Robis Raum ist mit einem Ziegel belegt. Entwirf eine Anweisungsfolge, die die noch freien Felder ebenfalls mit einem Ziegel belegt!

6 Spur löschen
Bei der Aufgabe Staubsauger (voriges Kapitel, Aufgabe 5) hat Robi eine Kette von Ziegelsteinen abgeräumt. Entwirf nun eine Methode SpurLöschen, die statt der Ziegelsteine eine Reihe von Markierungen löscht! Beachte dabei, dass Robi nur dann feststellen kann, ob ein Feld markiert ist, wenn er auf diesem Feld steht! Zu Beginn soll Robi am Anfang der Spur stehen.

7 Hin und her
Robi soll auf einer Reihe von Ziegelsteinen wie bei der Aufgabe Staubsauger (voriges Kapitel, Aufgabe 5) 100 Schritte hin und her rennen. Diesmal darf er die Steine nicht aufheben. Achte darauf, dass er wirklich von einem Ende zum anderen läuft.

8 Im Sumpf
Robi soll über die Ziegelwege aus dem Sumpf herausfinden (Abbildung 5). Damit er an den Abbiegungen und Abzweigungen weiß, wie er gehen muss, hat ein Freund vorher den Weg erkundet. Wenn der Weg nach links führt, hat das Abzweigungsfeld bzw. die Kurve eine Markierung, sonst nicht. Bringe Robi eine Methode bei, die ihn aus dem Sumpf führt!
Tipp: Pass auf, dass Robi richtig reagiert, wenn er das Ende des Wegs erreicht und nicht wieder zurück in den Sumpf läuft!

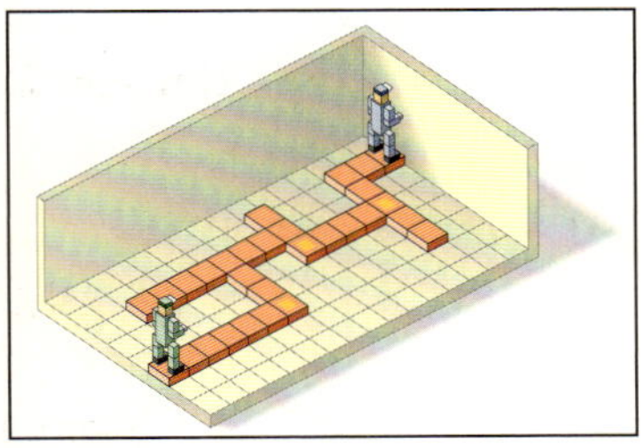

5 Robi im Sumpf

9 Leuchtschrift
Robi hat eine schöne große Leuchtschrift gesehen, bei der die Buchstaben und der Hintergrund abwechselnd aufleuchten. Er will diese Leuchtschrift mit Markierungen nachbauen.

a Schreibe ein Programm, das Robi eine Reihe mit Markierungen invertieren lässt (ähnlich Abbildungen 2 und 3).

b Erweitere das Programm von a) so, dass er seinen ganzen Raum invertiert. Verwende als ein Beispiel Abbildung 6.

c Vollende das Programm von b) in der Form, dass die Schrift 10-mal invertiert wird.

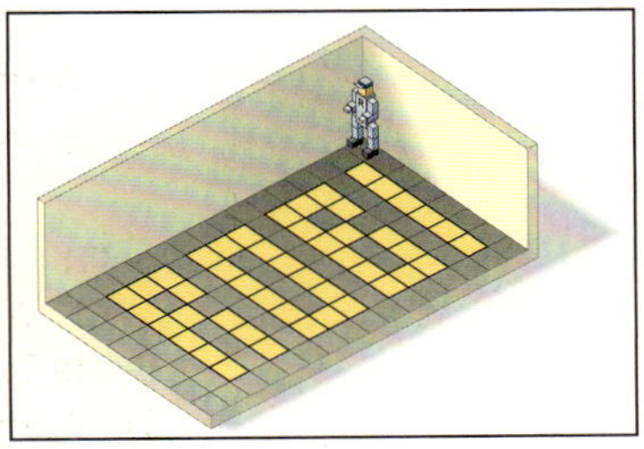

6 Leuchtschrift

28 Algorithmen

Großes Aufräumen

? Im Direkteingabemodus kannst du in Robis Zimmer ein Chaos von Ziegelsteinen anrichten. Robi soll den Raum aufräumen. Wie muss er dabei vorgehen?

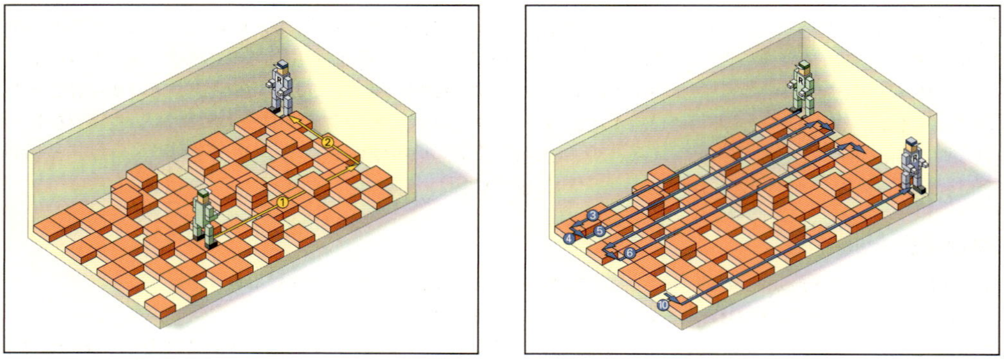

1 Aufräumen

Die meisten Teilschritte dieser Aufgabe hast du schon gelöst. Jetzt musst du sie zu einer Gesamtstrategie zusammenfügen. Zuerst braucht Robi einen festen Anfangspunkt. Dazu lassen wir ihn den gelben Pfeilen 1 und 2 nach in eine Ecke gehen und dabei gleich aufräumen, damit er nicht von Ziegelstapeln behindert wird. Von dort aus räumt er entlang der blauen Pfeile Reihe um Reihe auf, bis er die andere Seite des Zimmers erreicht hat (und dort an der Wand steht). Überlege dir, welche Methoden Robi lernen muss, damit er diese Aufgaben beherrscht!

Die grundlegende Aufgabe ist, ein Feld aufzuräumen und dieses Feld zu betreten. Damit kann er dann auch gleich eine ganze Reihe aufräumen. Das Erreichen der ersten Ecke (gelbe Pfeile) ist eine eigenständige Teilaufgabe, bevor das eigentliche Aufräumen beginnt (blaue Pfeile).

```
methode FeldAufräumen()
    wiederhole solange IstZiegel()
        Aufheben()
    endewiederhole
    Schritt()
endemethode

methode ReiheAufräumen()
    wiederhole solange NichtIstWand()
        FeldAufräumen()
    endewiederhole
endemethode

methode EckeErreichen()
    ReiheAufräumen()
    LinksDrehen()
    ReiheAufräumen()
    LinksDrehen()
endemethode

methode Aufräumen()
    EckeErreichen()
    wiederhole solange NichtIstWand()
        ReiheAufräumen()
        LinksDrehen()
        wenn NichtIstWand() dann
            FeldAufräumen()
            LinksDrehen()
            ReiheAufräumen()
            RechtsDrehen()
            wenn NichtIstWand() dann
                FeldAufräumen()
                RechtsDrehen()
            endewenn
        endewenn
    endewiederhole
endemethode
```

Wie du in Abbildung 2 siehst, kannst du im Struktogramm der Methode Aufräumen wesentlich besser als im Anweisungstext erkennen, wie weit die Wiederholung bzw. die bedingten Anweisungen reichen. Im Anweisungstext ist das trotz der Einrückungen nur schwer zu erkennen.

Unabhängigkeit

Das Struktogramm hat aber noch einen zweiten, sehr wichtigen Vorteil. Es stellt die Wiederholungen und die bedingten Anweisungen – die **Kontrollstrukturen** – völlig unabhängig von der Schreibweise dar, die das Werkzeug fordert, das du für Robi verwendest. Wir haben in diesem Buch die bedingte Wiederholung durch „wiederhole solange Bedingung ... endewiederholung" beschrieben. Das Werkzeug Karol erwartet dagegen: „wiederhole solange Bedingung ... *wiederhole".

Algorithmen

Damit Robi eine Folge von Anweisungen ausführen kann, muss man
- die elementaren Befehle verwenden, die er kennt,
- klar und eindeutig formulieren, was er zu tun hat und in welcher Reihenfolge er es zu tun hat,
- Anweisungen geben, die er ausführen kann und
- alle Anweisungen vollständig angeben (keine offenen Formulierungen wie „usw." oder „eventuell" verwenden).

Anweisungsfolgen, die diese Voraussetzungen erfüllen, nennt man **Algorithmen**. Damit der Computer den Algorithmus ausführen kann, musst du ihn noch in einer dem Computer bekannten Programmiersprache eintippen. Dadurch entsteht aus dem Algorithmus ein verwendbares Programm.

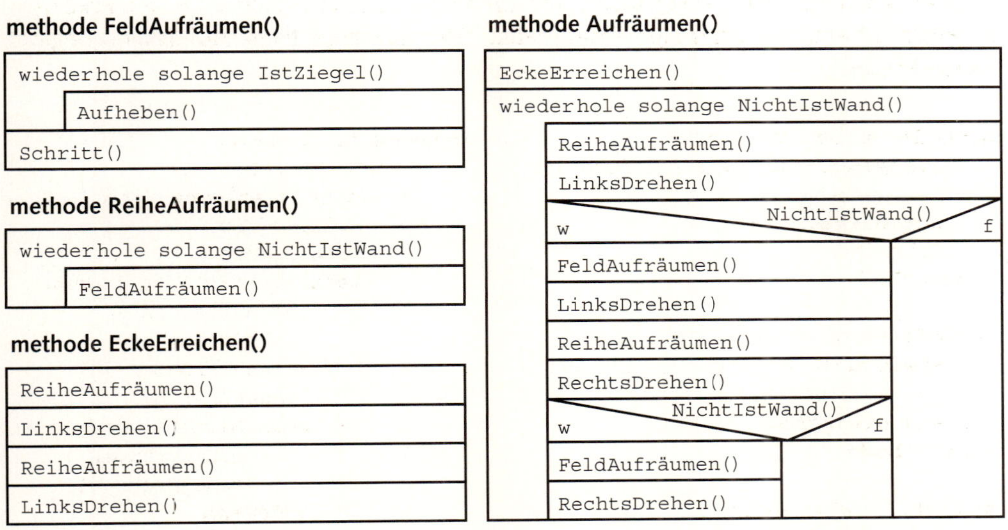

2 *Aufräumen als Struktogramm*

Ein **Algorithmus** ist eine **endliche** Folge aus **elementaren**, **eindeutigen** und **ausführbaren** Anweisungen.
Das Struktogramm ist eine von der konkreten Schreibweise einer bestimmten Programmiersprache unabhängige Darstellung für Algorithmen.

Aufgaben

1 Methoden als Struktogramme

Gib die Methode Aufräumen nach dem Struktogramm aus Abbildung 2 ein! Teste mit einer Raumbelegung wie in Abbildung 1!

2 Treppe

Das folgende Struktogramm beschreibt ein Verfahren, mit dem Robi eine Treppe von einer Wand zur anderen baut. Robi muss zu Beginn vor einer Wand stehen und diese anschauen.

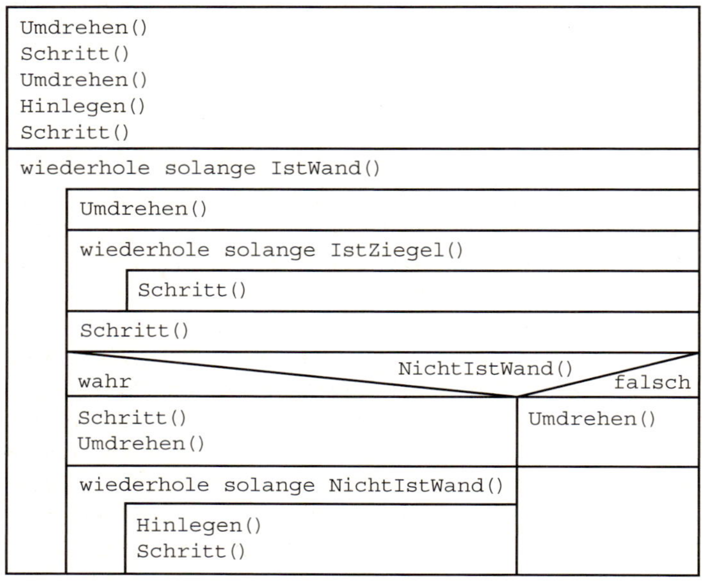

3 Struktogramm Treppe

a Setze das Struktogramm als Programm für Robi um!

b Beschreibe in Worten, in welcher Reihenfolge Robi die Treppe baut!

3 › Rechnen

› Ergänzung zum Unterricht für Interessierte und Robi-Fans

Robi kann für uns rechnen. Bringe Robi bei, wie er zwei zweistellige Zahlen addiert und multipliziert. Die Zahlen sind jeweils durch einen Stapel Ziegel für die Einer und einen Stapel Ziegel für die Zehner dargestellt (Abbildung 4). Das Ergebnis besteht jeweils aus einer Reihe von Ziegeln für die Einer, einer Reihe Ziegel für die Zehner, für die Hunderter und für die Tausender (Abbildung 5).

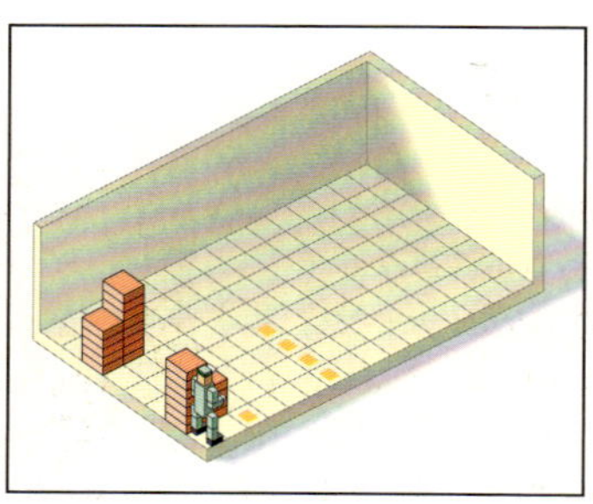

4 Berechne: 74 + 58

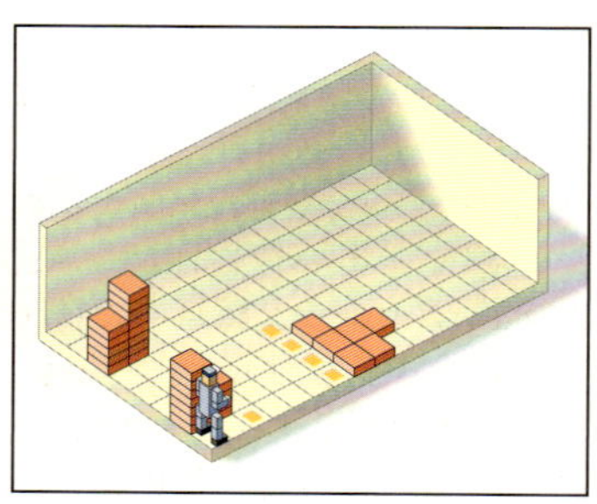

5 Ergebnis: 74 + 58 = 132

Damit nach der Rechnung das Ergebnis überprüft werden kann, soll Robi für jeden Ziegel, den er addiert, auch einen Ziegel auf einen Hilfsstapel legen, um sich die beiden Summanden zu merken. Diese Hilfsstapel werden nach der

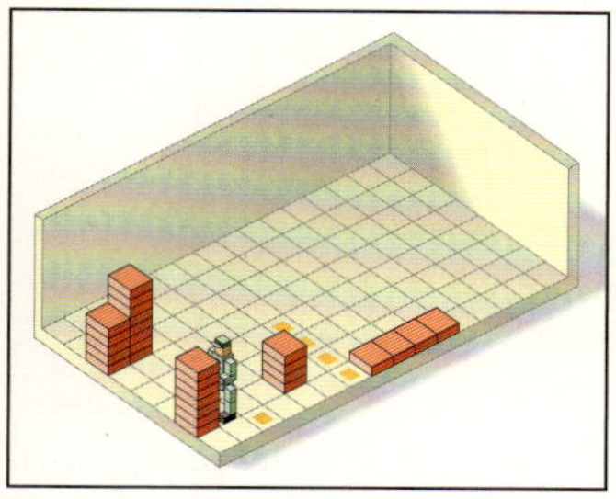

6 *Einer von Summand1*

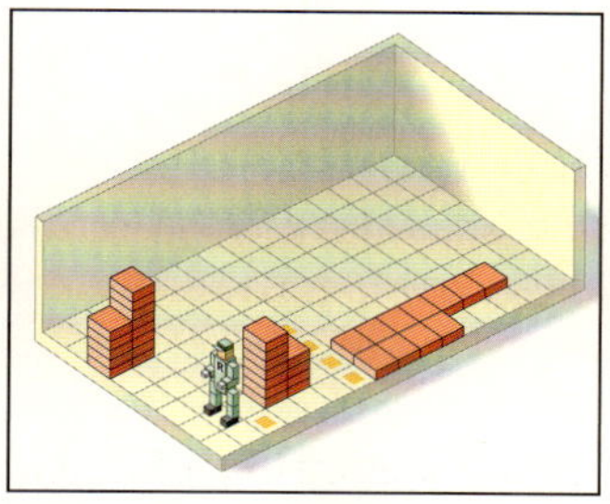

7 *Summand1 bearbeitet*

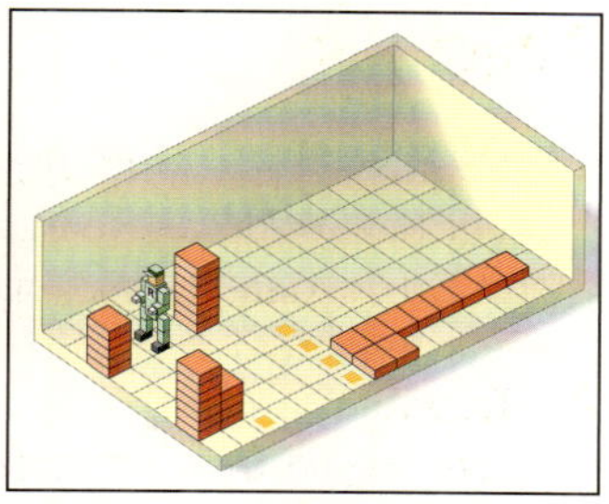

8 *Einer von Summand2*

Rechnung (oder gleich nach der Bearbeitung des jeweiligen Summanden) wieder an die ursprünglichen Plätze zurückgetragen. In den Abbildungen 6, 7 und 8 siehst du, wie Robi seine Arbeit erledigt.

Beim Addieren fügt Robi Ziegel um Ziegel den bereits beim Ergebnis liegenden an (Einer zu Einer, Zehner zu Zehner). Da Robi die Ziegel auf einem Stapel aber nicht zählen kann, beginnen wir mit dem Auslegen der Ziegel genau 9 Schritte vor der Wand. Wenn Robi dann einen neuen Ziegel hinzufügen will, muss er nur prüfen, ob er an die Wand anstößt. Wenn nicht, ist alles gut und er kann den Ziegel ablegen. Wenn doch, sind in dieser Reihe 10 Ziegel zusammengekommen. Er muss dann diese Reihe abräumen und einen Ziegel zu nächsten Reihe addieren.
Die Markierungen auf einigen Feldern von Robis Raum helfen ihm, sich zu orientieren. Da Robi die Raumgröße nicht kennt, kann er so leichter von den Summanden zum Ergebnis laufen (und zurück). Du kannst die Aufgabe aber auch für eine fest vorgegebene Raumgröße lösen. Du darfst auch zusätzliche (oder andere) Felder markieren.

a Entwirf eine Methode Addieren1, bei der Robi einen Ziegel zu der Ergebnisreihe addiert, vor der er gerade steht! Achte dabei auf den Übertrag! Robi muss am Ende von Addieren1 genau vor der Reihe stehen, vor der er zu Beginn stand, mit Blickrichtung nach Süden.
  Teste deine Methode mit 4 Steinen in der Reihe, mit 9 Steinen in der Reihe und mit 9 Steinen in der Reihe sowie 9 Steinen in der nächsten Reihe!

b Entwirf eine Methode Ruecksetzen, die den Hilfsstapel für einen Summanden wieder zurück auf den ursprünglichen Platz setzt. Ruecksetzen wird aufgerufen, wenn Robi den letzen Ziegel des Zehnerstapels addiert hat und feststellt, dass keine Ziegel mehr vorhanden sind (Abbildung 7 für Summand 1). Teste auch diese Methode!

c Überlege dir weitere sinnvolle Teilmethoden für die Additionsaufgabe, bringe sie Robi bei und teste sie einzeln!

d Entwirf nun die Methode Addieren und teste sie! Verwende als Beispiel auch die Situation in Abbildung 4.

e Die Multiplikation ist eigentlich eine Addition von lauter gleichen Summanden ($5 \cdot 4 = 4 + 4 + 4 + 4 + 4$, erinnere dich an die Grundschule). Bringe nun Robi die Multiplikation so bei, dass er für jeden Einer(-ziegel) des 2. Faktors den ersten Faktor zum Ergebnis addiert, für jeden Zehner(-ziegel) muss er den 1. Faktor 10-mal zum Ergebnis addieren. In Abbildung 9 hat Robi gerade mit den Einern multipliziert, in Abbildung 10 ist er mit seiner Arbeit fertig.

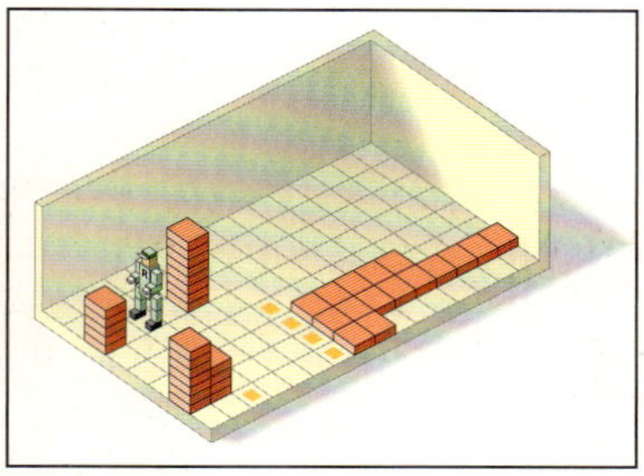

9 *$74 \cdot 8 = 592$*

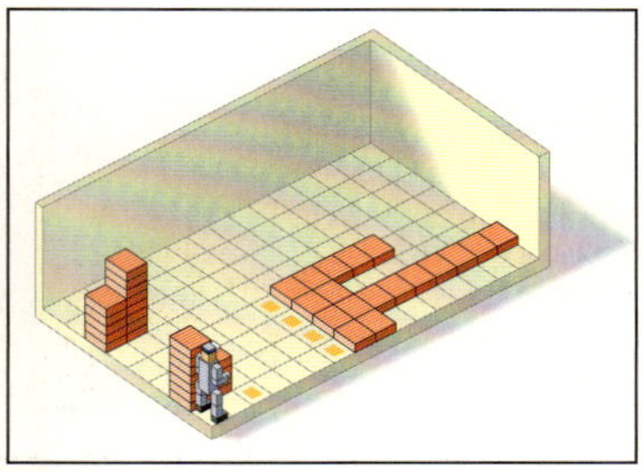

10 *Ergebnis: $74 \cdot 58 = 4292$*

29 Algorithmen überall

Anleitungen selbst erstellen

In Kapitel 23 hast du bereits gesehen, dass sich viele Abläufe im Alltag durch Algorithmen beschreiben lassen. Jetzt bist du in der Lage, diese Beschreibungen kritisch auf die Korrektheit ihrer Darstellung hin zu beurteilen und selbst algorithmische Beschreibungen zu erstellen. Dafür kannst du die erlernten Kontrollstrukturen und die verschiedenen Darstellungsformen von Algorithmen einsetzen.

Telefonieren – so oder so

Hannah und Max sollen als Hausaufgabe im Fach Deutsch beschreiben, wie man telefoniert. Sie lösen diese Aufgabe recht unterschiedlich.

Hannah
Suche zuerst die Nummer im Telefonbuch. Hebe ab und wähle die Nummer. Warte so lange, bis der Teilnehmer abhebt. Telefoniere und lege dann wieder auf.

Max
Schlage das Telefonbuch auf. Blättere bis zu der Seite, auf der der Teilnehmername steht. Lege einen Finger hinter die erste Ziffer der Telefonnummer. Wähle diese Ziffer. Verrutsche deinen Finger um eine Ziffer nach rechts und wähle wieder. Wiederhole diesen Vorgang, solange noch Ziffern zu wählen sind. Wenn das Besetztzeichen kommt, dann lege auf. Sonst warte, bis der Teilnehmer abhebt. Telefoniere mit ihm. Wenn ihr zwei fertig seid, lege auf.

? Was ist der Unterschied in den beiden Vorgangsbeschreibungen? Warum ist der Text von Max viel länger? Was sind die Gemeinsamkeiten?

Sowohl Hannah als auch Max haben versucht, einen Algorithmus für das Telefonieren zu formulieren. Hannah hat sich die Sache aber leicht gemacht. Sie erwartet vom Telefonierer, dass er für die Botschaften „Suche die Nummer im Telefonbuch" und „Wähle die Nummer" bereits geeignete Methoden kennt. Max setzt nur die Kenntnis einfacherer Methoden voraus. Er hat z. B. die Methode NummerWählen beschrieben und erwartet nur die Kenntnis der Methode ZifferWählen.

1 Mensch telefoniert

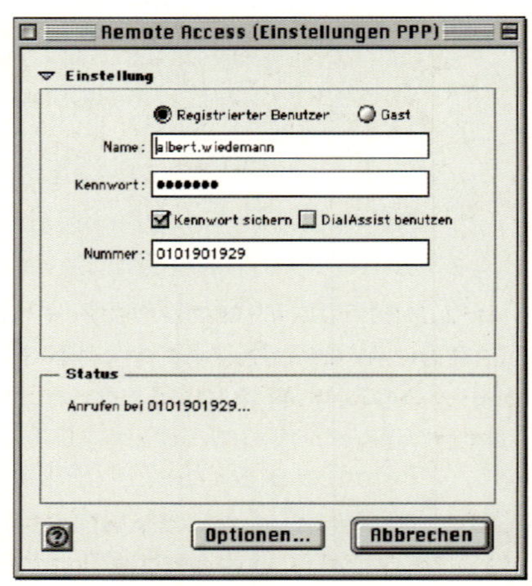

2 Computer telefoniert

Weiter geht Hannah davon aus, dass das Telefonat wirklich zustande kommt. Die Möglichkeit, dass der Anschluss besetzt sein kann, berücksichtigt sie im Gegensatz zu Max nicht. Allerdings hat auch Max eine Möglichkeit außer Acht gelassen: Dass der Angerufene nicht zu Hause ist oder aus einem anderen Grund nicht abhebt.

Immer dann, wenn wir einen Vorgang aus dem Leben als Algorithmus beschreiben wollen, müssen wir uns zuerst einmal Gedanken darüber machen, welche Tätigkeiten (Methoden) derjenige beherrscht, der den Algorithmus ausführen soll. Bei einer Maschine ist in der Regel angegeben, welche Methode sie beherrscht (Gebrauchsanweisung). Menschen verändern ständig ihre Methodenvielfalt (Lernen, Vergessen).
Das Problem, welche Sonderfälle wir berücksichtigen müssen, haben wir aber auch bei der Übertragung von Arbeiten an den Computer. Ein Programm, das für deinen Computer die Verbindung zum Internet herstellt, muss sehr wohl berücksichtigen, dass der Anschluss besetzt ist. Es muss aber auch damit umgehen können, dass nicht abgehoben wird (zu viele Anrufe, Gerätefehler usw.).

Puzzle zusammensetzen

Hast du schon mal ein Puzzle zusammengesetzt?

?

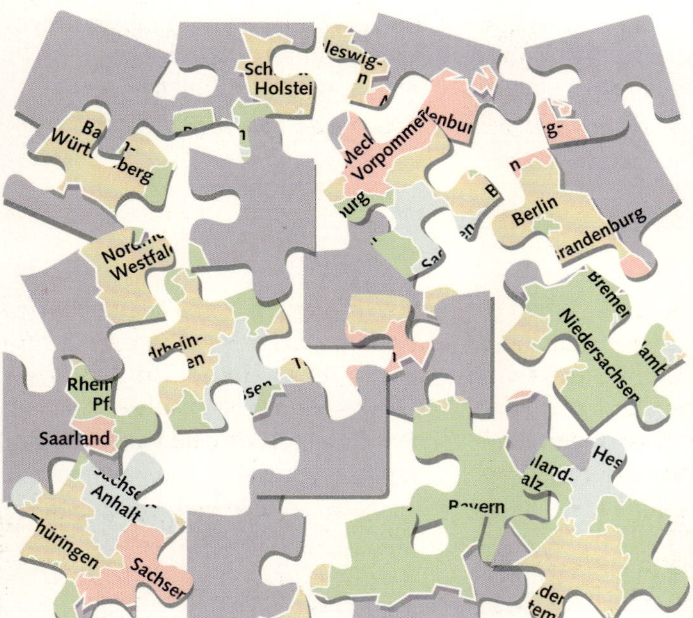

3 *Puzzleteile*

4 *fertiges Puzzle*

Bei kleinen Puzzles fängt man einfach irgendwo an und bastelt mehr oder weniger ohne Konzept weiter. Bei großen Puzzles muss man systematischer vorgehen. Oft sucht man zuerst die Randteile, baut den Rand vollständig zusammen und macht dann nach innen weiter.

Stelle dir vor, du hast einen Roboter, der Puzzles zusammensetzen kann. Er hat eine große Arbeitsfläche, auf der das Puzzle entsteht und drei Plätze für jeweils einen Haufen von Puzzleteilen.

Er kennt folgende Methoden:

LegeTeilAufArbeitsfläche()	Legt das Teil auf die Arbeitsfläche. Wenn es passt, wird es angelegt.
LegeTeilAn()	Legt das Teil an den bereits fertigen Teil an
LegeTeilAufHaufen(Nummer)	Legt das Teil auf dem angegebenen Haufen ab
NimmTeilVonHaufen(Nummer)	Holt das Teil von dem angegebenen Haufen
VerschiebeTeile (NummerVon, NummerNach)	Verschiebt alle Teile von einem Haufen zu einem anderen
IstRandTeil()	Testet, ob das Teil ein Randteil ist
TeilPasst()	Testet, ob das Teil angelegt werden kann
NichtIstHaufenLeer(Nummer)	Testet, ob der angegebene Haufen nicht leer ist

Das Aufteilen in Randteile und andere ist einfach. Man nimmt ein Teil nach dem anderen und schaut nach, ob es ein Randteil ist. Wenn ja, legt man es auf einen Haufen, sonst auf einen anderen.

Für den Puzzleroboter musst du den Algorithmus etwas präziser formulieren. Vor allem musst du angeben welchen seiner Plätze er für welchen Haufen von Teilen verwenden soll. Zu Beginn legen wir einfach alle Teile auf den Haufen mit der Nummer 1.

```
wiederhole solange NichtIstHaufenLeer(1)
    NimmtTeilVonHaufen(1)
    IstRandTeil()
    wahr                          falsch
    LegeTeilAufHaufen(2)        | LegeTeilAufHaufen(3)
```

? Wie würdest du den Rand zusammensetzen?

Bei wenigen Randteilen kannst du die Randteile vor dir ausbreiten und ein passendes nach dem anderen suchen. Bei vielen Teilen ist eine andere Strategie besser. Du beginnst mit einem beliebigen Randteil. Dann nimmst du der Reihe nach die Teile und schaust, ob sie an den schon gelegten Rand passen. Wenn nicht, legst du sie auf einen anderen Haufen.

? Wie sieht das Struktogramm für die zweite Strategie aus?

Eine Möglichkeit ist:

```
NimmTeilVonHaufen(2)
LegeTeilAufArbeitsfläche()
wiederhole solange NichtIstHaufenLeer(2)
    NimmTeilVonHaufen(2)
    TeilPasst()
    wahr                             falsch
    LegeTeilAufArbeitsfläche()     | LegeTeilAufHaufen(1)
```

Wie sieht das Puzzle jetzt aus? Was muss noch gemacht werden?

?

Ein Teil des Randes ist fertig, die restlichen Steine liegen auf Haufen 3. Wir müssen die Steine wieder auf Haufen 2 zurücklegen und dann eine weitere Anlegrunde versuchen. Das wiederholen wir, solange wir noch Randteile haben.

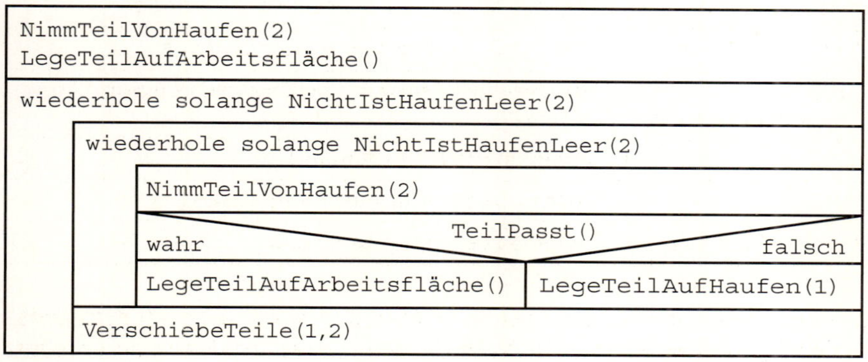

Der Rand des Puzzles ist nun fertig. Den Algorithmus zum Fertigstellen des Inneren kannst du selbst entwerfen (siehe Aufgabe 4).

Aufgaben

1 Telefonieren

a Stelle die Vorgangsbeschreibung von Max als Struktogramm dar! Für das Suchen der Telefonnummer kannst du vereinfachend (wie Hannah es macht) die Methode SucheNummer voraussetzen.

b Erweitere nun das Struktogramm von a) so, dass auch berücksichtigt wird, dass der Teilnehmer nicht abhebt.
Tipp: Wenn niemand abhebt, hörst du nach einer gewissen Wartezeit statt des Klingelzeichens das Besetztzeichen.

2 Rezept (auf einem Hustenmittel)

„Wenn vom Arzt nichts anderes verordnet ist, 3 – 4-mal täglich 15 – 20 Tropfen, am besten in heißem Zuckerwasser, einnehmen. Kinder nehmen die halbe Tropfenzahl."
Ergänze und korrigiere das Struktogramm.

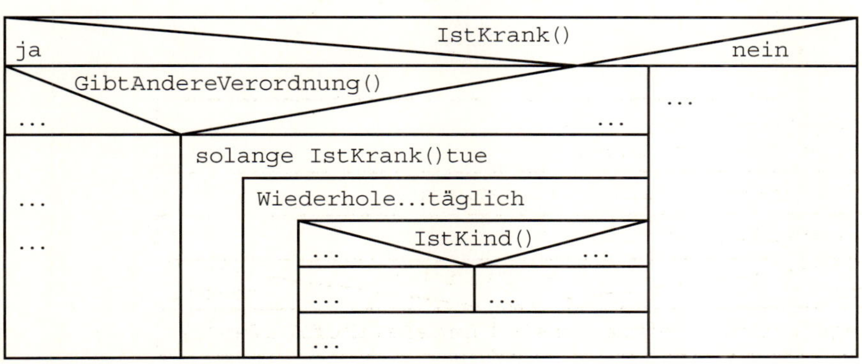

3 Karten sortieren

Die 52 Karten eines Bridgespieles sollen in aufsteigender Reihenfolge 2, 3, 4, 5, 6, 7, 8, 9, 10, Bube, Dame, König, Ass und in aufsteigender Farbfolge Karo, Herz, Pik, Kreuz nach folgendem Verfahren sortiert werden:

- Bilde vier Haufen in den vier Farben!
- Nimm jeweils den Haufen mit der niedrigsten Farbe und sortiere nach Zahlwerten, indem du jeweils die kleinste Karte aus dem Haufen nimmst und auf den Zielstapel legst!

Formuliere zuerst mit den Begriffen „wenn – dann – sonst“, „wiederhole solange“ und „wiederhole x mal“ den oben angedeuteten Algorithmus genauer!
Erstelle dann das Struktogramm zu deinem Algorithmus!

4 Puzzle

Vervollständige den Algorithmus zum Erstellen des Puzzles!
Tipp: Du kannst dabei viel von der Erstellung des Randes verwenden.

5 Experimente aus der Physik

Erstelle für folgende Experimente exakte Versuchsbeschreibungen, so dass auch ein Laie das Experiment durchführen kann. Erstelle eine umgangssprachliche Formulierung unter Verwendung der Kontrollstrukturen. Achte auf eine präzise Darstellung.

a Bestimmung der Brennweite einer Linse
b Geschwindigkeitsmessung (2 Personen und Stoppuhr)
c Funktionstest von zehn Glühbirnchen (Batterie und Draht)
d Erstellung eines Kraft-Dehnungs-Diagramms

6 Multiplizieren – Gar nicht ganz so einfach

Formuliere die schriftliche Multiplikation zweier Zahlen als Algorithmus und schreibe sie als Struktogramm auf! Du kannst dabei als bekannte Methoden die Addition von Zahlen und die Multiplikation einer Zahl mit einer einstelligen Zahl voraussetzen.

7 Wäsche waschen

Der folgende, sinngemäße Auszug aus der Bedienungsanleitung einer Waschmaschine beschreibt, wie man die Maschine entweder sofort oder erst nach vorgegebener Verzögerungszeit starten kann.
Stellen Sie am Programmwähler das gewünschte Programm ein.
Wenn Sie den Waschvorgang sofort beginnen wollen, drücken Sie die Taste „Start“.
Wenn Sie den Waschvorgang verzögert beginnen wollen, drücken Sie die Taste „Start in h“ so oft, bis die gewünschte Verzögerungszeit angezeigt wird.
Beschreibe den Vorgang in Form eines Struktogramms!

Zum Weiterlesen

20 Aus der Praxis: Maschinenbauingenieurin

„Mein Name ist Helga Bauer und mein Beruf ist Maschinenbauerin. Ich konstruiere Roboter, die in den Lagerhallen eines großen Unternehmens Transportdienste durchführen. Als Benutzer gibt man einfach die Artikelnummer des gewünschten Gegenstands ein. Der Roboter sucht aus seinen Daten heraus, in welcher Lagerhalle, in welchem Gang, in welchem Regal und in welchem Fach der Artikel gelagert ist und fährt dann dorthin. › Sensoren helfen ihm, sich zielgenau dorthin zu bewegen und den Artikel mit seinen Greifarmen aufzunehmen. Danach macht sich der Roboter auf den Rückweg und legt den Artikel bei der Ausgabe ab.
Roboter werden nicht nur für solche ‚einfachen' Aufgaben hergestellt. Sie helfen auch bei für Menschen gefährlichen Einsätzen wie beispielsweise Autolackierungen, Sprengstoffentschärfungen und Marsmissionen."

1 Arbeitsroboter

› engl.: to sense – fühlen

21 Wie ein Computer arbeitet

Ein Computer besteht im Prinzip aus folgenden Bauteilgruppen: dem Prozessor, dem Arbeitsspeicher und den › Peripheriegeräten wie Monitor, Tastatur, Maus, Festplatten, CD- und / oder DVD-Laufwerke, Drucker, Scanner. Die eigentliche Arbeit leistet der Prozessor zusammen mit dem Arbeitsspeicher.

› griech.-lat.: peripher – am Rande befindlich

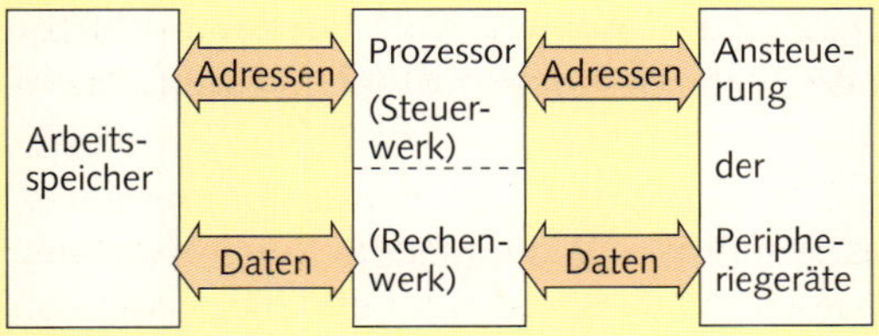

1 Aufbauschema eines Computers

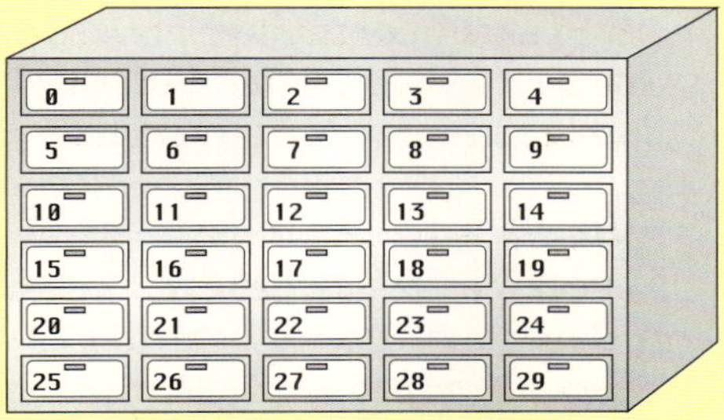

2 Arbeitsspeicher

Der Arbeitsspeicher ist wie ein großer Küchenschrank mit sehr vielen Fächern aufgebaut. Jedes Fach hat seine Nummer, die Maschinenadresse. Sein Inhalt ist immer eine einzige Zahl.
Der Prozessor des Rechners kennt einige Grundoperationen, die Maschinenbefehle. Auch sie werden als Zahlen im Arbeitsspeicher abgelegt. Die wichtigsten Befehle sind:

Grundrechenarten

- Addiere (AdresseSummand1, AdresseSummand2, AdresseSumme)
  bedeutet: Nimm den Inhalt der Schublade mit der Nummer AdresseSummand1, addiere dazu den Inhalt der Schublade mit der Nummer AdresseSummand2 und lege das Ergebnis in die Schublade mit der Nummer AdresseSumme.
- Subtrahiere (AdresseMinuend, AdresseSubtrahend, AdresseDifferenz)
- Multipliziere (AdresseFaktor1, AdresseFaktor2, AdresseProdukt)
- Dividiere (AdresseDividend, AdresseDivisor, AdresseQuotient)

Vergleiche von Zahlen wie
- IstGrößer (AdresseZahl1, AdresseZahl2)
- IstGleich (AdresseZahl1, AdresseZahl2)

Kopieren von Schubladeninhalten wie
- Kopiere (AdresseVon, AdresseNach)
- SetzeWert (Wert, AdresseNach)

Steuerung des Programmablaufs wie
- GeheZu (ProgrammAdresse)
  bedeutet: setzte den Programmablauf an der Stelle ProgrammAdresse fort.

3 Addition

Abbildung 3 zeigt, wie bei der Ausführung des Befehls Addiere(10, 20, 18) die Werte für den 1. Summanden und den 2. Summanden aus den Fächern mit den Nummern 10 und 20 geholt und der Wert der Summe im Fach Nummer 18 abgelegt wird.
Jedes noch so große Programm ist aus solchen Maschinenbefehlen zusammengesetzt. Glücklicherweise gibt es auf allen Computern für Aufgaben, die immer wieder benötigt werden (z. B. Lesen und Schreiben von Dateien, Lesen von der Tastatur, Lesen von Mausposition und Maustasten, Schreiben und Zeichnen auf dem Monitor oder dem Drucker) fertige Methoden. Trotzdem ist zum Erstellen eines Programms fast immer viel Arbeit nötig.

› Kurzform binary digit, engl.: Binärzeichen; Zeichenvorrat, der nur aus zwei verschiedenen Zeichen besteht

L3

22 Informationseinheiten im Computer – Bits und Bytes

Die kleinste Informationseinheit, die der Computer darstellen kann, ist ein › Bit. Mit einem Bit kann man zwei Zustände darstellen, die man mit 0 und 1 bezeichnet. Technisch können diese zwei Zustände auf verschiedene Arten realisiert werden: Strom an/aus im Arbeitsspeicher, Loch/kein Loch auf der Lochkarte, lange Grube/kurze Grube auf der CD (siehe „Zum Weiterlesen“ 3, Abbildungen 1 und 2). Der Computer verwendet für seine Rechnungen wegen der zwei Zustände der Bits das **Zweiersystem**.

Wenn große Zahlen im Zweiersystem geschrieben werden, sind sie für den Menschen schlecht zu lesen. Deshalb werden Zahlen auch im **Hexadezimalsystem** angegeben: $\underline{A1F8_{16}} = \underline{1010000111111000_2}$. Beispielsweise wird der Farbenwert, zusammengesetzt aus den Grundfarben Rot, Grün und Blau, in HTML durch eine sechsstellige Hexadezimalzahl angegeben. FF0000 bedeutet ein sehr intensives Rot.

8 zusammengehörende Bits heißen 1 **Byte**. Für die Informationseinheit 1 Byte sind damit $2^8 = 256$ verschiedene Werte möglich. Die Speicherkapazitäten werden in Kilobyte (KB), Megabyte (MB) und Gigabyte (GB) angegeben. Da hier wieder Zweierpotenzen zugrunde liegen, bedeutet 1KB daher 1024 Bytes = 2^{10} Bytes und nicht, wie das Wort „Kilo“ vermuten ließe, 1000 Bytes.

Zum Hauptkapitel I gibt es kein spezielles Werkzeug. Da die Werkzeugkästen den Kapiteln zugeordnet sind und deren Nummern aufgreifen, beginnen sie mit II.

Werkzeugkasten II

1 Aufbau der Oberfläche einer Grafiksoftware

Wenn du ein gängiges Grafikprogramm geöffnet hast, findest du eine Arbeitsfläche sowie mehrere Leisten vor (Abbildung 1).

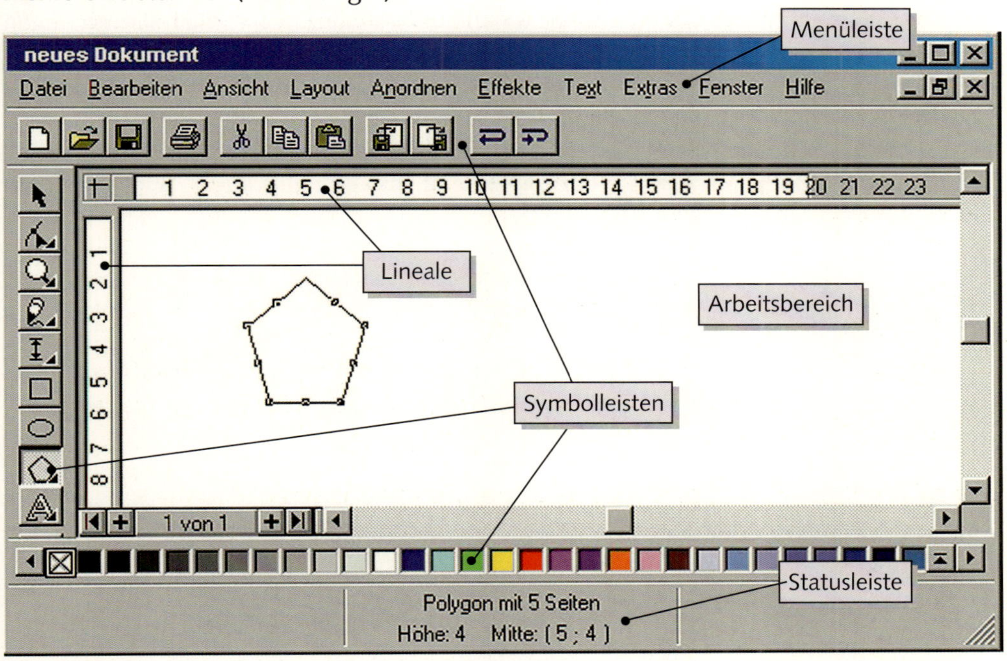

1 Oberfläche eines Grafikprogramms

Der **Arbeitsbereich** stellt die Fläche dar, auf der du deine Grafik erstellen kannst. Jeder Bildpunkt des Arbeitsbereichs lässt sich durch seine Lage in einem Koordinatensystem beschreiben, ähnlich wie in der Mathematik. Es bestehen jedoch einige Unterschiede:

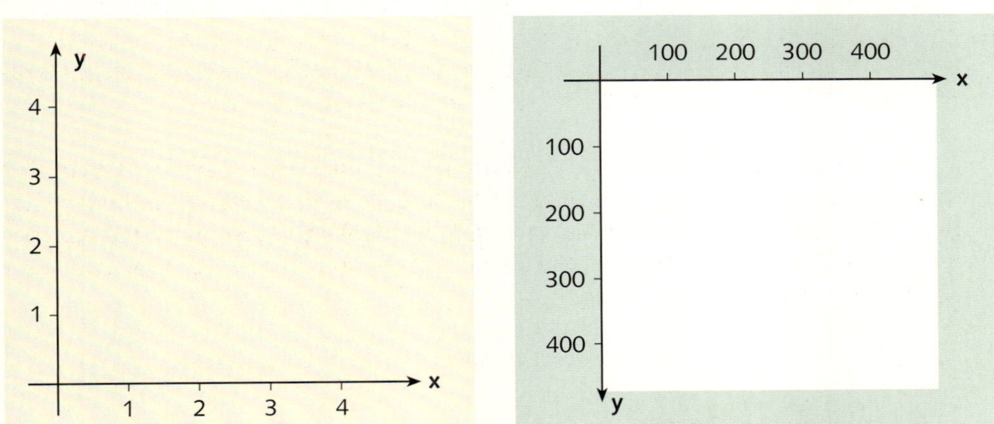

***2** Mathematisches Koordinatensystem und Koordinatensystem eines Grafikprogramms*

- **Achsen:** Während im mathematischen Koordinatensystem Achsen eingezeichnet werden, um die Lage der Punkte zu bestimmen, hat ein Grafikprogramm Lineale. Die Mauskoordinaten und die Lage des ausgewählten Objekts kannst du in der Statusleiste sehen.
- **Ursprung:** Der Nullpunkt des mathematischen Koordinatensystems liegt links unten. Dagegen liegt der Ursprung in den meisten Grafikprogrammen links oben.
- **Einheiten:** In der Mathematik legst du dein Koordinatensystem meist in der Einheit Zentimeter an. In Grafikprogrammen sind demgegenüber auch andere Einheiten wie Pixel oder Zoll (= 2,541 cm) gebräuchlich.

Die **Menüleiste** (mit den Menüs Datei, Bearbeiten, Ansicht, ...) enthält alle wichtigen Anweisungen.
Über die Schaltflächen in den **Symbolleisten** kannst du auch direkt eine Botschaft an die betroffenen Objekte senden, die dann die entsprechenden Methoden ausführen.
Die **Standardsymbolleiste** (oben) stellt dir den Zugriff auf die wichtigsten Operationen für das Dokument zur Verfügung. Die folgenden Symbole findest du in ähnlicher Form in vielen Programmen, auch in Textverarbeitungsprogrammen, wieder:

Erzeugen eines neuen Dokuments

Öffnen eines bestehenden Dokuments

Speichern eines Dokuments

Drucken eines Dokuments

Ausschneiden des ausgewählten Objekts aus dem Dokument

Kopieren des ausgewählten Objekts aus dem Dokument in die Zwischenablage

Einfügen eines zuvor kopierten/ausgeschnittenen Objekts aus der Zwischenablage in das Dokument

3 Schaltflächen aus der Standardsymbolleiste

Die **Hilfsmittelleiste** (Abbildung 1 links) gibt dir Hilfestellung zur Arbeit im Grafikdokument. Wichtige Elemente, die praktisch in allen Programmen auftauchen, sind hier:

Auswahlwerkzeug: Damit kannst du Objekte durch Anklicken markieren, um sie anschließend zu bearbeiten.

„Lupe": Damit kannst du den Bildausschnitt vergrößern oder verkleinern.

Klassensymbole: Wenn du eines dieser Werkzeuge anklickst, kannst du im Arbeitsbereich ein Objekt der entsprechenden Klasse erzeugen.

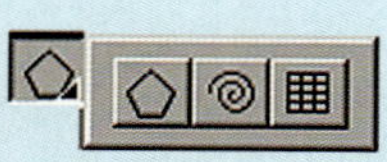

Bei manchen Symbolen erhältst du eine zusätzliche Auswahl, indem du es länger anklickst (Aufroll-Menü). Das erkennst du bei den Symbolen aus der Tabelle an den Dreiecken unten rechts.

4 Schaltflächen aus der Hilfsmittelleiste

Mit der **Farbpalette** kannst du gewünschte Farben auswählen. In der **Statusleiste** entdeckst du wichtige Attributwerte des Objekts, das du momentan bearbeitest.

2 Objekte mit Methoden verändern

Wenn du ein Objekt verändern willst, musst du es zunächst auswählen (aktivieren), indem du es mit dem Auswahlwerkzeug anklickst. Es erscheint dann eine Umrandung um das Objekt, bestehend aus mehreren Punkten.
Die Art, wie Methoden aufgerufen werden, ist von Programm zu Programm verschieden. Oft kann man ein Objekt mit der Maus anklicken (auswählen) und dann einen Dialog öffnen, in dem man die Werte aller Attribute angibt. Beim Schließen des Dialogs werden dann die entsprechenden Methoden zum Verändern der Attributwerte aufgerufen. Beispiel:

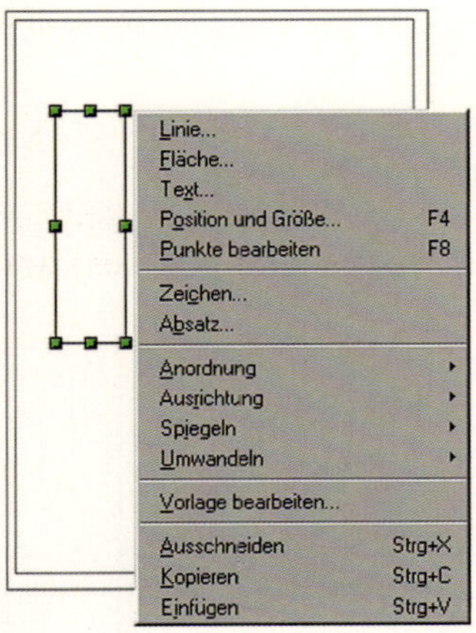

1 *Ausgewähltes Objekt – Dialog*

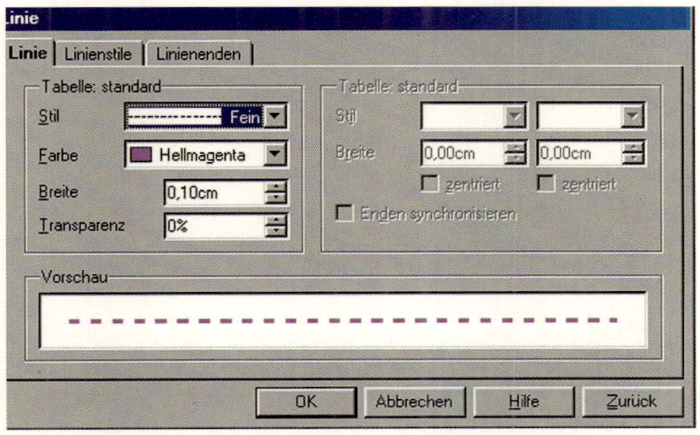

2 *Eigenschaftsdialog*

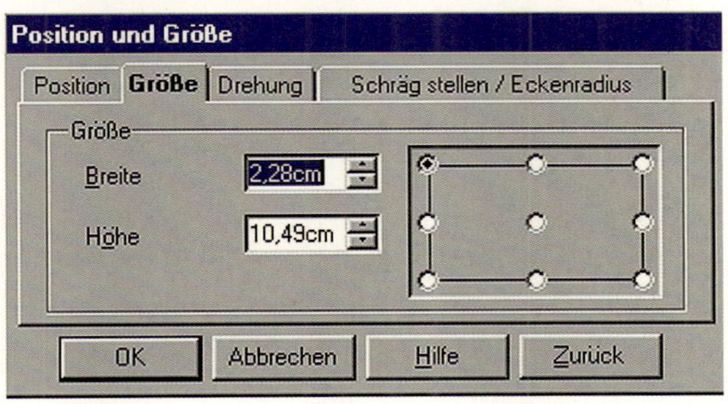

3 *Eigenschaftsdialog Position und Größe*

Das ausgewählte Objekt wird hier mit der rechten Maustaste angeklickt, worauf sich ein Menü öffnet (Abbildung 1). Wählt man hier „Linie" aus, so erscheint ein Eigenschaftsdialog für die Attribute der Begrenzungslinie des Rechtecks (Abbildung 2). Du erkennst, dass sich der Dialog in die drei Reiter „Linie", „Linienstile" und „Linienenden" unterteilen lässt. Im Reiter „Linie" kannst du beispielsweise mit einem Aufklappfeld den Linienstil (fein gestrichelt) und die Linienfarbe (Hellmagenta) einstellen. In einem Eingabefeld kannst du die Linienbreite bestimmen. Wenn du auf „OK" klickst, werden die Methoden zur Veränderung aufgerufen. In anderen Dialogen wie „Fläche" oder „Position und Größe" (Abbildung 3) kannst du die weiteren Attributwerte des Rechtecks einsehen und gegebenenfalls verändern.

Häufig lassen sich die Aufrufe auch über die Menüleiste tätigen.
Die folgende Tabelle stellt unsere Kurzschreibweise für Methoden, deren Bedeutung und deren Aufruf im Grafikprogramm gegenüber. Eine ähnliche Tabelle kannst du für das von dir benutzte Programm erstellen und dort die wichtigsten bzw. die von dir am häufigsten benutzten Methoden eintragen.

Methode	Arbeitsauftrag	Aufruf durch Menü	Aufruf durch Maus
FüllfarbeSetzen (hellgrün)	Setzt die Farbe auf den angegebenen Wert hellgrün	Objekt auswählen → Format → AutoForm → Farben und Linien → Ausfüllen Farbe → hellgrün	Objekt auswählen → rechter Mausklick → Grafik formatieren → Farben und Linien → Ausfüllen Farbe → hellgrün
BreiteSetzen (2)	Setzt die Breite auf den angegebenen Wert 2	Objekt auswählen → Format → AutoForm → Größe → Breite → 2	Objekt auswählen → Ziehen an der rechten Markierung

4 Methoden und verschiedene Zugriffswege darauf

Für sehr häufig auftretende Botschaften sind Tastenkombinationen zum Auslösen vorgesehen:

Arbeitsauftrag	Aufruf durch Tastenkombination	
	bei Windows	bei Macintosh
Kopiere	Strg-c	⌘-c
SchneideAus	Strg-x	⌘-x
FügeEin	Strg-v	⌘-v
Speichere	Strg-s	⌘-s

5 Wichtige Tastenkombinationen

Auf englischen Tastaturen ist die Taste Strg (Steuerung) mit Ctrl (Control) bezeichnet. Die Taste ⌘ auf den Apple-Tastaturen nennt man Befehlstaste.

3 Namenskonventionen

1 Dateityp und Bearbeitungsprogramm

Viele Programme können Dateien mit verschiedenen Dokumententypen öffnen. Aber auch umgekehrt kann eine Datei mit einem bestimmten Dokumententyp in der Regel von mehr als einem Programm geöffnet werden.

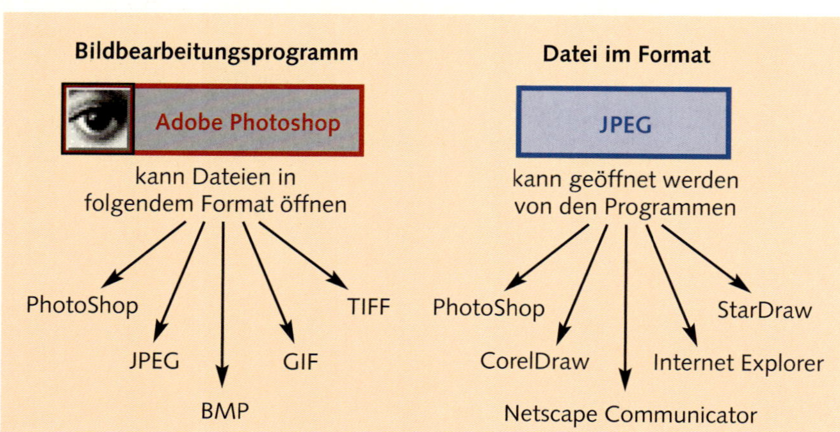

Deshalb ist es nützlich, wenn jede Datei ein Attribut „Typ" hat, das angibt, welche Art Dokument in dieser Datei gespeichert ist. So kann jedes Programm im Öffnen-Dialog genau die Dateien anzeigen, die es auch öffnen kann.
Es ist für die Bedienung von Computern hilfreich, wenn jede Datei ein Attribut „Bearbeiter" hat, das angibt, mit

welchem Programm sie bearbeitet werden soll. Dann kann der Benutzer z. B. mit einem Doppelklick auf das Dateisymbol das Programm zur Bearbeitung starten und gleichzeitig die Datei öffen.

Bei Computern, die eine Version des Betriebssystems Windows verwenden, wird im letzten Teil des Dateinamens (nach dem „.“, der sogenannten Namenserweiterung bzw. Extension) der Wert des Attributs „Typ“ gespeichert. Deshalb muss man diese Endung immer korrekt angeben. Zur Unterstützung geben die meisten Programme im Speichern-Dialog die korrekte Namenserweiterung an. Achte darauf, dass du sie richtig abschreibst. Manche Programme fügen die notwendige Namenserweiterung an den von dir angegebenen Dateinamen selbstständig an. Hier darfst du keine Namenserweiterung angeben. Pass also immer auf, was im Speichern-Dialog über die Namenserweiterung steht! Die Namenserweiterung wird bei Windows auch für die Entscheidung verwendet, welches Programm beim Doppelklick auf das Dateisymbol gestartet werden soll. Diese Zuordnung kann sich aber von Computer zu Computer unterscheiden.

Die folgende Tabelle gibt einen Überblick über einige gängige Namenserweiterungen.

Namenserweiterung	**Darstellungform**	**mögliche Programme zur Bearbeitung**
.txt	Text ohne Formatierungen	Editor, Notepad, MS-Word, Lotus Word Pro, StarWriter
.htm, .html	Text im Hypertext-Format	Netscape Communicator, Internet Explorer
.lwp	Format von Lotus Word Pro	Lotus Word Pro
.doc	Format von MS- Word	MS-Word, StarWriter
.sdw	Format von StarWriter	StarWriter
.sdd	Grafikformat von StarDraw	StarDraw
.bmp	Bildformat BitMap	Paint, evtl. andere
.jpg	Bildformat JPEG	CorelDraw, StarDraw, PhotoShop
.wav	Audioformat wave	Quicktime Player
.kdw	Format für Welt des Roboters Karol	Robot Karol
.kdp	Format für Programm des Roboters Karol	Robot Karol

***2** Namenserweiterungen und passende Programme*

Bei Rechnern mit dem Betriebssystem des Apple Macintosh sind diese Attribute in der Datei gespeichert. Der Dateiname kann daher beliebig gewählt werden.

Werkzeugkasten III

4 Aufbau der Oberfläche einer Textverarbeitungssoftware

Wenn du ein Textverarbeitungsprogramm öffnest, erhältst du eine Oberfläche, die in vielen Punkten der eines Grafikprogramms ähnlich ist:

1 Oberfläche eines Textverarbeitungsprogramms

Wieder lässt sich die Oberfläche aufteilen in Menüleiste, Symbolleisten, Arbeitsbereich und Statusleiste. Zwischen Symbolleisten und Arbeitsbereich findest du außerdem ein Lineal. Die **Menüleiste** verfügt wieder über alle wichtigen Anweisungen zur Arbeit mit dem Dokument, das im Arbeitsbereich angezeigt wird.

Unter der Menüleiste findest du die Standardleiste sowie die Formatleiste.

- Als neue Symbole treten in der Standardleiste die Knöpfe  und  auf, die aber auch in vielen Grafikprogrammen zu finden sind. Mit dem ersten kannst du deine letzten Änderungen im Dokument, z. B. das Einfügen eines Zeichens oder die Änderung der Schriftart, schrittweise rückgängig machen (› Undo-Knopf). Wenn dir nun einfällt, dass die Veränderung doch gut war, so kannst du sie durch Drücken des zweiten (› Redo-) Knopfes doch noch einmal durchführen.
- In der Formatleiste findest du zunächst drei Aufklappmenüs. Mit dem ersten kannst du dem aktuellen Absatz und den darin enthaltenen Objekten vordefinierte Attributwerte zuweisen. Dies erspart dir Arbeit, weil du nicht bei jeder Überschrift neu festlegen musst, dass der Absatz zentriert und die Zeichen fett und größer sind.

› engl.: to undo – etwas ungeschehen machen

› engl.: to redo – etwas wiederholen

Die beiden anderen Menüs erlauben die Festlegung von Schriftart und Schriftgröße.

Daneben findest du Symbole zur Formatierung von Zeichen und Absätzen:

Zeichen	Bedeutung
	Mit diesen Knöpfen kannst du den Schriftstil deiner Zeichen auf „fett", „kursiv" bzw. „unterstrichen" festlegen.
	Hier kannst du die Schriftfarbe und die Hintergrundfarbe deiner Zeichen verändern.
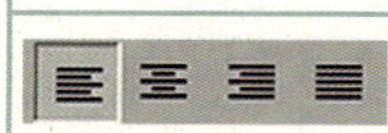	Hier lässt sich die Ausrichtung des Absatzes auswählen. Momentan ist „linksbündig" eingestellt.
	Hier kannst du den linken Einzug deines Absatzes vergrößern bzw. wieder verkleinern.

2 Schaltflächen aus der Hilfsmittelleiste

In der **Statuszeile** findest du Informationen über das Dokument, wie etwa die Position, an der du dich befindest (im Beispiel: Seite 1 von 1), die Art des Absatzes, in dem du dich befindest (Standard), den Maßstab der Darstellung im Vergleich zum ausgedruckten Text (100 %) so wie den **Schreibmodus**. Bei „Einfg“ kannst du Zeichen an der momentanen Position des Cursors einfügen. Steht stattdessen „Üb“, so werden die nachfolgenden Zeichen überschrieben. Normalerweise wird der Einfüge-Modus verwendet. Verändern kannst du diesen Modus durch Drücken der Taste „Einfg“.

5 Zeichen einfügen und löschen

Willst du in dein Textdokument neue Zeichen einfügen, so musst du zunächst mit der linken Taste deiner Maus an die Stelle klicken, an der du arbeiten willst. Du siehst dann dort den blinkenden Cursor. Üblicherweise fügst du dann über deine Tastatur die gewünschten Zeichen ein. Achte dabei auf den im Werkzeugkasten 4 (letzter Absatz) beschriebenen Schreibmodus. Vier weitere Tasten sind hier für das Schreiben mit Großbuchstaben sowie zum Verbessern falscher Zeichen sehr wichtig:

⇧	Drückst du die **Umschalt-Taste** und gleichzeitig eine Buchstaben-Taste, so erhältst du den zugehörigen Großbuchstaben. Bei den anderen Zeichentasten erhältst du noch weitere Zeichen (z. B. „⇧+1“=„!“, „⇧+5“=„%“ „⇧+.“=„:“).
⇩	Die **Feststelltaste** arbeitet wie die Umschalt-Taste; du bleibst aber im Großschreib-Modus, bis du diesen durch erneutes Drücken der Taste beendest. So kannst du mehrere Großbuchstaben hintereinander bequemer schreiben.
←	Mit der **Lösch-Taste** kannst du Zeichen links von Cursor löschen und so Rechtschreibfehler beseitigen.
Entf	Mit der **Entfernen-Taste** (engl. delete) kannst du Zeichen rechts vom Cursor beseitigen.

***1** Wichtige Tastenkombinationen*

Kommt es vor, dass du für einen Text besondere Zeichen benötigst, z. B. das französische Zeichen „ê“ oder das Symbol ☺, so findest du diese Zeichen meist im Menüpunkt „Format → **Sonderzeichen**“ bzw. „Format → **Symbol**“, der ein Fenster mit weiteren Zeichen öffnet.

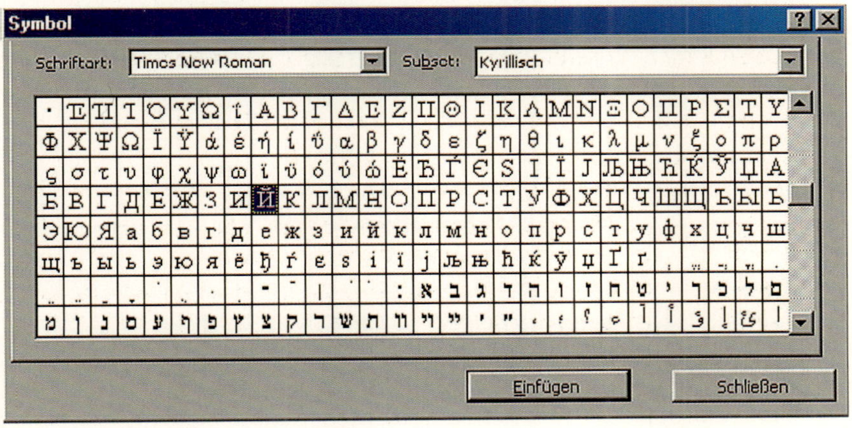

***2** Auswahl von Sonderzeichen*

6 Zeichenattributwerte verändern

Willst du die Gestalt deiner Zeichen verändern, so muss man zwei Fälle unterscheiden:

Markieren ei|ner ganzen Zeichenkette
Markieren einer ganzen Zeichenkette

1 Zeichenkette markieren

a) Um **Zeichen** oder ganzen **Zeichenketten** eine neue Gestalt zu geben, musst du sie zunächst markieren. Dazu klickst du auf das erste Zeichen (Abbildung 1 oben) und ziehst die Maus mit gedrückter linker Maustaste bis zum letzten Zeichen (Abbildung 1, unten) oder umgekehrt. Nun kannst du die Methoden zum Setzen von Attributwerten aufrufen (siehe unten!).

b) Um **neue Zeichen** mit anderen Attributwerten zu erzeugen, gehst du mit dem Cursor an die Stelle, an der du die Zeichen einfügen möchtest. Ohne etwas zu markieren, kannst du nun die Werte für neue Zeichen einstellen.

W1/2

Wie auch bei den Grafikprogrammen ist der Aufruf von Methoden auf verschiedene Arten möglich. Du kannst die Attributwerte verändern, indem du die Formatsymbolleiste benützt. Führst du gleichzeitig mehrere oder auch kompliziertere Veränderungen durch, so kannst du auch den Dialog „Zeichen" über „Menüleiste → Format → Zeichen" oder über die rechte Maustaste aufrufen. Du stellst dann die gewünschten Attributwerte ein und rufst die Methoden zur Veränderung mit dem „OK"-Knopf auf. (Abbildung 2; Mit der Registerkarte „Zeichenabstand" kannst du weitere Attributwerte verändern.)

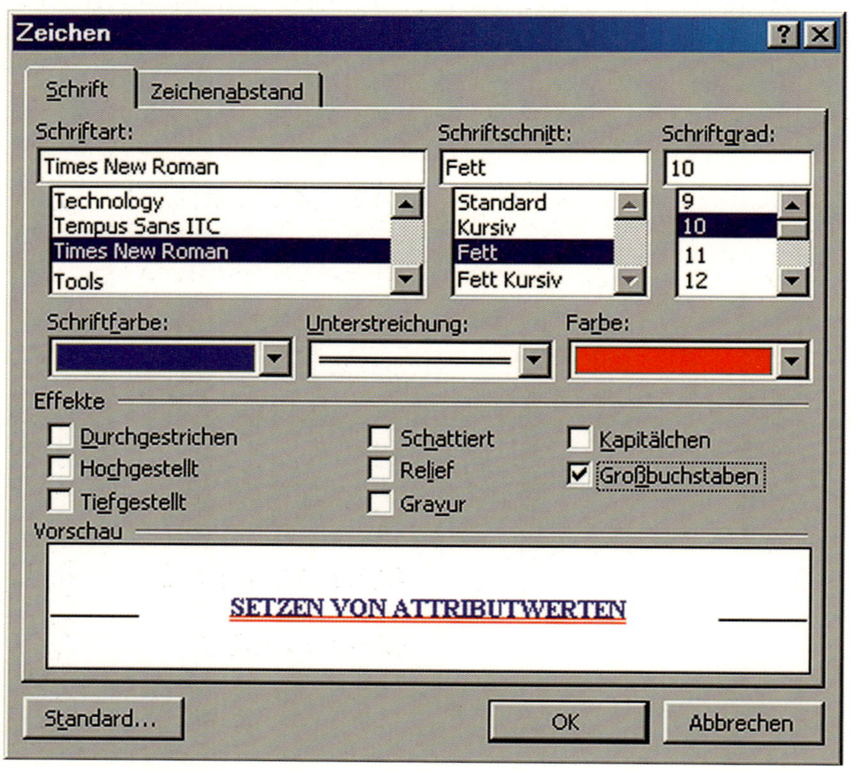

2 Registerkarte „Schrift" des Zeichendialogs

W2

Markierte Zeichenketten kannst du auch wieder **ausschneiden**, **kopieren** und an anderer Stelle im Text **einfügen**. Wie bei Grafikprogrammen kannst du die Methoden über die Menüleiste oder mit der Steuerungstaste aufrufen.

7 Absatzattributwerte verändern

Um die Attributwerte eines Absatzes zu verändern, gehst du mit dem Cursor an eine beliebige Stelle in diesem Absatz. Um mehrere Absätze gleichzeitig zu gestalten, markierst du alle betroffenen Absätze. In den Symbolleisten stehen dir hier nur sehr begrenzte Möglichkeiten zur Verfügung. Meist kannst du nur zwischen verschiedenen Absatzvorlagen wählen und die Ausrichtung bestimmen.

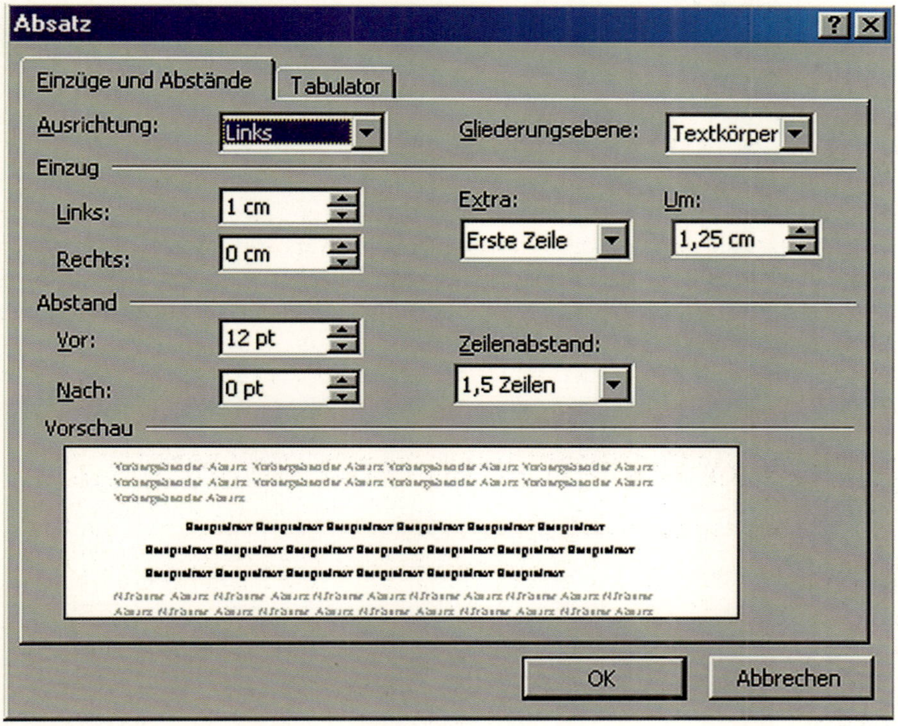

1 Dialog Absatz mit den Registerkarten „Einzüge und Abstände" und „Tabulator"

Willst du Absatzattributwerte über die Möglichkeiten der Formatsymbolleiste hinaus verändern, so kannst du den Dialog „Absatz" über „Menüleiste → Format → Absatz" oder über die rechte Maustaste aufrufen. Du erhältst dann einen Dialog wie den in Abbildung 2 dargestellten. Nachdem du die verschiedenen Attributwerte wie gewünscht festgelegt hast, rufst du die Methoden zur Veränderung auf, indem du auf OK klickst.

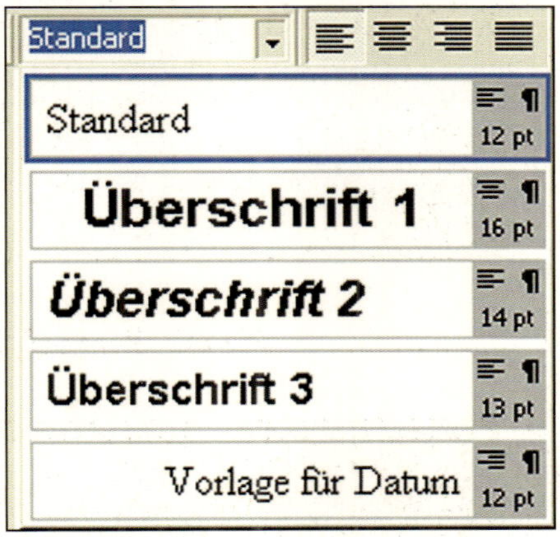

2 Absätze verändern mit der Menü-Leiste

8 Tabulatoren

Um von der momentanen Position eines Textes zum nächsten Tabulator zu gelangen, verwendet man die Taste →I.

Willst du zu den bestehenden Tabulatoren eines Absatzes neue hinzufügen, so gibt es dazu zwei Möglichkeiten:

a) Links vom Lineal findest du einen Knopf, mit dem du die Art des Tabulators durch mehrfaches Anklicken auswählen kannst. Du findest hier die folgenden Symbole:

1 Symbole für die Ausrichtung von Tabulatoren

links	rechts	zentriert	dezimal
└	┘	┴	┴:

Durch Klicken an die gewünschte Stelle im Lineal kannst du den ausgewählten Tabulator dort setzen.

b) Im Dialog zum Absatz gibt es eine Registerkarte „Tabulator". Dort kannst du die Tabulatoren setzen und zusätzlich auch Füllzeichen festlegen. Bequem ist diese Registerkarte insbesondere zur genauen Festlegung der Position eines Tabulators. Auch überflüssige Tabulatoren lassen sich hier leicht löschen.

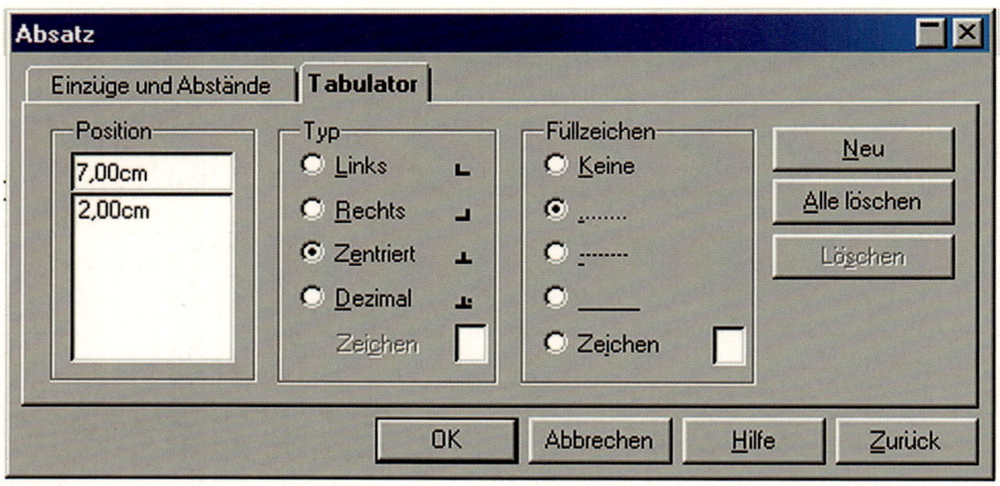

2 Registerkarte „Tabulator" des Absatz-Dialoges

Werkzeugkasten IV

9 Erstellen einer Präsentation

Sicher findest du dich mit deinen bisherigen Erfahrungen im Präsentationsprogramm an deiner Schule schnell zurecht. Programmassistenten helfen dir bei vielen Teilaufgaben. Beim Erstellen eines neuen Dokuments kannst du aus vorhandenen Entwurfsvorlagen auswählen und so den typischen Aufbau deiner Folien bestimmen. Wenn du später eine neue Folie anlegst, wird sie nach dieser Vorlage erzeugt. Du sparst durch die sinnvolle Wahl hier Arbeit, da du nicht jedes Textfeld von Hand erzeugen musst. Wenn du auf deinen Folien verschiedenartige Objekte (Texte, Grafiken, Bilder) hast bzw. der Aufbau der Folien nicht immer der gleiche ist, dann schränkt dich die leere Formatvorlage (Abbildung 1 links oben) am wenigsten ein.

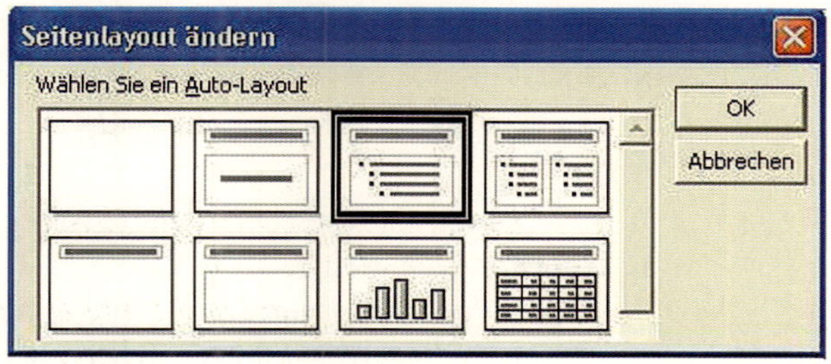

1 Auswahl einer Entwurfsvorlage

Es wird dir keine große Mühe bereiten, in deinem Multimediadokument Textfelder, Grafiken und Bilder einzufügen und zu gestalten.
Neu ist hingegen die Methode „Einblenden (Art)". Die Angabe der Einblendeart findest du in gängigen Programmen unter Menüpunkten wie „Benutzerdefinierte Animation" oder „Effekt" (Abbildung 2).

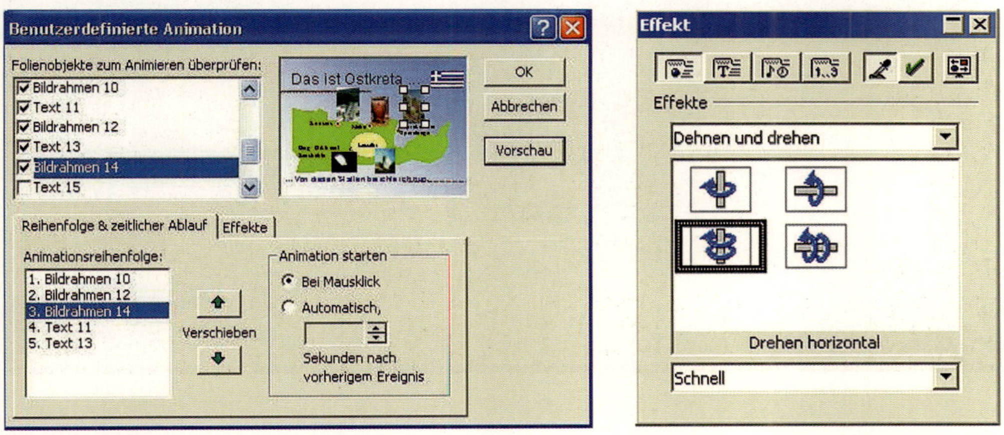

2 Dialoge zum Einblenden von Objekten aus verschiedenen Programmen

Du musst zunächst festlegen, welche Objekte deiner Folie eingeblendet werden sollen und welche von Anfang an sichtbar sind. Auch die Reihenfolge des Erscheinens kann hier eingestellt werden. Die Einblendeart kannst du auf vielfältige Weise verändern. Du musst dir z. B. überlegen:

- Aus welcher Richtung soll das Objekt eingeblendet werden?
- Soll das Objekt bei Mausklick oder zu einer festgelegten Zeit eingeblendet werden?
- Erscheinen bei einem Textfeld die Zeichen zusammen oder nacheinander, wortweise oder zeichenweise?
- Können Klänge beim Erscheinen die Präsentation sinnvoll unterstützen? (In der Regel tun sie das nicht!)
- Wie sollen Folien erscheinen bzw. ausgeblendet werden (Folienübergang)?

Um sich unter diesen vielen Möglichkeiten auszukennen, hilft nur eins: AUSPROBIEREN!

Wenn du viele Folien in einem Multimediadokument erstellt hast, empfiehlt es sich, in der Folienübersicht (Abbildung 3) die Reihenfolge zu kontrollieren und falls nötig durch einfaches Verschieben zu verändern.

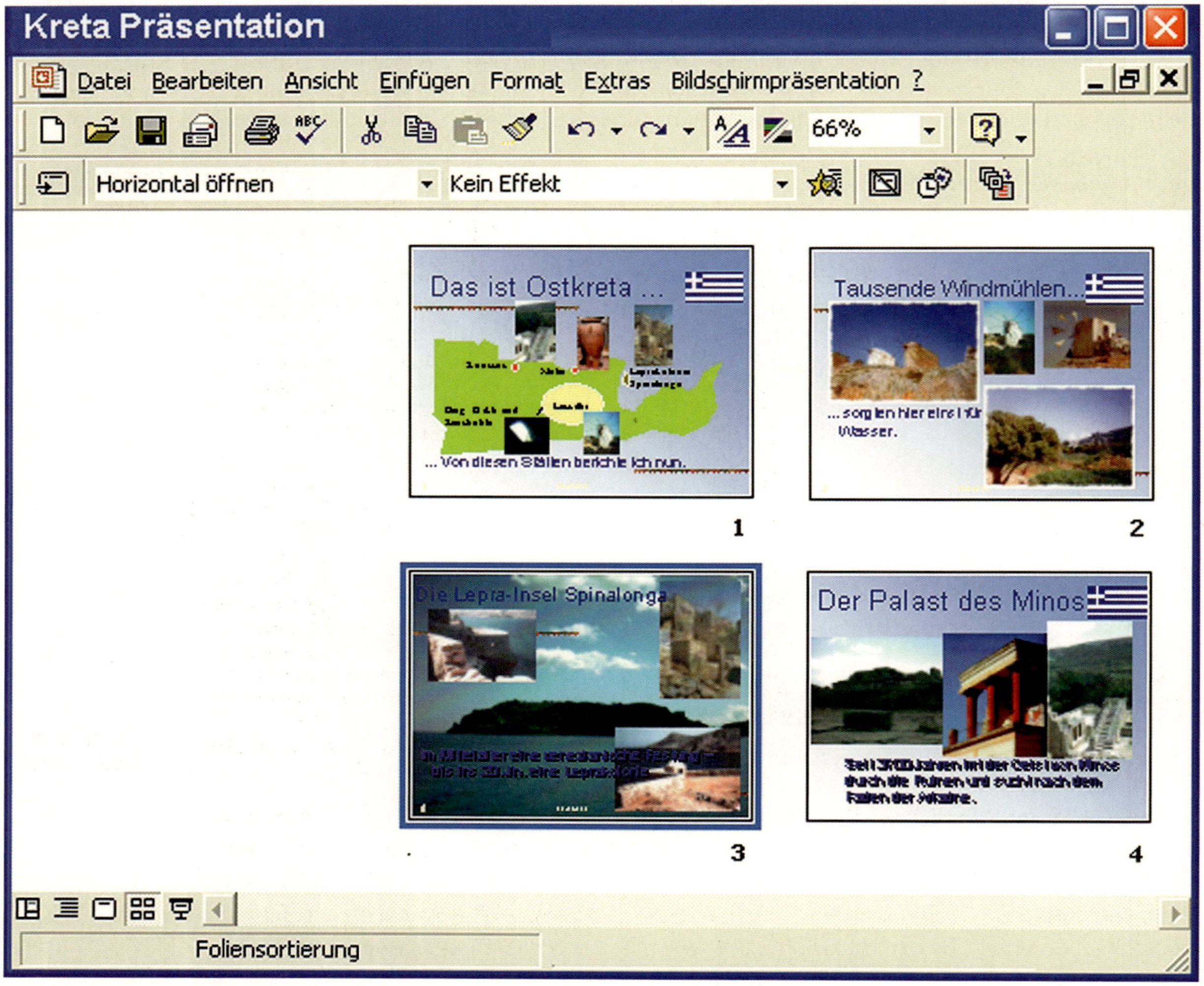

3 *Folienansicht*

10 Vorführen einer Präsentation

Da sich ein Vortragender vor allem auf den Inhalt seines Vortrages konzentrieren muss, ist die technische Handhabung beim Vorführen besonders einfach. Mit dem Menüpunkt „Präsentation vorführen" wird in den Vortragsmodus umgeschaltet und die Präsentation gestartet. Durch Drücken der linken Maustaste oder der Leerzeichentaste der Tastatur kannst du das nächste Objekt deiner Folie bzw. die nächste Folie erscheinen lassen.
Mit Hilfe der Pfeiltasten ← und ↑ auf der Tastatur wird die Einblendung des letzten Objekts rückgängig gemacht. Dies ist praktisch, wenn du vergessen hast, etwas zu erzählen.
Häufig kann man auch mit der rechten Maustaste ein Menü öffnen, das es erlaubt, zu einer beliebigen Folie deines Dokuments zu wechseln.

Werkzeugkasten V

11 Aufbau der Oberfläche eines Dateiverwaltungsprogramms

Wenn du ein Dateiverwaltungsprogramm unter dem Betriebssystem Windows › öffnest, erhältst du wie bei den anderen Programmen eine Oberfläche mit Menüleiste, Symbolleisten, Statusleiste und den zweigeteilten Arbeitsbereich.

› Beachte: Dateiverwaltungsprogramme sind stark vom Betriebssystem abhängig

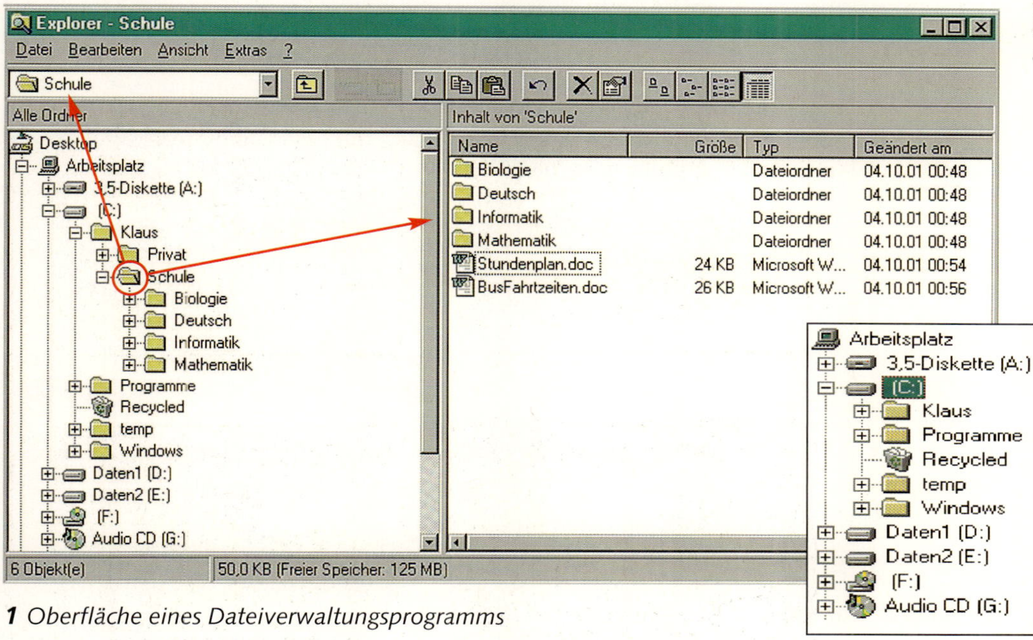

1 Oberfläche eines Dateiverwaltungsprogramms

2 Laufwerke und Ordner

Im linken Teil des Arbeitsbereiches ist die Struktur der Daten deines Rechners (Arbeitsplatz) zu sehen. Der Arbeitsplatz ist zunächst unterteilt in verschiedene **Laufwerke**. Jedes Laufwerk hat einen Buchstaben als Namen und oft ein graues Symbol (Abbildung 2). Das Diskettenlaufwerk hat den **Laufwerksbuchstaben** A; die Festplattenlaufwerke in Bild 2 tragen Namen wie C, D, E und die CD-Laufwerke die Laufwerksbuchstaben F und G (im Laufwerk G befindet sich gerade eine Audio-CD).
Du kannst dir jedes Laufwerk wie einen Schrank in einem Büro vorstellen, in dem sich viele Ordner befinden.
Da man bei sehr vielen Ordnern leicht den Überblick verliert, kann man sie in der Ansicht verbergen. Das Symbol „+" zeigt dann an, dass es weitere Unterordner gibt. Vergleiche die obigen Abbildungen: Durch einen Klick auf das „+" vor Klaus in Abbildung 2 kannst du die untergeordneten Ordner „Privat" und „Schule" sichtbar machen. Auch vom Ordner Schule in Abbildung 1 sind durch das gleiche Verfahren die Unterordner sichtbar gemacht worden. Das Symbol „+" wechselt zu „–"

Möchtest du nicht nur die untergeordneten Ordner, sondern auch im Ordner enthaltene Dateien sehen, musst du den **Ordner öffnen**. Dies ist möglich durch einen Einfachklick im linken Teil des Arbeitsbereiches oder durch einen Doppelklick im rechten Teil des Arbeitsbereichs. Das Ordnersymbol wechselt dann im linken Teil des Arbeitsbereiches von 🗀 zu 🗁 und im rechten Teil ist der gesamte Inhalt des offenen Ordners zu sehen (Abbildung 1).

Folgende neue Symbole gibt es in der **Symbolleiste** eines Dateiverwaltungsprogramms:

	Wechsel in den übergeordneten Ordner (im zugehörigen Baumdiagramm gelangst du zum nächst höher gelegenen Knoten)
	Ansicht der Ordner und Dateien mit großen Symbolen
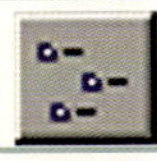	Ansicht der Ordner und Dateien mit kleinen Symbolen
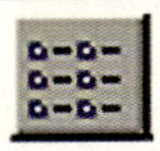	Ansicht der Ordner und Dateien als Liste
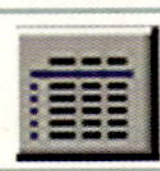	Ansicht der Ordner und Dateien mit Details, d. h., auch die Attributwerte der Attribute wie Größe oder Änderungsdatum werden angezeigt.
	Anzeige aller Attributwerte der aktuell markierten Datei bzw. des aktuell markierten Ordners

***3** Schaltflächen*

Hinweise:
- Durch einen Klick auf das Symbol kannst du in den zuvor angezeigten Ordner wechseln. Bei dieser Art von Ordnerwechsel verliert man jedoch sehr schnell den Überblick über die hierarchische Struktur!
- Die Größen der markierten Dateien oder Ordner sind auch in der Statusleiste zu sehen.

Alle wichtigen Anweisungen kannst du auch über die **Menüleiste** geben.

12 Wichtige Methoden in einem Dateiverwaltungsprogramm

Ordner erstellen

Überlege zunächst, wo der neue Ordner erstellt werden soll, z. B. auf der obersten Ebene des Laufwerks C oder dem Ordner „Schule“ (Abbildung 1) untergeordnet. Öffne das Ziellaufwerk bzw. den Zielordner. Erstelle dann den neuen Ordner entweder mit der Menüleiste über Datei → Neu → Ordner oder durch einen Klick mit der rechten Maustaste im rechten Teil des Arbeitsbereiches und dann ebenfalls durch Auswahl von Neu → Ordner. Anschließend musst du dann dem Ordner einen eindeutigen Namen geben.

Ordner bzw. Dateien kopieren bzw. verschieben

Hier gibt es fast keinen Unterschied zu Grafik- bzw. Textverarbeitungsprogrammen:
→ Markieren
→ Methodenaufruf „Kopieren()“ bzw. „Verschieben()“ über die Menüleiste, die Symbolleiste oder durch einen Klick auf die rechte Maustaste
→ Zielordner auswählen und öffnen
→ Methodenaufruf „Einfügen()“ wieder über die Menüleiste, die Symbolleiste oder durch einen Klick auf die rechte Maustaste

Hinweis: Du kannst Dateien und Ordner auch direkt mit der Maus in den Zielordner „ziehen“. Du solltest dies jedoch immer mit der rechten Maustaste tun, denn nur dann wirst du nochmals gefragt, ob du die Dateien bzw. Ordner kopieren oder verschieben möchtest. Da dies ein wesentlicher Unterschied ist, ist es sehr wichtig darüber nachzudenken.

Ordner bzw. Dateien löschen

Auch dies ist für dich nicht neu: Mit der Maus kannst du die gewünschten Dateien und Ordner markieren. Nun kannst du die Methode Löschen() aufrufen. Dazu kannst du die Menüleiste nutzen oder mit der rechten Maustaste auf das Symbol klicken oder auf die Entfernen-Taste deiner Tastatur drücken.

Hast du eine Datei aus Versehen gelöscht, gibt es noch eine Möglichkeit, sie wieder zu erhalten: Die Datei wird nicht sofort von der Festplatte gelöscht, sondern zunächst nur in den Papierkorb verschoben. Von dort kannst du die Datei wieder herstellen. Erst wenn du den Papierkorb leerst, sind alle Dateien und Ordner darin gelöscht.

Ordner bzw. Dateien umbenennen

Du kannst den Attributwert des Attributs Ordnername bzw. Dateiname ändern, indem du den Ordner bzw. die Datei markierst, die Methode über die Menüleiste „Datei→ Umbenennen" oder über einen Klick mit der rechten Maustaste aufrufst und dann den neuen Namen eingibst.

Öffnen von Dateien

Du kannst Dateien direkt durch einen Doppelklick auf ihr Symbol öffnen. Welches Programm zum Öffnen vorgesehen ist, erkennst du an dem Symbol.

Werkzeugkasten VI

13 Arbeiten mit dem HTML-Editor

Die Arbeit mit Zeichen, Absätzen und Bildern gestaltet sich bei einem HTML-Editor so, wie du es von Textverarbeitungsprogrammen kennst. Über Menü- und Symbolleisten kannst du die entsprechenden Attribute festlegen.

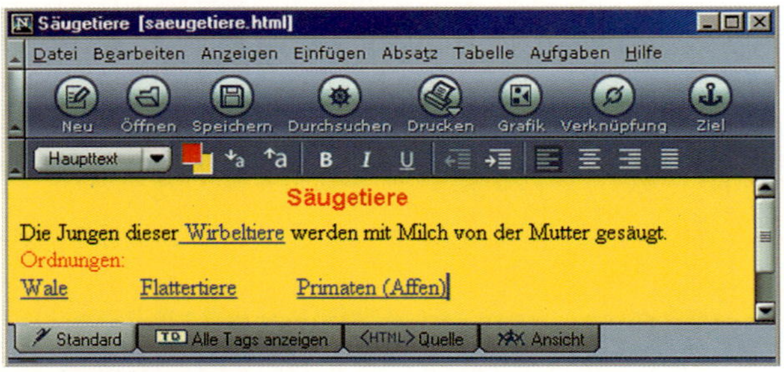

1 HTML-Editor

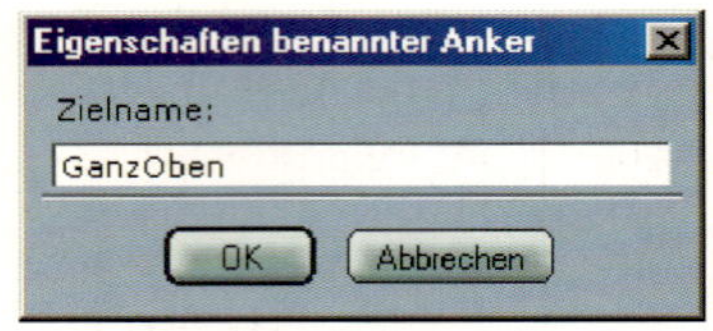

2 Festlegen des Verweisziels

Um ein Verweisziel innerhalb eines Dokuments festzulegen, setzt du den Cursor an die entsprechende Stelle. Anschließend erhältst du über das Symbol „Ziel" oder über die Menüleiste „Einfügen → Benanntes Ziel" einen Dialog, der die Eingabe eines Zielnamens ermöglicht.

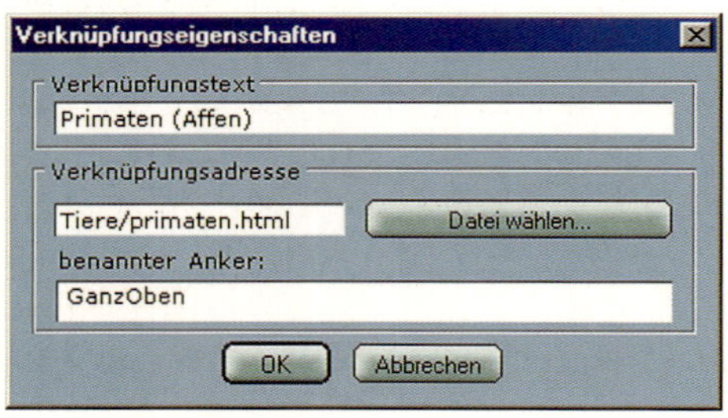

3 Festlegen des Verweises

Über das Symbol „Verknüpfung" oder über „Einfügen → Verknüpfung" erhältst du einen anderen Dialog, der dir das Setzen von Verweisen erlaubt. Um auf ein Dokument auf dem eigenen Rechner zu verweisen, gibt man den Pfad und Namen der zugehörigen Datei an. Will man auf ein anderes Dokument im World Wide Web verweisen, so gibt man die entsprechende Adresse (eventuell mit Dateinamen und Pfad) an. Die Seitenadresse heißt dann z. B. „www.tierpark-hellabrunn.de". Soll der Verweis auf eine spezielle Stelle innerhalb eines Dokuments verweisen, so besteht auch die Möglichkeit, ein bestimmtes Verweisziel zu benennen.
Mit der **Ansicht-Leiste**, die du bei vielen HTML-Editoren unten findest, kannst du außerdem zwischen verschiedenen Bearbeitungsansichten wählen und insbesondere das Dokument in der Sprache HTML betrachten.

14 Verweise auf Dateien in anderen Ordnern

V

Um die Übersicht zu wahren, legt man häufig die verschiedenen Dateien in unterschiedlichen Ordnern ab. Dabei ergibt sich eine hierarchische Struktur, wie du sie in Kapitel V kennengelernt hast. Willst du einen Verweis auf eine Datei in einem anderen Ordner setzen, musst du den genauen Pfad angeben, wie man dorthin gelangt.
Soll beispielsweise von der Datei „pfannkuchen.html" in Abbildung 1 auf die Datei „franz.html" verwiesen werden, weil dieser so hervorragende Pfannkuchen bäckt, kann man das Verweisziel so notieren:
„file://localhost/C:/Eigene_Dateien/homepage/freunde/franz.html".

Dabei steht „//localhost/“ für den Rechner, auf dem das aktuelle Dokument „pfannkuchen.html“ gespeichert ist. Danach folgen Pfad und Dateiname. Diese Angabe nennt man einen absoluten Pfad.
Die absolute Pfadangabe hat einen entscheidenden Nachteil: Wenn du den Ordner Homepage in ein anderes Verzeichnis kopierst, auf demselben oder einem anderen Rechner, musst du wieder alle Verweisziele ändern! Insbesondere, wenn du deine Dokumente auf einem WWW-Server im Internet verfügbar machen willst, tritt dieses Problem mit Sicherheit auf.

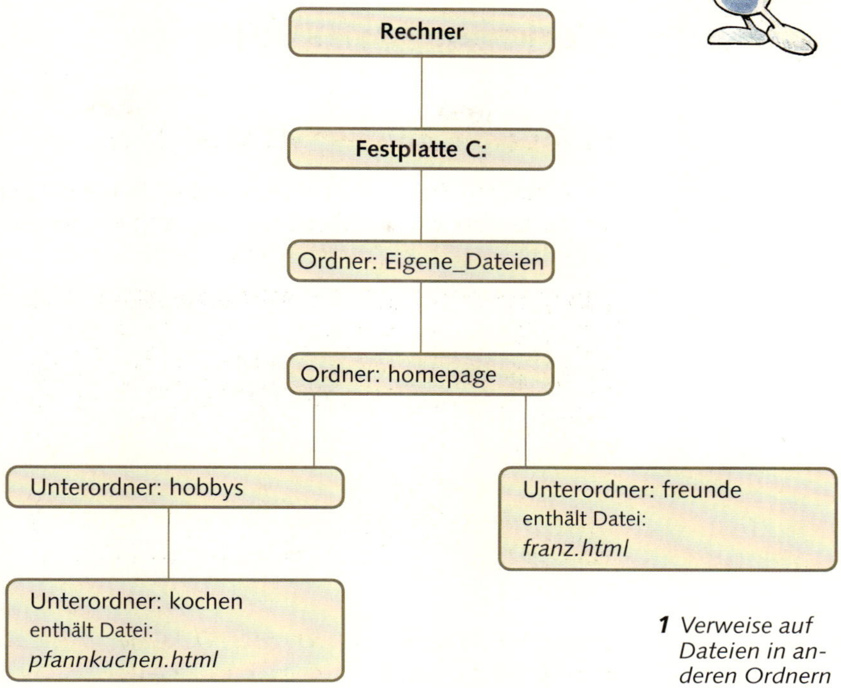

1 Verweise auf Dateien in anderen Ordnern

Abhilfe verschaffen hier › relative Pfade. Sie beschreiben den Weg, wie man von der Position des aktuellen Dokuments in der Ordnerhierarchie zum Zieldokument kommt. In Abbildung 1 erkennst du, dass du zunächst zweimal in den übergeordneten Ordner wechseln musst, um vom Ordner „kochen“, in dem sich die Datei „pfannkuchen.html“ befindet, in den Ordner „homepage“ zu gelangen. Für den Wechsel in den übergeordneten Ordner notiert man „../“. Von „homepage“ musst du dann in den Ordner „freunde“ wechseln, in dem sich die Datei „franz.html“ befindet.

› relativ – bezogen auf die aktuelle Stelle

Das Verweisziel lässt sich ausgehend vom Dokument „pfannkuchen.html“ deshalb so notieren: „../../freunde/franz.html“
Um umgekehrt vom Dokument „franz.html“ zum Dokument „pfannkuchen.html“ zu gelangen, schreibst du als Verweisziel: „../hobbys/kochen/pfannkuchen.html“

Nun kannst du den gesamten Inhalt des Ordners „homepage“ in ein anderes Verzeichnis kopieren, ohne die Pfade in den verschobenen Dokumenten ändern zu müssen.

Hinweis: Möchtest du selbst Dateien ins Internet stellen, solltest du beachten, dass dort die meisten beteiligten Rechner bei Dateinamen Sonderzeichen nicht oder falsch verstehen und Groß- und Kleinbuchstaben unterscheiden. Beispielsweise sind Name.html, name.html und NAME.html drei verschiedene Dateinamen. Bist du nicht sorgfältig bei der Namensvergabe, kann es passieren, dass niemand deine Dateien lesen kann. Deshalb achte bei der Namensvergabe auf folgende Punkte:

- Verwende keine Umlaute, kein ß und keine Sonderzeichen wie §, $, %, &!
- Verwende keine Leerzeichen, sondern den Unterstrich, z. B.: name_ohne_leerzeichen.html!

15 Grundlegende HTML-Befehle

L16

Normalerweise wirst du deine HTML-Dokumente mit einem geeigneten Editor erstellen. Dennoch kann es sinnvoll sein, bestimmte Attribute im Quelltext zu überprüfen oder einzufügen. Mit wenigen Steuerbefehlen (**Tags**) lassen sich bereits komplizierte Seiten erstellen. Lies zunächst „Zum Weiterlesen 16“. Hier eine Übersicht:

Grundgerüst einer HTML-Seite

Jede HTML-Seite besteht aus den folgenden Grundelementen:

```
<HTML>
<HEAD>
<TITLE> Titel der Seite </TITLE>
</HEAD>
<BODY> Inhalte des Dokuments </BODY>
</HTML>
```

Die einzelnen Bestandteile haben die folgende Bedeutung:

<HTML> </HTML>	Der Anfang und das Ende jeder HTML-Seite
<HEAD> </HEAD>	Der Kopf des Dokuments. Alle grundlegenden Informationen werden hier festgelegt, z. B. Seitenname, Autorenname.
<TITLE> </TITLE>	Der Titel eines HTML-Dokuments wird in der Namensleiste des Browsers angezeigt.
<BODY> </BODY>	Im „Körper“ werden die Inhalte wie Texte und Grafiken eingefügt.

Zeichen und Zeichenketten für das gesamte Dokument

Im BODY-Tag lassen sich die Attributwerte der Zeichen für das gesamte Dokument festlegen:

<BODY bgcolor=“red“></BODY>	Die Hintergrundfarbe ist rot.
<BODY text=“yellow“></BODY>	Die Textfarbe ist gelb.
<BODY link=“green“></BODY>	Die Farbe der Verweise ist grün.
Will man mehrere Attributwerte festlegen, so schreibt man sie einfach hintereinander in das BODY–Tag. <BODY text=“yellow“ bgcolor=“red“></BODY>	

Einzelne Zeichen und Zeichenketten

Willst du nur bestimmte Zeichenketten innerhalb des Textes mit anderen Attributwerten versehen, so musst du dazu folgende Tags benutzen:

<FONT size=6></FONT>	Die Schriftgröße ist 6
<FONT face="Arial"></ FONT >	Die Schriftart ist Arial
<FONT color="green"></ FONT >	Die Schriftfarbe ist grün
ä Ä ö Ö ü Ü ß	Die deutschen Umlaute ä, Ä, ö, Ö, ü, Ü und das ß
<B></B>	Der Text zwischen den Tags wird fett (engl. bold) dargestellt
<I></I>	Der Text zwischen den Tags wird kursiv (engl. italic) dargestellt
<U></U>	Der Text zwischen den Tags wird unterstrichen

Absätze

<P></P>	normaler Absatz
<P ALIGN=CENTER></P>	zentrierter Absatz
<P ALIGN= LEFT ></P>	linksbündiger Absatzes
<P ALIGN= RIGHT ></P>	rechtsbündiger Absatzes
<H1> </H1>	Überschrift (spezieller Absatz); die Größe kann von 1 bis 6 gewählt werden. (Auch Überschriften lassen sich mit ALIGN ausrichten.)
 	Manueller Zeilenwechsel

Verweise und Verweisziele

Für Verweise und Verweisziele stehen die folgenden Tags zur Verfügung:

<A NAME="Zielname">	Festlegung eines Verweisziels
<A HREF="#Zielname"> Verweisbeschreibung</A>	Verweis auf Verweisziel innerhalb eines Dokuments.
<A HREF="Pfad/ Dateiname#Zielname"> Verweisbeschreibung</A>	Verweis auf anderes HTML-Dokument auf dem gleichen Rechner. Befindet sich die Datei in einem anderen Ordner, so muss dies durch den Pfad angegeben werden. Der Teil „#Zielname" kann weggelassen werden, wenn man auf den Anfang des Dokuments verweisen will.
<A HREF="HTTP://www.name.de"> Verweisbeschreibung</A>	Verweis auf eine andere Internetadresse

Um die Übersicht zu wahren, legt man häufig die verschiedenen Dateien in unterschiedlichen Ordnern ab. Um einen Verweis auf die entsprechende Datei zu setzen, muss man dann den genauen Pfad angeben, wie man dort hin gelangt.

Werkzeugkasten VII

16 Aufbau der Oberfläche eines E-Mail-Programms

Ein E-Mail-Programm verwaltet die einzelnen Nachrichten in Mailordnern. Wenn du das E-Mail-Programm gestartet hast, zeigt es die Nachrichten zum Beispiel in einer dreigeteilten Übersicht an.

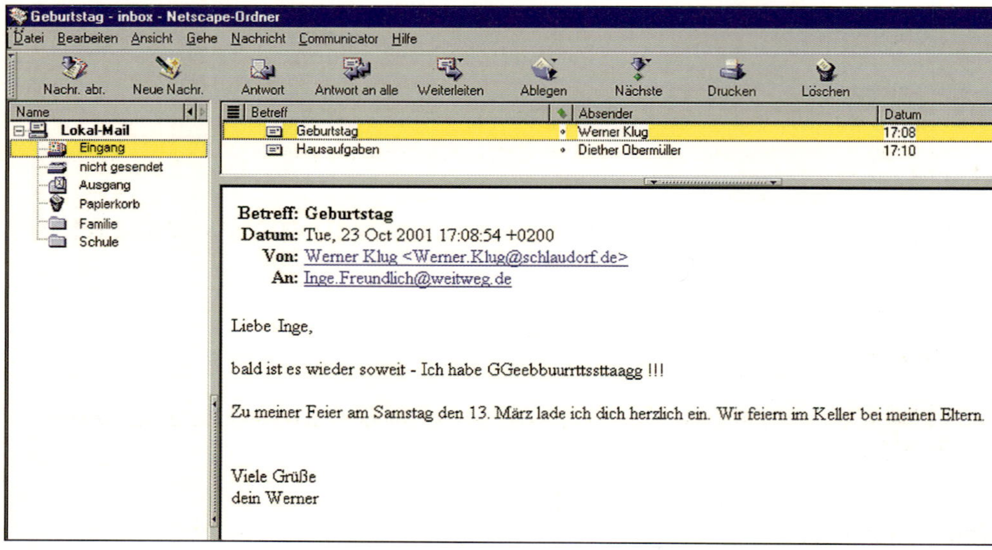

1 *Oberfläche eines E-Mail-Programms*

Im linken Bereich werden alle Mailordner aufgelistet. Normalerweise findest du Mailordner mit Namen wie Eingang, Ausgang, nicht gesendet und Papierkorb. Sie enthalten unterschiedliche Nachrichten:

- Eingang: alle empfangenen, noch nicht bearbeiteten Nachrichten
- Ausgang: alle gesendeten Nachrichten
- nicht gesendet: alle erstellten Nachrichten, die noch nicht versandt wurden (weil du mit dem Senden noch warten willst oder aufgrund eines Übertragungsfehlers)
- Papierkorb: alle gelöschten Nachrichten

Zum übersichtlichen Ablegen der Nachrichten kann man eigene Mailordner anlegen. In Abbildung 1 hat Inge die Mailordner Familie und Schule vorgesehen.

Im rechten oberen Bereich werden alle Nachrichten aufgelistet, die in dem ausgewählten Mailordner enthalten sind.
Im rechten unteren Bereich werden der Inhalt der ausgewählten Nachricht und ihre Attributwerte dargestellt. Über Voreinstellungen kannst du festlegen, welche Attribute in welchem Umfang angezeigt werden. Hier siehst du Betreff, Datum, Absenderadresse, Empfängeradresse und Nachrichtentext.

Über die Symbole in der Navigations-Symbolleiste kannst du bestimmte Operationen auslösen. Die wichtigsten Symbole sind in der folgenden Übersicht erklärt

Nachr. abr.	Alle Nachrichten vom Mailserver abrufen. Die empfangenen Nachrichten werden im Eingang-Mailordner abgelegt.
Neue Nachr.	Erstellen einer neuen Nachricht in einem Fenster „Neue Nachricht" (siehe unten)
Antwort	Antworten auf eine ausgewählte Nachricht in einem Fenster „Neue Nachricht" (siehe unten). Dabei wird der Versender der ausgewählten Nachricht automatisch als Empfänger der neuen Nachricht eingetragen.
Antwort an alle	Antwort an alle Absender und Kopieempfänger der ausgewählten Nachricht
Weiterleiten	Weiterleiten der ausgewählten Nachricht an eine andere E-Mail-Adresse
Ablegen	Ablegen der ausgewählten Nachricht in einen Mailordner. Du kannst auswählen, in welchen.
Drucken	Drucken der ausgewählten Nachricht
Löschen	Verschieben der ausgewählten Nachricht in den Papierkorb-Mailordner

Neue Nachricht

Wenn du eine neue Nachricht erstellst, öffnet sich ein Fenster, in dem du die Eigenschaften der Nachricht festlegen kannst.

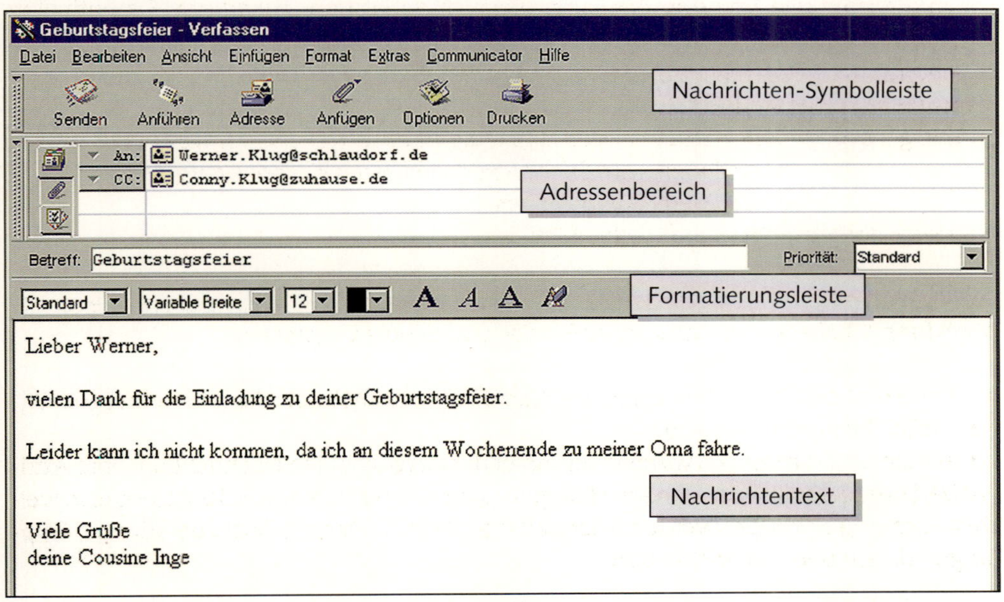

2 *Fenster für neue Nachricht*

Im oberen Teil des Fensters findest du unter der Menüzeile einige Leisten. Die oberste Leiste ist die Nachrichten-Symbolleiste, mit der du verschiedene Operationen auslösen kannst.

 Senden	Sofortiges Senden der Nachricht
 Anführen	Ist diese Nachricht eine Antwort auf eine empfangene Nachricht, so kannst du damit den Originaltext anführen.
 Adresse	Auswahl der Empfängeradresse aus einem Adressbuch
 Anfügen	Anfügen eines Anhangs an die Nachricht
 Optionen	Anzeigen der Nachrichtenoptionen (z. B. Verschlüsselung, Empfangsbestätigung)
 Drucken	Drucken der Nachricht

Im Adressbereich legst du die Adressen für die Empfänger der Nachricht bzw. die Kopieempfänger fest. Durch Klick auf die Büroklammer werden alle Anhänge der Nachricht aufgelistet.
In der Betreffzeile schilderst du dem Empfänger kurz, welches Thema die Nachricht behandelt. Wählst du eine andere Priorität als „Standard", so erhält der Empfänger eine zusätzliche Kennung angezeigt, die auf die Wichtigkeit der Nachricht hindeutet.
Mit den Symbolen der Formatierungsleiste stehen dir einige Formatierungsmöglichkeiten (wie du sie aus der Textverarbeitung kennst) für deinen Text zur Verfügung.
Im Bereich des Nachrichtentextes gibst du die eigentliche Nachricht ein.

Adressenverwaltung

Die meisten E-Mail-Programme bieten eine Adressverwaltung an. Hier kannst du die E-Mail-Adressen deiner Freunde ablegen, mit Kommentaren versehen und bei Bedarf ohne neues Eintippen direkt abrufen.

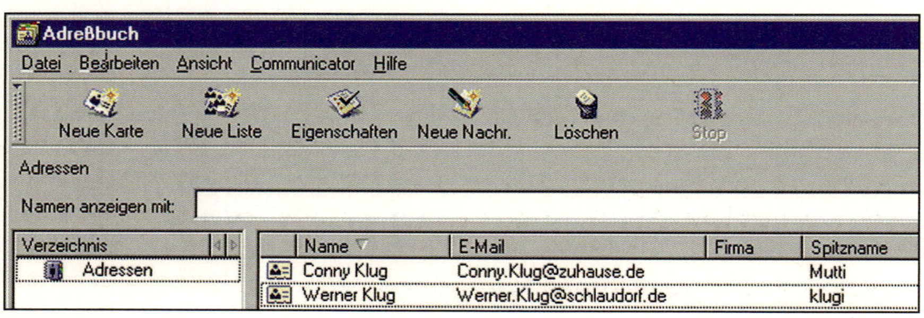

3 Fenster für Adressenverwaltung

Das Adressbuch besteht aus Verzeichnissen (hier nur eines: „Adressen"). Ein Verzeichnis kann Objekte der Klasse „Karte" enthalten. Jede Karte hat die Attribute Name, E-Mail-Adresse, Firma, Spitzname usw. von einer Person. Das Verzeichnis kann aber auch Objekte der Klasse „Liste" enthalten. In einer Liste können mehrere Personen gemeinsam mit ihren Mailadressen erfasst werden. Wir würden sagen, eine Liste enthält wieder mehrere Karten. Der Vorteil einer Liste ist, dass du mit einem einzigen Aufruf deine Nachricht an alle Personen in der Liste schicken kannst.

Werkzeugkasten VIII

17 Der Roboter Karol

Die Robotersimulation „Karol“ ist ein Werkzeug, mit dem wir sofort testen können, ob und wie Robi auf unsere Anweisungen reagiert. In diesem Abschnitt erfährst du, wie sich die Anweisungsschreibweise für Robi von der Schreibweise unterscheidet, die Karol versteht. Dem Programm liegt eine ausführliche Dokumentation mit vielen Beispielen bei, aus der du auch weitere Fähigkeiten von Karol erfährst, die wir bei Robi nicht verwenden.

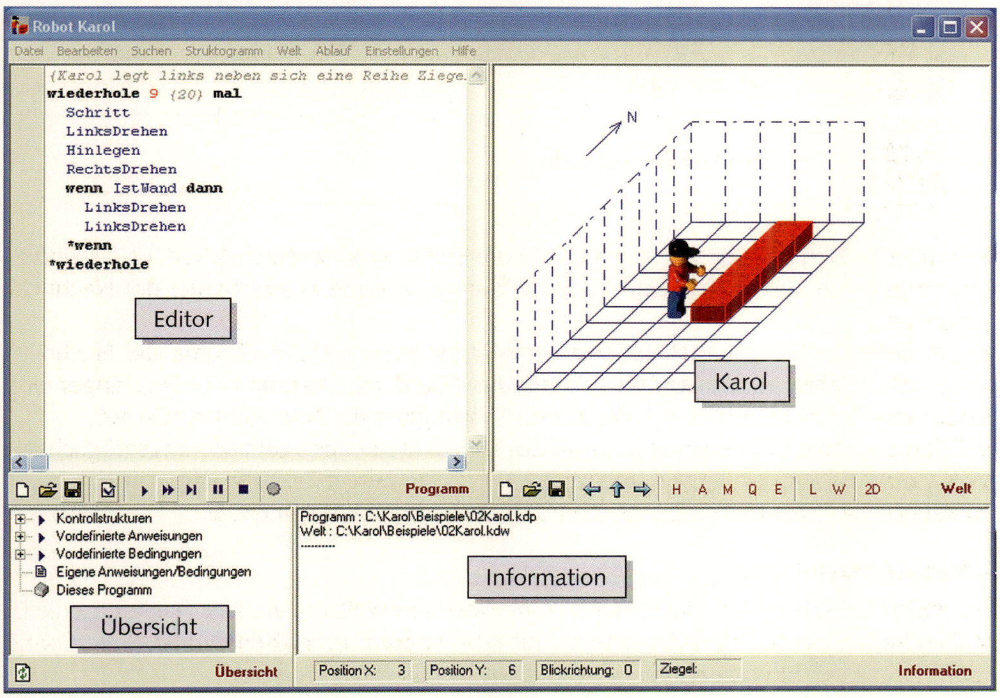

1 Bildschirm von Karol

Das Werkzeug teilt den Bildschirm in 4 Bereiche auf. Links oben ist ein Editierfeld („Editor“), in dem dein gesamter Programmtext angezeigt wird und bearbeitet werden kann. Rechts oben ist die Welt von Karol dargestellt („Karol“). Der linke untere Bereich („Übersicht“) gibt dir einen Überblick über alle vordefinierten und selbst geschriebenen Methoden (Anweisungen) und Bedingungen. Im Bereich „Information“ werden die Dateien für das aktuelle Programm und die aktuelle Welt angezeigt sowie Fehlermeldungen ausgegeben, wenn Karol gewünschte Aktionen nicht ausführen kann. Unter den Bereichen „Editor“ und „Karol“ sind die zugehörigen Symbolleisten angeordnet.

Im Editor-Bereich des Fensters gibst du deinen Programmtext ein. Ein Klick mit der rechten Maustaste öffnet ein Kontextmenü, das dir Kontrollstrukturen und die vorgegebenen Methoden anbietet. Der von dir ausgewählte Text wird eingetragen. Die meisten Methoden haben die in diesem Buch verwendeten Namen. Bei der Endemarkierung der Kontrollstrukturen unterscheidet sich die Schreibweise bei Karol von der in unserem Buch. Statt „endewiederhole“ steht „*wiederhole“ und statt „endewenn“ steht „*wenn“. Statt „methode ... endemethode“ erwartet Karol „anweisung ... *anweisung“.

Mit den Zeichen „{" und „}" kannst du Kommentare einfügen, d. h. Text, der beim Programmablauf überlesen wird. Dieser Text gibt dir (oder einem anderen Anwender) aber Hinweise zu den von dir entworfen Methoden.

Um das Programm auszuführen, hast du drei Möglichkeiten. Mit dem Knopf ▶ startest du das Programm im Normalmodus. Jeder Schritt dauert die unter „Einstellungen → Karol" angegebene Zeit. Mit dem Knopf ▶▶ wird das Programm so schnell wie möglich ausgeführt. Der Knopf ▶| führt pro Klick eine Anweisung aus. Diese Einzelschritte sind beim Testen des Programms hilfreich, wenn du Fehler suchst.

Hinweis: Karol ist fehlertolerant, d. h., wenn er eine Methode nicht ausführen kann (weil er z. B. gegen eine Wand gehen würde) macht er einfach gar nichts und gibt eine Fehlermeldung im Bereich rechts unten aus. Du kannst dieses Verhalten im Menü „Einstellungen → Karol" umstellen. Dort ist es möglich, die Fehlermeldungen abzuschalten oder aber das Programm bei jedem Fehler anhalten zu lassen. Dann wird in deinem Programmtext markiert, wo der Fehler auftrat.

Bezugsquellen für Robotersimulationen

Neben dem oben beschriebenen Werkzeug existieren noch weitere Robotersimulationsprogramme. Die folgende Tabelle gibt eine kurze Übersicht einschließlich Bezugsquelle:

Karol	Bewegen eines Roboters durch eine definierbare, räumlich dargestellte Gitternetz-Welt. Diese kann Mauern und Steine enthalten, die der Roboter aufnehmen und ablegen kann (Details siehe oben). www.schule.bayern.de/karol
Karel	Wie oben, aber DOS-Programm, Bedienung nur durch Tasten ddi.in.tum.de/material/ProgSprachen/Karel/Karel.zip
Hamster	Steuern eines Hamsters durch eine definierbare zweidimensionale Gitternetz-Welt mit Mauern und Gegenständen (Körnern). Der Hamster kann Körner aufnehmen und ablegen. www-is.informatik.uni-oldenburg.de/~dibo/hamster

Nur sehr eingeschränkt für die 7. Jahrgangsstufe geeignet sind:

Karel++	Eine Roboterfigur wird in einer Gitternetz-Welt bewegt, die aus Wänden und Gegenständen („Beeper") besteht. Mehrere Roboter gleichzeitig sind möglich. csis.pace.edu/~bergin/karel.html
JavaKara	Ein Marienkäfer wird in einer definierbaren Gitternetz-Welt bewegt. Die Welt hat Bäume, Pilze und Blätter. www.educeth.ch/informatik/karatojava/